A General
Introduction
to
Psychoanalysis

精神分析引论

[奥] 西格蒙德 · 弗洛伊德◎著
史　林◎译

天津出版传媒集团
百花文艺出版社　天津人民出版社

图书在版编目（CIP）数据

精神分析引论 /（奥）西格蒙德·弗洛伊德著；史林译 . -- 天津：百花文艺出版社：天津人民出版社，2019.5

ISBN 978-7-5306-7652-3

Ⅰ . ①精… Ⅱ . ①西… ②史… Ⅲ . ①精神分析 Ⅳ . ① B84-065

中国版本图书馆 CIP 数据核字（2018）第 294522 号

精神分析引论

JINGSHEN FENXI YINLUN

[奥] 西格蒙德 · 弗洛伊德 著　　史林 译

装帧设计：异一设计

选题策划：卓文天语　　**责任编辑：**徐丽梅

出版发行：百花文艺出版社

地址：天津市和平区西康路 35 号　　**邮编：**300051

电话传真：+86-22-23332651（发行部）

+86-22-23332656（总编室）

+86-22-23332478（邮购部）

主页：http://www.baihuawenyi.com

印刷：嘉业印刷（天津）有限公司

开本：710 × 1000 毫米 1/16

字数：284 千字

印张：16

版次：2019 年 5 月第 1 版

印次：2019 年 5 月第 1 次印刷

定价：49.80 元

如有印装质量问题，请与嘉业印刷（天津）有限公司联系调换

地址：天津市静海经济开发区北区银海道 48 号

电话：022-59656080　　邮编：301600

第一章　过失心理学

第二章　梦

第三章 神经症通论

第一章

过失心理学

第一讲　绪论

我不知道诸位从阅读或传闻中对精神分析了解多少。不过，鉴于我的讲题是“精神分析引论”，我不得不当你们对这个领域一无所知，需要我从基础知识开始讲起。

不过，我至少假定你们知道一点，那就是精神分析是治疗神经焦虑患者的一种方法。我可以向你们举例说明，这种方法与其他医疗方法的原则恰好相反。通常，我们在向患者介绍一种他陌生的医疗技术时，往往会把困难说到最小，以帮助他建立对疗效的信心。然而，精神分析疗法的过程可就不一样了。我们会事先告诉他这个方法的实施难度和所耗时间，以及他需要付出的努力和牺牲；至于疗效，我们不会向他做出保证，疗效取决于他的行动、理解、毅力和适应能力。当然，这种看似不通情理的行为背后有着良好的动机，诸位在稍后的讲座中自会了解。

因此，在讲座开始时，如果我像对待神经症患者一样对待诸位，请不要觉得受到了冒犯。坦白说，我劝你们不要再来听我的讲座了。我想告诉诸位，精神分析教学不可避免地带有一些瑕疵，形成独立判断需要面对诸多困难。你们之前所接受的教育、惯性的思维方式一定会不可避免地促使你们反对精神分析；你们必须克服自我，才能战胜这种本能的抵抗。当然，我无法保证你们能从我的讲座中了解多少精神分析知识，但我至少应该告诉你们，听完我的讲座，你们不可能学会如何进行精神分析治疗，也不可能独立实施。此外，如果你们当中有人不满足仅获知浮皮潦草的知识，想要与精神分析建立更为长久的关系，我不仅会劝止，还会加以警告。考虑到当前的情况，选择精神分析这个职业可能会毁掉一个人在学术上获得成功的机会。如果他成为精神分析执业医师，社会可能无法理解他的目标，会对他抱以怀疑和敌对的态度，向他释放所有隐藏的恶意。

尽管有诸多不便，仍有不少人对可能增加知识总量的事物感兴趣。如果在座当中存在着这样的人，能够不顾劝说再来听讲，我不胜欢迎。但诸位都有权利获知学习精神分析存在的困难。

首先，我们会遇到精神分析教学和阐释中的固有问题。医学教学习惯使用视觉演示，比如解剖标本、化学反应沉积物、神经刺激后的肌肉收缩等。稍后，你们会借助感官观察病人，看到病症、病理过程产物，甚至在许多情况下你会在孤立状态下观察病因。在外科，你们会当场看到治病的过程，还被允许尝试操作。甚至在精神科，你们也可以从患者面部的异常表现、言语和行为姿态等方面观察到丰富的表征，建立意义深远的印象。因此，医学教师大多起到指导和说明作用，好像陪你们参观博物馆一样，你们与里面的展品建立直接关系，通过自己的观察，确信新事物的存在。

不幸的是，精神分析就不同了。在精神分析中，除了患者和医生的语言交流之外，什么也不会发生。患者倾诉过去的经历和对现在的印象，抱怨并坦白他的愿望和情绪。医生只是倾听，并设法引导患者的思维过程，提醒他想起更多事情，促使他的注意力转移到某些特定的渠道上，给出解释，观察患者因此产生理解或否认的反应。患者的亲属不了解精神分析，只能对可见的有形事物留下印象，尤其是像电影院里的那种场景。他们不会错过任何一个表达怀疑的机会，比如“仅仅谈话怎么可能治病”。这种想法当然是目光短浅且自相矛盾的，因为他们也坚信患者的病“只是想象出来的”。语言起源于巫术，至今仍保留着古老的魔力，既可以保佑他人，也可以使人绝望。教师通过语言向学生传授知识，演说家用语言使听众潸然泪下，左右他们的判断和决定。语言可以产生效果，是影响人类的普世工具。因此，请不要低估语言在心理治疗中的作用。如果我们有可能旁观精神分析者和患者之间的语言交流，也应该感到满足了。

但是，这是不可能的。因为精神分析治疗的谈话不允许旁观者的存在，治疗过程也不能公之于众。我们当然可以在精神病学讲座中向学生说明什么是精神衰弱或歇斯底里症，但除了讲述病症，就没有其他的了。只有当患者与医生建立起一种特别的感情联系之后，他们才愿意进行精神分析所需要的对话。如果患者意识到有中立的第三者存在，便会立即闭口不言。因为对话涉及患者精神生活中最隐私的部分，每个独立的社会人都会向他人隐藏这个部分。人们为了维持和谐的人格，甚至连自己也不愿意承认对话涉及的全部内容。

因此，你无法“旁观”精神分析治疗，你只能听别人的转述。从严格意义上来说，你只能通过道听途说了解它。即便这样的二手知识也会将你置于一个不同寻常的位置，让你不好形成判断。因为，显而易见，这一切都取决于你对教师的信任。

想象一下，你参加的不是精神病学讲座，而是历史讲座。讲演者正在讲说亚历山大大帝的生活和战绩，你有什么理由相信他所述属实呢？就其情形来看，亚历山大的种种事迹似乎比精神分析更不可信，因为历史学教授和诸位一样，完全没有参与过亚历山大的战事，而精神分析师告诉你们的至少是他自己参与并发挥作用的一些事情。那么，问题来了——哪些事实能够证明这位历史上的元帅的确实至名归呢？讲演者可以向你举出古代作者的叙述，比如，狄奥多罗斯[①]、普鲁塔克[②]和阿利安[③]等人的著作；他们要么是和亚历山大同时代的人，要么与他生活的年代相近。你可以看到保留下来的钱币照片、国王的塑像，以及描绘伊苏斯战役[④]庞贝式马赛克镶嵌画的一打照片。但严格地说，所有这些文件只能证明前人已经相信了亚历山大的存在，承认了他的战功确有其事。这时，诸位可能又要开始批评了。你们会发现关于亚历山大的叙述并非完全可信，证据也并不是那么翔实充分。但即便这样，我相信诸位在离开讲座厅时，也不会不相信亚历山大大帝的真实性。决定了你们判断的主要是以下两点：第一，讲演者没有动机把他自己不信的事情说得像真的一样；第二，所有可知的历史叙述都大致相同。如果你们接着去求证更古老的资料来源，会发现大致相同的数据和作者的可能动机，意识到证据的各个部分具有一致性。在亚历山大这个例子里，核查的结果一定会使人信服。但如果搬到摩西和宁录[⑤]身上，结果便会不同了。不过稍后，诸位会清楚地了解精神分析报告者到底有什么值得怀疑之处了。

此刻，你有权发问：如果精神分析既没有客观证据，又不能演示给大家看，那么该如何研究，又该如何相信它的真实性呢？事实是，研究不易，全面掌握精神分析知识的人为数不多。但即便如此，仍存在可行的研究方法。自我研究，即自我性格的研究，可以作为精神分析的入门。但这不等同于我们常说的自我审视，我只不过权且这样总结罢了。在学习了一些精神分析技术之后，诸位可以将一系列社会普遍存在的精神现象作为自我分析的对象。这样，你们便会相信精神分析描述的现象和基本概念。老实说，精神分析的发展确实受到了一些限制。如果你们想要进一步学习，可以允许合格的分析师来分析自己，观察精神分析对“自我”产生的效果，同时充

①狄奥多罗斯（Diodor）：公元前1世纪古希腊历史学家，著有世界史《历史丛书》四十卷。

②普鲁塔克（Plutarch）：罗马帝国时代的希腊作家，以《比较列传》（又称《希腊罗马名人传》或《希腊罗马英豪列传》）一书闻名后世。

③阿利安（Arrian）：希腊历史学家，著有《亚历山大远征记》。

④伊苏斯战役：公元前333年秋季，在亚历山大东征中，马其顿军队（3万~4万人）和波斯皇帝大流士三世的军队（12万~13万人），在奇里乞亚（小亚细亚）古城附近的伊苏斯（今土耳其伊斯肯德仑北）进行的一次交战。

⑤宁录（Nimrod）：圣经里的人物，诺亚的曾孙，号称“世上英雄之首”“英勇的猎户”。

分利用机会去熟悉技术的精妙之处。当然，这种方法虽好，却只能用于个体，不能用于全班。

女士们、先生们，我认为，精神分析的第二个难点不在于这门科学本身，而在于你们自己，至少在你们投身于医学研究之后。先前的学习扭曲了你们的思维，促使你们远离了精神分析。你们学习如何从解剖学的角度调节有机体的机能及减少失调感，从化学和物理学角度加以说明，从生物学角度进行构想，但是从未将兴趣导向精神生活。而神奇的、复杂的有机体活动是在精神生活中发展到了顶峰的。出于这个原因，你们仍对心理学思维感到陌生，习惯带着怀疑看待它并否认它的科学性，将它留给门外汉、诗人、自然哲学家和神秘主义者。这种区分一定会给你的医疗活动造成危害，因为医治病人和人际交往一样，首先面对的是对方的精神面貌。这样区分的惩罚便是，为你们所不齿的江湖术士、伪自然疗法者和巫医骗子占领了你们有志于投身的部分医疗领域。

你们之前所接受的教育也存在缺陷，这一点必须承认。没有任何一门关于医疗的哲学科目可被用作指导治疗。无论是思辨哲学，还是描述性心理学，或者是学校里传授的与感官心理学有关的所谓的实验心理学，都不能教会你们认识身心关系的有用知识，也不能将有可能理解精神功能失调的钥匙交到你们手中。在医学领域，精神病学的关注点确实是描述可观察到的精神紊乱，并将种种临床症候图片分类整理；甚至连精神病学家本人也怀疑纯描述性论述是否能够被冠以科学之名。我们对构成临床实体的病症起源、机制和相互关系都不了解。要么在机体解剖学上找不到相应变化，要么发现的变化无法带来有益的启发。只有当精神失常被认定为机体疾病的间接结果之后，才有可能得到治疗。

精神分析旨在填补这一空缺，即精神病学中被忽视的心理学基础，希望能够发现可以解释身心紊乱持续关联的共同基础，以此作为研究的起点。为了达到这个目的，精神分析法必须脱离与自身相违背的解剖学、化学或心理学假设，坚持应用纯粹的心理学概念。正是出于这一点，我担心诸位一开始会觉得很奇怪。

我不会把下一个困难怪到你们和你们之前受过的教育及思想的偏见上。精神分析的两个命题冒犯了整个世界，引起了反感。第一个命题有违智商成见，第二个命题违反了审美、道德成见。我们不可对这些成见掉以轻心，它们的力量强大，是人类进化有用甚至必要的残留物，借助情绪的力量保留了下来，因而要打破它们确属不易。

精神分析第一个令人不悦的命题是：心理过程本身是无意识的，有意识的部分仅仅是总体精神生活中的一部分。回想一下，我们习惯将心理当成意识。实际上，意识对我们而言意味着精神生活的特征，心理学是研究意识内容的科学。这种看法如此显而易见，任何最微小的反对意见都会被认为是荒谬的。但是，精神分析不得不提出反对意见，不承认心理即意识的成见。精神分析将精神定义为感觉、思维、欲望的过程，而思维和欲望都可以是无意识的。但是，这个命题从一开始便让精神分析失去了头脑清醒的科学界朋友们的认同，被怀疑是花里胡哨的神秘研究，会将人引入黑暗而混乱的境地。女士们、先生们，你们自然还无法理解，我有什么证据来反驳"精神即意识"这样一个抽象的成见。你们无法了解，如果无意识真的存在的话，什么评估能导致对它的否认，这种否认又能带来怎样的好处。人类的精神范围是否和意识范围恰巧吻合，或是超越意识范围，似乎只是一种文字之争。但我可以向诸位保证，承认无意识过程的存在，将在世界和科学界开辟一个具有决定性意义的崭新方向。

你们应该想不到精神分析的第一个大胆命题与第二个命题之间存在着怎样的密切关系。第二个命题是精神分析的创见之一：无论广义还是狭义，性冲动都是引起焦虑和精神疾病的重要原因；人们从未充分了解过这一点。不仅如此，精神分析还认为，这些性冲动对人类精神的最高文化、艺术和社会成就做出了不可低估的贡献。

根据我的经验，人们对第二点的厌恶是反对精神分析意见的最重要来源。诸位想知道我会怎么解释这个事实吗？我们认为，文明是由生命的根本需求驱动形成的，以牺牲本能满足为代价。由于每个个体新进入人类社会时，都会为了公共利益牺牲本能满足，所以在很大程度上这一过程不断重复上演。在人类利用的各种本能力量中，尤以性本能最为重要。因此，性本能得到了升华，即从性的目标导向了其他较高尚的社会目标，也就不再关于性了，但这样的结果并不稳定。人类并没有很好地驯服性本能。每个希望投身于文明建设的个体都面临着性本能对升华的抵抗。如果满足原有的性本能，那么社会文明便会面临着严重的威胁。因此，社会不喜欢被提及其出身的污点，不希望人们重新认识到性本能的力量，也不愿意个体清楚地知道性生活的意义。相反，社会把人们在这个领域的注意力完全引开了。这就是为什么社会不能容忍精神分析研究的存在，宁愿把它贴上冒犯美学、道德败坏的标签。然而，用这种理由无力驳斥科学调研所得出的客观结果，所以为了让人们接受，不得不将批判转移到智力层面。但是，本性使然，人类就喜欢把令人不快的观点当成假的，然后就能轻而易举地找到反驳的理由。社会因此把令人不悦的东西视为不真实的，用符合逻辑的中肯论据否认精神分析的结论。不过，这些论据只是出于情感因素，社会不遗余力地用这些偏见来反驳精神分析。

女士们、先生们，我们不应该附和这样的偏见来反驳精神分析。我们只希望陈述苦心研究发现的事实。现在，我们声明有权拒绝干涉科学研究，不论这些考虑是否有理。

以上便是你们投身于精神分析可能遇到的困难。对初学者来说，困难也许太多了。如果你们没有被这些困难吓退的话，我便继续讲下去。

第二讲　过失心理学

我们从调研而非假设开始讲起，首先选取那些频繁发生、为我们熟悉，但却很少被注意的现象。这些现象在每个正常人身上都会发生，与病态无关。我要说的就是大家常犯的过失。例如你想说一件事，却用错了词，这就是“口误”；或者写字时未注意到的错误，即“笔误”；又或看错了印刷或书写出来的字，我们把它称作“读误”。类似的现象还包括：听觉功能本没有问题，却听错了别人对自己说的话。另外的一系列过失是由于遗忘，但不是永久性的，而是暂时的遗忘，比如一个人一时想不起熟悉的名字，或者一时忘记做一件事，稍后又想了起来，因此，只是短暂地遗忘。还有一类过失并不是短暂的，比如把一件东西放错了地方，就再也找不到了；又或弄丢了一件东西。我们对上述一类遗忘的反应与其他的有所不同，我们惊讶、恼怒，又无法理解。某些现象与此类过失类似，其中也存在着显著的短暂性特征，在某个时间点之前或之后，一个人一直明白一件事不是真的，但在某个时间点却信以为真。诸如此类的现象，不胜枚举。

这些现象的英文名前缀相同，由此可见它们之间的内在联系。它们大多是无关紧要的、暂时的，对人们的生活起不了太大影响，只有丢东西等现象才会造成一定的实际困扰。因此，这些现象也没有引起人们的多大注意，人们对此并不感兴趣。

不过，我想要诸位关注的正是这些现象。你们或许会生气地反驳我：“外部世界和精神世界存在着如此繁多的宏伟谜题，精神紊乱方面也有许多问题等待我们去阐释，把精力和兴趣浪费在这些琐事上真是不务正业。”假使你们能解释，为何在光天化日之下一个耳聪目明的人会看见和听到根本不存在的东西，一个人好端端地为什么会突然相信自己正受最亲爱的人迫害，一个人为什么会真诚地拿出证据证明孩子都会觉得荒谬的错觉，那么人们便会严肃地对待精神分析了。不过，如果精神分析只能研究为什么演讲者用错了词，或者为什么家庭主妇把钥匙放错了地方等琐事，我们一定会把精力和兴趣放在别的地方。

我的回答是：“女士们、先生们，耐心点。”我认为你们的批判路数不对。精神分析的确不敢鼓吹从未关注过琐事。相反，精神分析的观察对象往往是一些简单现象，其他科学会把这些现象视为无关紧要的小事，甚至认为它们是现象世界里的垃圾而不去过问。在你们的批评中，请不要混淆问题的崇高性与表象的显著性。在特定的环境和时间下，难道非常重要的事情不能通过微小的迹象表现出来吗？这样的例子俯拾即是。比如，年轻人难道不能从模糊的迹象中断定赢得了女士的芳心？难道一定要等待一个明白的宣示，比如一个热烈的拥抱吗？难道一个暧昧的眼神，一个稍纵即逝的姿态，一秒钟的握手不足以透露端倪？如果你是一位刑事律师，正忙于调查一起谋杀案，难道你会期待谋杀犯在犯罪现场留下照片和地址？你是不是需要自己去发现模糊、不准确的蛛丝马迹呢？所以，请不要忽视微乎其微的迹象，也许通过这些迹象，我们可以挖掘出更重大的事件。我们往往无法断定事情会朝哪个方向发展。看上去重大或者采用可发现方式调研的科学研究更容易出成果。如果你不带偏见或成见，坚定地研究下去，运气好的话，通过事物之间的联系（小事和大事之间自有联系），或许能从最普通的研究中发现重大问题。

基于这点，我希望诸位能关注普通人犯下的看似无关紧要的小过失。我首先想问一问不了解精神分析的人会如何解释下列现象。他一定会一口回答："哦，不值一提啊，只是个小失误。"这么说是什么意思呢？他是不是在说这些无关紧要的小事中不存在因果关系，它们之间也不具有区分性呢？若有人就此否认自然现象的因果关系，那未免玷污了科学宇宙观。宗教观在这一点上与科学宇宙观也有一致性，它清楚地表明："一雀之微也不至于无因落地。"我想我们的朋友一定不会坚持这种所谓的逻辑论断。他会退一步说，如果研究一下可能会找到解释的话。他会说，可能是因为轻微的功能失调，或者精神活动紊乱。如若不是因为身体不适、体力不支、兴奋或心不在焉，演讲者是不会讲错话的。这点很容易证明。人在疲惫、头疼或身体抱恙时的确更容易发生口误，忘记正确的名字也常常发生在这种情况下。许多人甚至在无法回忆起名字时，便知道头疼要发作了。人在兴奋的时候，也常常说错话、做错事。注意力分散或注意力集中在其他事情上时，人们更容易忘记接下来要做的事情。《散叶画报》（Fliegende Blätter）中的教授便是一例，他因为想着第二卷书中要处理的问题，错戴了别人的帽子。我们都明白，人在受以往经验干扰时，容易忘记计划或承诺的事情。

这些话似乎容易理解，也无可辩驳，但不是很有趣，不能像我们期待的那样促使我们思考如何解释出现过失的原因。上述情况的原因各不相同，疾病或失调是其生理基础，兴奋、疲惫、分心构成另一类心理生理原因，这些都容易被理论化。疲惫、分心，以及整体上的兴奋，导致了注意力的分散，进而导致正在进行的行为没有受到足够的关注。这些行为便会比平时更容易被打断，无法准确地执行。神经中枢血液循环如果出现问题或变化，也会产生同样的效果，从而起到决定性影响，以类似的方式影响注意力的分配。在上述过失中，由机体或心理原因引起的注意力扰乱起到了关键性作用。

但是，精神分析对这一点没有太大兴趣，所以我们可能要抛弃它了。坦白说，如果我们更仔细地观察，会发现并非所有过失都与心理学的注意力理论相符，或至少不能由此推断出一切。我们会发现，这样的过失或遗忘即便在人不感到疲惫、没有分心或不那么兴奋的时候，也时常发生。除非当过失发生之后，人们故意把原因归结为他们不肯承认的一种兴奋状态。其中的机制十分复杂，所以并非集中注意力便能保证成功，注意力分散便会威胁成功。许多行动的执行是按照一种纯粹自动化的过程完成的，人们极少投入注意力，但行动也能十分顺利地执行。比如走路，我们很少知道应该往哪儿走，但我们会一直靠右行走，到了目的地停下来，不会迷路，这是很常见的。熟练的钢琴师不假思索便能按下正确的琴键。当然，他有时也会出错。但是，如果自动化的演奏会增加失误率的话，那么记忆超群的钢琴师通过练习实现最大自动化时，反而更容易弹错了。但是，事实却与此相反，许多不需要集中注意力的行为反而被成功地执行了。人在焦虑地试图集中注意力时，才最容易出错。那么，诸位可能会说："这是过度兴奋的结果，但是为什么兴奋不能促使注意力集中在目标事物上，我们就不得而知了。"所以，如果一个人在重要的演讲或讨论中，说出了相反的意思，那么生理心理学理论或注意力理论便无法解释了。

这些过失还有许多其他不起眼的特点，上述理论也无法解释清楚。比如，一个人暂时忘记了某人的名字，非常懊恼，努力回忆却怎么也想不起来。为什么尽管他很懊恼，把注意力都集中在"嘴边上的词儿"，也想不起来，但是别人一提，他便立即记起来了呢？或者另举一个例子，在很多情况下，错误增多，会相互联系，互相替代。一开始一个人忘记了一次约会，第二次他努力让自己不要忘记，却又发现弄错了日期或时间。再如一个人用各种不同的方法试图记住一个字，但这么做的过程中，他转而忘记了能提醒他想起第一个字的第二个字；如果他接着靠第三个字想第二个字，转而也会忘记第三个字，如此往复。印刷的错误也常常这样，当然这会被归咎于打字员的失误。这种顽固性失误据说出现在了某社会民主报上。该报在某节宴的报道中写道，“小丑亲王（the Clown Prince）到场”。第二天的更正中，报纸道歉道，“错句应更正为‘公鸡亲王’（the Crow Prince）”。人们喜欢把这种错误归结为打字员的问题，或者打印机中的怪物捣鬼——至少这个比喻已经超越了生理心理理论范围。

我不知道你们是否遇到过这样的情况，暗示也会引起口误。一个例子可以很好地说明这一点：曾有一位新演员得到了歌剧《奥尔良少女》中的一个重要角色，他本来应该禀报国王：“警察局长将剑送回了。”彩排时，主演不断告诫战战兢兢的新演员，不要说成“马车夫将马送回了。”最后，事与愿违，这位可怜的新演员在处女秀中说错了台词，正是因为有人告诫他不要这么说。

分心说无法解释过失的这个特点，但我们也不能就此断定这个理论错了。这个理论也许缺少了某个环节，只需稍加补充，便能令人满意。但是，我们可以从另一个方面考量许多失误。

还是从最合适的例子——口误开始吧。笔误、误读当然也可以。但是，我们必须清楚，到目前为止，我们只是在探究一个人在何时，在怎样的条件下才会出现口误，而且也仅仅得到了这个问题的答案。我们也可以把研究兴趣放在别的地方，问一问为什么他出现的是这种特殊的口误，而不是任何其他的口误。我们可以思考一下，口误会产生怎样的结果。诸位必须知道，只要这个问题还没有答案，只要还未能解释口误产生的效果，那么这个现象在心理学上就仍旧属于一种意外。比如我出现口误时，有无数种其他的词可以说错，但是为什么在诸多可能犯的错误中，我唯独选择了那个词呢？难道这也是意外或随机的吗？这个问题究竟能不能得到理性的回答呢？

梅林格和迈尔（一位是语言学家，一位是精神病学家）在1895年试图从另一层面探究口误问题。他们收集了许多例子，首次从单纯的描述性立场来研究它们。当然，他们未得出任何结论，但可能开创了新的研究方法。他们把口误分为单词位置互换、单词部分互换、语音持续、混合和替代等五种。现举例说明。首先，把“米洛的维纳斯”说成“维纳斯的米洛”属于单词位置的互换；把“I had a rush of blood.（我热血上涌）”说成“I had a blush of rood.（我瞥见了基督像）”属于单词部分互换；语音持续的例子也存在于祝酒词中，比如，把“请大家和我一起干杯（anstossen），祝我们的领袖健康”说成“请大家和我一起打嗝（aufstossen），祝我们的领袖健康”。你们会发现，音节的混合更容易引起口误。例如，一位男士询问一位女士：“如果你允许的话，我很乐意‘送辱’（inscort）你。”显然，他把“护送”（escort）和“侮辱”（insult）这两个词混合在了一起。（插句话，这位男士可能不会讨得这位女士的欢心）至于替代的例子，梅林格和迈尔举例说：“某人说，我把样品放在信箱（letterbox）里，而不是温床（hot-bed）上。”

这两位作者并没有充分解释收集到的例子。他们认为，一个词的音和音节具有不同的音值，具有较高音值的音可以干涉音值较低的音。他们显然依据“不常见的预见”和“语音持续”得出了这个结论；换言之，其他口误即便也存在音值的高低，但没有构成问题。最经常发生的口误是把一个词说成了另一个类似的词，人们或许认为，这种相似性便足以解释其原因了。例如，一位教授在首次演讲中说：“我不愿评价前辈的美德。”“不愿”应为“不配”。另一位教授说：“在女性生殖方面，尽管存在许多诱惑（temptation）——抱歉，我是说尝试（attempt）。”

把话的意思完全说反了是最常见的，也是最引人注目的口误，在这样的情况下，音和音节之间不具备密切关系和相似性；一些人认为，相反的词彼此有着牢固的联系，因此在心理上会引起联想。我们可以从历史上找到这样的例子。例如一位国会代表曾在会议开始时说：“先生们，出席人数符合规定，我宣布会议结束。”

类似相反的口误也可能频繁地在其他情况下不合时宜地出现。比如，赫姆霍尔兹（H. Helmholtz）的孩子和知名发明家、工业巨头西蒙（W. Siemon）的孩子结婚。著名生理学家杜布瓦－雷蒙德（Dubois-Reymond）受邀发言致祝酒词时说：“愿新人西门子－哈尔斯克（Siemens & Halski）百年好合！”但是，西门子－哈尔斯克是一个老公司的名字，柏林本地人对这个名字再熟悉不过了，就像美国人熟悉“韦伯和菲尔德茨”一样。

在音和词的联系之外，我们还必须注意联想的作用，但也不尽然。在一系列事例中，我们只有研究了之前说过的所有词语，才能对口误做出完满的解释。这再次符合梅林格和迈尔的“语音持续”分类，但持续的时间更长。我不得不承认，我的全部印象是，这样解释口误让我更困惑了！

然而，还需要注意的是，在上述对口误的研究中，我们探究了引起口误的一般条件，以及决定发生何种口误的条件应用，但我们尚未思考口误的作用。如果我们决心研究口误的作用，那么首先必须勇敢地承认，在上述引用的事例中，引起口误的事物是有意义的。我们所说的“有意义”意味着什么呢？我认为，口误本身应该被视为一种有目的的精神活动，其表象具备内容和意义。以前我们总将其称为“过失”，但其实它们是十分正常的现象，只不过突然闯入，代替了意料之中的举动罢了。

在有些单个事例中，口误的意义似乎非常明显。会长在会议开始时便宣布闭会，我们基于口误发生的时间和周围的环境，推断出他可能对本届会议没什么期待，觉得还不如尽快结束的好，所以我们不难推断出这个过失的意义。又如一位女士对另一位女士说：“这顶可爱的帽子一定是你撕（应为：织）出来的。”显而易见，这个口误透露了她的观点：这顶帽子简直一塌糊涂。又如某夫人以性格强势著称，她说：“我的丈夫请医生为他设定饮食计划。但医生说无须特殊的计划，他只要按我所愿吃点喝点就行了。”这个口误精准地体现了这位夫人的一贯作风。

女士们、先生们，如果存在意义的口误不仅限于少数，总体上大多数口误都是有意义的，那么未被注意到的口误背后的意义便不得不引起我们的特别关注；客观地说，意义将迫使其他所有方面都退居次要地位。我们接着可以抛开所有生理及心理条件，专注研究过失目的的意义。我们现在可以基于这一点，对过失的例子进行进一步的广泛讨论。

但是，在我们开始探讨之前，我想邀请你们用另一种思维和我一同思考。诗人喜欢利用口误或其他过失，作为一种文艺的表现手法。这个事实本身再次向我们证明，诗人将口误等过失视为有意义的。因为诗人是有意为之，绝不是意外地出现了笔误，而让笔误成为作品中人物的口误。他可能想通过口误向我们表达一种深意，我们需要弄清楚他是否希望通过口误表明人物的分心或疲惫。当然，如果诗人并无意利用错误来表达某种深意，我们也无须夸大它的重要性。口误可能真的只是一次精神意外，在罕见的情况下才会发生，尽管如此诗人仍然可以用文艺手法赋予过失意义。当然，考虑到诗歌的意义，如果我们从诗人而非语言学家和心理学家那里搜集资料，将获得更多信息。

在《华伦斯坦》（Wallenstein）（比科罗米尼，第一幕第五场）中出现了一个实例。在上一幕中，马克思·比科罗米尼（Max Piccolomini）热诚地支持赫索格（Herzog）。他在陪伴华伦斯坦的女儿前往营寨的途中，极力主张维护和平。他离开之后，他的父亲和朝臣奎斯登贝格（Questenberg）深感错愕。接着上演了第五幕：

奎斯登贝格：啊，就这样吗？朋友！我们就这样让他陷入谬见吗？就这样让他被骗吗？不立即叫他回来吗？不把这点摆给他看吗？

奥克塔维奥：（从深思中反应过来）

他现在打开了我们的眼睛，我都看清楚了。

奎斯登贝格：你看见了什么？

奥克塔维奥：对这场旅行的诅咒！

奎斯登贝格：但为什么？什么诅咒？

奥克塔维奥：来，和我一道，朋友！我得立即顺着这不幸的轨迹。我的眼睛睁开了，我必须好好用用。来！

奎斯登贝格：什么？你去哪儿？

奥克塔维奥：（匆忙地说）到她本人那里去。

奎斯登贝格：去——

奥克塔维奥：（打断了他，纠正了自己话）

去找公爵。来吧，我们走——

奥克塔维奥本来要说“去他那里，去公爵那里”，但他的口误“到她本人那里去”向我们泄露了他的心思。他已经清楚地意识到，渴望和平将对这位年轻的战争英雄产生怎样的影响。

奥托·兰克（Otto Rank）在莎士比亚的剧作里发现了一个令人印象更深的例子。在《威尼斯商人》中有这样著名的一幕，求婚者需要在三个宝箱中挑选一个。也许我现在最好把兰克的短评读给你们听：

在《威尼斯商人》第三幕第二场中，莎士比亚利用口误极好地体现了诗的动机，展现了他灵活的艺术手法。这个口误与弗洛伊德引用的《华伦斯坦》中的口误（《日常生活的心理病理学》第二版，第 48 页）一样，说明诗人十分理解这类错误的意义，同时假定观众也能理解。波西娅（Portia）因父亲的愿望，只能靠碰运气选丈夫。她因好运逃过了所有不喜欢的求婚者。因为她最后发现自己中意的是巴萨尼奥（Bassanio），所以担心他选错了箱子。她想告诉他，即便他选错了箱子，仍能得到她的爱，但出于誓言，她不能这样做。她的内心处在冲突之中，对求婚者说出了下面的话：

别注视着我吧，你的眼睛征服了我，将我分为两半；一半是你的，另一半也是你的——但是我应该说是我自己的，既是我的，那当然便是你的，所以一切都属于你了。我请你稍等待一下！等过了一天或两天，再行冒险吧！因为选错了，我便失去了你的陪伴；所以我请你等一下吧！我觉得自己似乎不愿失去你，但这可不是爱情……我或许可以告诉你如何选择才对，但是我受誓约的束缚而不能这样，因此你或许会选不到我。但是一想到你或许会选错，我便想打破誓约。别注视着我吧，你的眼睛征服了我，将我分为两半；一半是你的，另一半也是你的——但是我应该说是我自己的，既是我的，那当然便是你的，所以一切都属于你了。

因此，她想暗暗告诉巴萨尼奥，甚至向他完全吐露心声，在选择之前，她就已经属于他了，她爱他。诗人利用她的口误，表达波西娅的爱慕之情。通过这样的艺术手法，既可以安抚求爱者不确定的心理，又可以让观众耐心等待悬念揭晓。

请注意，波西娅在最后是如何微妙地调和了口误里包含的两种声明，如何解决其中的矛盾，同时又成功坚守了承诺：

……既是我的，那当然便是你的，所以一切都属于你了。

一些医学领域之外的思想者通过观察揭示了过失的意义，似乎为我们的学说开辟了道路。诸位都知道，利克顿伯格（Lichtenberg，1742—1799）是一位滑稽讽刺剧作家。歌德称他“开玩笑间揭露了隐约可见的问题”。他还常用玩笑揭示问题的解决方法。利克顿伯格在讽刺剧里提到，他总把 angenommen（意为假定）读成 Agamemnon（阿伽门农），足可见他读《荷马史诗》是多么专心。这句话可以作为误读的解释。

在下面一讲中，我们将讨论能否同意诗人对心理过失意义的解读。

第三讲　过失心理学（续）

在上一讲中，我们曾撇开过失与被歪曲的行为意向之间的关系，单纯研究过失本身。单个事例给我们留下了这样的印象：口误似乎违背了说话者原本的意图。如果过失存在意义这一结论在更大范围内也能成立，那么对其意义的研究将比仅仅探究过失发生的条件更有意思。

我们首先要对心理过程的“意义”作何解释达成一致。“意义”只不过是心理过程所表达的目的以及在心理过程中占据的位置。在大多数调研中，我们可以用“目的”或“意向”来代替“意义”。那么，是否仅凭欺骗性的表象或诗意的夸张，我们就可以相信过失真的有意义呢？

我们如实看待并更加仔细地观察口误的例子，就会发现，所有此类例子都清楚地体现了口误本身的意义。其中最突出的就是把本来要说的话说反了。譬如议长在会议开始时致辞“我宣布会议结束”。他的口误意思明确，其目的和意义就是想要终止会议。可能有人会说：“他自己就是这么说的。”我们只不过听到了他说的话而已。请你们不要打断我，不要说“我们当然知道他不希望结束会议，而是要宣布会议开始”。我们意识到，他本人才是自己意图的最佳评委，他是想说开会。但是，如果我们这么认为的话，便忘记了我们已经对只考虑过失本身达成一致。我们稍后再探讨它歪曲的意向，如若不然，你们便犯了逻辑上“窃取论点①”的错谬。

在其他的例子中，说话者虽然没有直接说出完全相反的话，但口误仍表达出了一种矛盾的意思。例如，在“我不愿评价前辈的优点”这句话中，“不愿”虽然不完全是“不配”的反面，但却公开违背了说话者在特定环境中的原意。

还有一些例子，口误仅仅在原意之外增加了第二种意思，说出来的话是一种“缩写”，即若干句子的“凝缩”。比如，一个风风火火的女子说：“他会随我所愿吃点喝点。”她的言外之意似乎是：“他可以按照自己的愿望吃点喝点，但他的想法并没什么

①窃取论点（beg the question）：以假定正确的论点得出结论。

用，关键还是我的意思。”口误经常透露这样的信息。例如，一位解剖学教授在讲解人类鼻腔时询问学生有没有完全理解。在得到一致的肯定回答之后，他说：“我简直不敢相信，因为即便在一个百万人口的城市中，能听懂人类鼻腔讲座的人也一指可数——我的意思是屈指可数。”这句话透露出，他认为只有他一个人能完全理解这个课题。

还有一些口误的意义没有清楚地表现出来，它们的意义不易理解，所以与我们的期待形成了鲜明反差。人们可能会读错了一个专有名词，或者将不同的音节混合在一起，似乎这些情况已经否定了“口误全有意义”的观点。但是，仔细研究这些例子，我们会发现这种失误并非不可理解。这些貌似难以理解的例子和前面容易理解的例子之间并没有太大差别。

一个人被问到他的养马生意怎么样，他回答“它可‘糟过’（stake）了——可能得再过一个月吧”。那人问他到底是什么意思，他解释道，他想说“生意糟”（a sorry business）和“再过一个月”（take another month），不小心把“糟”（sorry）和“过”（take）连在了一起（参见梅林格和迈尔）。

另一个人在谈论一些他反对的事情，他接着说：“某些事实被‘揭蹉’（refilled）了。”追问之下，他解释道，他本来想说这些事非常“龌龊”（filthy），但不小心把“揭露”（revealed）和“龌龊”（filthy）合在了一起，说成了“揭蹉”（参见梅林格和迈尔）。

诸位可还记得那个想要“送辱”（insort）不相识女子的男子。我们知道，他把“护送”和“侮辱”这两个词合在了一起，所以他的目的便不用我多说了。从这些例子中，诸位可以看出，口误可以解释为两种不同意向话语的相互冲突和混合。不同之处仅仅在于，在第一种口误中，一种意向完全挤掉了其他意向，说话者完全把话说反了；而在第二种口误中，一个意向的话语只是歪曲或修饰了其他意向，结果造成了一种可以理解或不可理解的混合状况。

相信现在大家已经了解了不少口误的奥秘。如果你们能够理解这样的解释，那么想必也能够看懂另一类神秘现象，比如歪曲名字。我们不能假定这种口误是由于两种类似又不同的名字相互竞争所致。不过，第二类意向不难猜测。歪曲名字常常不能被单纯解释为口误，而是意在贬低或诋毁某个人。这是一种常用的骂人手法和伎俩，文化人虽不愿意采用，却也不肯放弃，所以常常将其伪装成玩笑，一种低俗的玩笑。举一个粗俗的例子，法兰西第三共和国总统的名字普恩加莱（Poincaré）

常被歪曲为“Schweinskarr é”（像猪一样的）。在这个例子中，我们很容易意识到这种歪曲是对他的刻意侮辱。我们沿着这一概念进一步解释，会发现口误中的类似歪曲产生了戏剧化或荒谬的效果。“让我们打嗝祝领导健康！”一种能够引发不愉快意向的词语意料不到地破坏了原本庄重的气氛。面对类似侮辱和冒犯的典型事例，我们不得不假定，说话者的内心存在着一种意向，与外在的尊重表现形成了鲜明的反差。对此，说话者可能会这样辩解：“别相信这些，我不是认真的。我不会对其他人说一句不好。”其他那些把完全无害的词语变成下流粗俗的词语的其他口误也适用于同样的解释。

我们都知道，许多人为了取乐，故意把无伤大雅的词语说得很下流。有人认为这样做很风趣，我们遇到这种情况，总会问对方是故意说笑，还是不小心发生了口误。

好吧，我们似乎毫不费力便解开了这个谜题！这并不是意外，而是有意识的心理活动。它们是两种不同意向协同作用的结果，或者更恰当地说，是相互干扰产生的结果；它们是有意义的。我明白你们不愿意承认我说的这点，在我们庆贺取得第一个劳动果实之前，你们还有许多问题和疑惑等待解答。我当然不愿意以不成熟的结论敷衍你们，让我们慎重思考一下，依次讨论每一个问题吧。

你们想问什么呢？首先，这个解释是否普遍适用于所有案例，还是仅适用于特定的几个案例？其次，这个解释是否能拓展到其他类似的过失上，比如读误、笔误、遗忘、拿错东西或误放东西等？最后，在过失心理学中，疲惫、兴奋和注意力分散到底有什么意义？此外，我们很容易在过失中发现两种相互冲突的意向，其中一个是公开的，另一个是隐秘的。我们怎样做才能推测出后者是什么呢？而当一个人推测出过失的隐秘意向之后，又该如何证明那不仅仅是一种可能的意向，而是唯一正确的意向呢？除了这些问题，你们还有其他问题吗？如果没有，那么我继续讲下去了。我想要提醒大家，我其实并不怎么关注过失本身，我只想从中得出一些对精神分析研究有价值的东西。所以，我提出了下面这个问题：干扰其他意向的究竟是哪种目的或倾向呢？而干扰的倾向和被干扰的倾向之间是什么关系呢？所以，解释了这个问题之后，我们又该继续努力了。

那么，这便是对所有口误的解释吗？我认为是的。因为一旦开始调查口误的例子，我们便可得出此类解释；但从另一个方面来讲，我们无法证明，如果没有这种机制发挥作用，口误便不会发生。虽然从理论上说，这对我们的目的并没有影响。因为即便我们所解释的口误例子仅是其中的一小部分，但我们希望通过引入精神分析得出的结论仍然有效。当然，我们所解释的口误并不只占一小部分。我料到你们会提出下一个问题：这种解释能否拓展到其他类型的过失上呢？答案是肯定的。当我们把注意力转移到笔误或拿错东西的例子上时，也会得出同样的结论。不过，出于技术方面的原因，我希望你们暂缓这项工作，等我们充分研究了口误再进行拓展。

一些学者把循环紊乱、疲惫、兴奋和注意力分散等因素放在了重要地位，这些因素对我们来说有什么意义呢？如果我们接受上述关于口误的心理学机制的说法，那么这个问题便值得更加具体地来回答。你们要明白，我绝不会否认这些因素。实际上，精神分析学家不常否认其他方面承认的因素。基于精神分析的原则，我们仅仅对这些假设做一些补充；而以前被忽视，现在由精神分析学家补充的却正是问题中至关重要的因素。由于身体抱恙、循环紊乱和疲惫等引起的生理问题的确可能引发口误。我们每天的经验便能确认这一点。但是，承认这些并不能得出太多结论！首先，它们并不是过失的必要条件。一个人在完全健康、正常的状态下也可能出现口误。因此，机体因素可能只是为口误的特殊精神机制提供了便利条件。

为了说明这种关系，我曾经用过一个明喻。我想在这里重复一遍，因为我找不到更好的例子来代替它。譬如黑夜里我孤身一人走过僻静处，一个流氓袭击了我，抢走了我的手表和钱包。然后我到最近的警察局报案，由于没看清抢劫犯的脸，我只能说："僻静和黑暗抢去了我的财物。"警察可能会告诉我："你的想法似乎太机械了。让我们来这样叙述事件——在夜色的掩护下，一个我没看清的流氓趁着僻静，抢走了我的财物。在我看来，这件案子中最要紧的是找到这个流氓。之后或许还可以从他那里拿回赃物。"

兴奋和注意力分散等心理生理因素显然对解释此类现象帮助不大。它们只是几个名词而已，是遮住我们看清事实真相的帘子。关键问题是，兴奋或注意力分散到底是由什么引起的？音节、字的相似性和共有的联想固然会产生影响，它们为口误指明了一条道路。但是，如果我面前有一条路，那么我就一定要选择走这条路吗？我还需要一个动机，刺激我必须选择这条道路。发音和词语的关系也和机体状况一样，只是为口误的产生提供了便利，不可能成为口误产生的真正原因。比如，在我的讲座中，字和声音相似的词语非常多，它们也与具有相反意义或共同联想的词语关系密切，但我并没有受到任何干扰。哲学家冯特（Wundt）认为，原来的意向因为身体疲惫而受制于联想，所以引起了口误。这种解释听起来似乎有些道理，但是它却和我们的实际经验相冲突。一连串例子表明，在没有身体原因或联想刺激的情况下，口误也会发生。

然而，使我特别感兴趣的是你们的下一个问题：一个人以何种方式才能同时建立起两种相互冲突的倾向？你们或许不了解这个问题的重要性。两种倾向中的一种，即被干扰的倾向，总是非常明显的，犯错的人往往能够意识到并承认它；而另一种倾向，即我们所说的干涉倾向，引起了我们的疑问和迟疑。现在我们已经了解，并且你们也一定没有忘记，在一系列例子中，这些倾向同样十分明显。如果我们有勇气承认这类口误的影响，便可以从影响中看出这种倾向。议长把所要说的话说反了，他显然是准备宣布会议开始的，但同时我们也能清楚地看出，他也想终止会议。这种意思非常明显，无须多加解释。但就其他事例而言，干涉倾向仅仅歪曲了原来的意图，而没有充分暴露自己意图——我们如何才能从歪曲中推测出干涉倾向的意义呢？

在第一类例子中，我们用了确定而简单的方法来研究被干涉的倾向，现在我们可以使用同样的方法来探究干涉倾向。说话者在说错话之后，会立即补充解释原本的意向。“它可‘糟过’（stake）了——可能得再过一个月吧。”我们也可以要求他补充说明干涉的倾向。我们可以问他：“你为什么一开始说‘糟过’呢？”他回答：“我的意思是这笔生意很糟糕。”在“揭蹉”的例子中，被调查者也承认了他内心的想法：这些事非常“龌龊”。但是，他接着对自己的表达进行了修饰，换成了另一种说法。因此，我们同样可以像发现被干涉的意义一样揭示干涉的意义。这些事例都不是我或我的理论支持者可以凭空捏造的，我引用这些例子不是没有目的的。我们必须向说话者询问为什么出现了口误，有什么解释。如果不这样追问，说话者可能会轻易放弃解释的机会；但一旦被追问，他们便会说出能想到的第一个念头。现在，女士们、先生们，你们可以看出，这个简单的调查及其结果便是精神分析调查的雏形，接下来我们将更加深入地探索。

现在，我不免怀疑，你们在初入精神分析法门道的同时，会不会也对它产生了抗拒？你们不是着急地提出反对意见，说出现口误的人在追问下给出的解释证据不足吗？你们会说，他自然会满足你们质问的欲望，把脑海中出现的第一个相关念头告诉你。他的解释或许说得通，但其他解释也可能十分合理。他想到的其他解释或许听起来也同样恰当。

本质上，这反映出你们内心对心理现实是多么不尊重！假设有人对某种物质做化学分析，得出某一样本的重量为多少毫克，并从求得的这个重量中得到某一结论。你们认为化学家会因为分离出来的物质可能是其他重量，而不相信得出的结论吗？

每个人都认为，这种物质只会是这个重量，不会是其他重量。基于这一事实，化学家能够自信地进一步得出结论。但是，在精神现实面前，一想到问题可能存在其他答案，你们便认为得出的结论可能是无效的！问题在于，你们不愿意放弃心理自由的幻觉。在这一点上，很遗憾，我的观点与你们完全相反。

现在，你们会不情不愿地放弃第一种反驳，转而从另一个方面提出疑问。你们会继续说："我们知道，精神分析有一种特别的技术，能使研究对象自己说出问题的解决方案。譬如那位对在座的人说，让我们打嗝祝领导健康！你说他干涉的倾向是侮辱领导，这个倾向和表达尊重相冲突。但是，这只是你的解读，仅仅是基于对口误的外部观察。在这个例子中，如果你询问说错话的人，他绝对不会承认自己的意图是侮辱领导。相反，他会激烈地否认。为什么面对这种明显的反驳，你还不放弃这个无法证实的解释呢？"

是的，这次你们向我提出了一个难题。我相信这位不知名的说话者或许是领导的副手，也是一位职位稍低的官员、一个前途无量的年轻人。我认为，他并没有意识到自己对敬重的领导存在一些抵触的情绪。我取得了一个多么棒的成就啊！但他不耐烦了，突然和我吵了起来："你最好别再反复盘问了，不然我可要生气了。为什么你要用怀疑毁掉我的事业，我不过是把'举杯'说成了'打嗝'而已。这是因为我之前说了两次'打'字。这就是梅林格所说的'语音持续'呀，说错话没有任何其他意义。你明白我说的话了吗？就是这样。"这是一种吃惊的反应，一种激烈的否认。我认为从这位年轻人口中已经探究不出更多的东西，但是我会告诉自己，他说口误没有任何意义，这违背了我的个人初衷。也许你们也同意，他对一种纯粹的理论调查不必这么大动肝火，但是你们会断定，他一定了解自己想说什么，不想说什么。

真的吗？恐怕这尚存疑问吧。

但是，现在你们以为已经将我驳倒了。"这就是你的技术。出现口误的人的解释如果符合你的理论，你便宣布他是这个问题的最后证人。他自己这么说的！如果他说的话不符合你的理论，你便突然改口坚持说他的话不算数，不足为据。"

这当然没错，但我可以举出一个类似的例子，其过程显然同样可怕。如果被告承认有罪，法官便相信他的坦白；如果被告不认罪，法官便不相信他。如果不是这样，法律便无法执行了；虽然也偶有误判，但你总该承认这套体系的价值。

"那么，你是否就是法官，出现口误的人就是被告呢？口误是一种罪行吗？"

你们不必反驳这个比喻。关于过失心理学中看似无害的问题，我们的意见在目前阶段是无法调和的，而这种意见分歧却具有深远的影响。基于法官和被告的类比，我做出了初步的妥协。你们应该承认，如果当事人自己承认了过失的意义，那么应该是无可怀疑的。反过来，我要承认，如果当事人否认这些信息，或者也可能不愿意出面给出信息，那么我们便无法获得直接证据。于是，我们不得不像执行司法程序那样，利用其他证据作为判断的依据。这些证据有时可信，有时似乎不可信。在法律面前，出于实际原因，也可以依据间接证据宣判某人有罪。精神分析虽然没有这种必要，但我们也不必放弃利用间接条件。如果你们认为科学只包括确已证实的命题，那便大错特错了，而这种要求也是不合理的。只有那些权威狂热者，或用其他科学原理取代宗教教义的人，才会提出这种要求。科学的教条其实只有少数必然为真的准则，科学主要包含一定概率为真的论断。科学思维的一个特点就是能够满足于接近真理的东西，虽然缺乏最后的确认，但也能进行创造性的工作。

但是，如果分析中的口误者不愿意解释过失的意义，我们该到哪里寻找解释和证据的详情，以便进一步研究呢？首先，可以根据非过失产生的类似现象进行分析；例如，我们假定，因过失而歪曲名字和故意歪曲名字一样，都具备侮辱对方的意图。我们也可以依据过失发生的精神状态，依据我们对出现口误的人的性格了解，或者依据出现过失的人给我们的印象，即他对过失的反应进行研究。原则是，我们依据总体原则在发生的事件中寻找过失的意义。这在当时只算是一种猜想，即意义的一种迹象，接着我们便可以检查精神状况，从而得到证据。有时，我们也不得不等待过失意义的进一步表现，才能证实我们的猜想。

如果仅限于口误方面，尽管有几个好例子，但我却无法给出证据。那位要“送辱”女士的年轻男子其实是很害羞的；那位说她的丈夫会随她所愿吃点喝点的女人对治家颇有一套。或者举另外一个例子：在康科迪娅俱乐部（Concordia Club），一位年轻会员言辞激烈地抨击他人，在演讲的过程中他称协会官员为“委员会的放债者（lender）（应为领导“leader”）”。我们可以揣测，一些具有冲突性的想法干扰了他，这种想法可能与放债有关。实际上，知情者告诉我们，这位演讲者一直手头很紧，正在找人贷款。因此，我们可以肯定地得出，他脑子里冲突的想法是：“小心点，抨击别人的时候克制一点，他们可是有可能借给你钱的人。”

如果我们深入研究更多其他种类的过失，便可以找到更多间接证据。

一个人如果忘记了一个熟悉的名字，或者无论怎么努力，也无法将它保留在记忆中，那么我们便可以推断出，一些东西阻碍了他想起这个名字，可能是他不喜欢这个人。考虑到这层关联，我们可以开始分析下面几个过失的心理情境了：

“Y 先生单恋一位女士，但这位女士很快便嫁给了 X 先生。尽管 Y 先生和 X 先生相识很久，还是他的生意伙伴，但却再也想不起他的名字，甚至他想要给 X 先生写信的时候，还得向其他人询问他的名字。”

显然，Y 先生在任何情况下都不希望记起 X 先生，“永远不要让我想起他”。

举另外一个例子：一位女士向医生打听一位他们的共同朋友，但她用的是这位朋友出嫁以前的名字，而忘记了她出嫁以后的名字。她承认自己很反对他们的婚事，也忍受不了朋友的丈夫。

稍后，我们将更详细地探讨有关忘记名字的事情。现在，我们关注的主要是引起遗忘的心理情境。

忘记一件事情一般可以追溯至一种相反的敌对情绪，也就是不希望执行这个项目的情绪。不仅我们精神分析学家持这一观点，一般人对日常事务的态度也是如此，只不过他们不肯在理论上承认它。

施恩者向求恩者道歉，说他忘记了求恩者的请求，但这并不能让求恩者原谅。求恩者会立即认为，“根本不是这么回事；他承诺了，只是不想兑现而已”。因此，遗忘即便在日常生活中也不免遭到排斥，普通人和精神分析学家对过失的认识差异似乎被消除了。设想一位家庭主妇这样对来客说：“什么，你今天来？为什么？我完全忘记了邀请你今天来。”或者一位年轻人告诉他的爱人，完全忘记了与她的约会。其实，他不愿意承认，在那一刻他会找到一万种最不可能的理由来阻止自己赴约，并且使他直到现在都无法告诉她情况。我们都知道，在军队中，遗忘不能作为免于处罚的借口；我们必须承认这种态度是有理由的。这样一来，每个人都会同意这名年轻男子的过失是有意义的。为什么我们不能将这种看法延伸到其他过失上，充分承认类似过失的意义呢？这个问题自然也有答案。

遗忘的意义在一般人心中的地位已经毋庸置疑了，难怪诗人也会用过失来表达相同的意思。看过或读过萧伯纳（Shaw）的《恺撒与克里奥佩特拉》（*Caesar and Cleopatra*）的人应该能回忆起恺撒在最后一幕退场的时候，一直觉得自己在意图之外还有一些事情未做，但却怎么也想不起来。最后，他才想起来是没有和克里奥佩特拉告别。作者借这个手法赋予恺撒一种优越感，但他并不具备这种优越感，也不希望拥有。从历史资料中，诸位可以了解到，恺撒让克里奥佩特拉随他一同来到罗马，在恺撒被刺杀的时候，克里奥佩特拉和他们的孩子小恺撒（Caesarion）还留在罗马，后来他们才离城逃走的。

在这些例子中，遗忘的意义均非常清晰，所以对我们的目的并无太大用处，也就是说，它们无法成为在心理情境中求得过失意义的间接证明。因此，让我们把注意力转移到更加难以看透的例子上吧，比如物件的遗失或误放。这种意外常常令人十分懊恼，当然看上去也可能很不可思议。比如，一位年轻人遗失了一支他心爱的铅笔。几天前，他刚收到了姐夫的一封信，信上说："我现在可没有时间、兴致和你一起懒惰愚蠢地混日子。"显然，这只铅笔是姐夫送给他的礼物。如果没有这个巧合，我们便无法推断出丢失铅笔的背后有丢弃礼物的意图。类似的例子不胜枚举，人们喜欢用弄丢物件的方式来忘记赠予者，这样，物件便不会提醒他想起这个人。有时，如果物品所有者不再喜欢他的物品，也会把物品弄丢，以此为借口买一个更好的。不小心摔碎物品自然也包含着同样的企图。一个学生在生日的前一天弄丢、弄坏或打碎了他的物品，比如书包或手表，我们该作何解释呢？

一个人经常因为找不到之前放在某个地方的东西而懊恼不已，他一定不愿意相信自己是有意的。不过，我们有时也可以从失物的情境中看出一种暂时或长久的弃物倾向，这种情况并不罕见，下面这则例子可以恰当地说明这一点。一个年轻人对我说："几年前，我的婚姻中出现了许多误解。我觉得妻子太冷淡了，即便我愿意承认她优秀的品质，但我们之间实在缺乏温情。一天，她买了一本书送给我，以为我会对这本书感兴趣。我感谢了她的关心，说我一定会读。然后，我把这本书放在了一个地方，之后却再也找不到了。几个月过去了，我时常想起这本书，试图找出来，却总是白费力气。半年之后，我的母亲病了。她住的地方和我相隔甚远，所以我的妻子离开家到那边照顾她。母亲病重，却使我的妻子有机会展现她最好的一面。一天晚上，我满怀感激地回到家中，走到书桌前，无意间拉开一个抽屉，虽然没有明确的用意，却带着几分模糊的自信。我第一眼看到的是那本不知去向很久了的书。"

动机既已消失，失误便可寻得。

女士们、先生们，这样的例子不胜枚举，但我不愿意继续说下去。你们可以在我的《日常生活心理病理学》（1901 年初版）一书中读到更多过失研究的例子。所有例子都在重复证明同一件事情：过失是有意义的。从间接证据中，我可以推测或构建过失的意义。我今天只点到为止，因为我希望用这些材料作为精神分析研究的入门。然而，我必须继续探究另外两点：一是累积的、混合的过失，二是我们的阐释可以作为后续研究的证明。

累积的、混合的过失当然是过失中最好的代表。如果我们的目的仅限于证明过失的意义，那么我们应该把研究限制在累积的、混合的过失上，因为它们的意义是明白无疑的，连最愚蠢的头脑也能理解，并且可以令最挑剔的人信服。表象的累积让固执的人也不再相信它只是个意外，而一定事出有因。某几类过失之间的相互转化向我们展示了，过失中最重要和必不可少的元素既不是过失的形式，也不是它对本身有益的方式，而是它服务和通过多种途径达成的目的。所以，我给大家举一个重复遗忘的例子。琼斯回忆道，一次他不知为何将一封已经写好的信放在抽屉里好几天。最后，他决定把信寄出，但因为忘记写收信地址，无法投递而被退回。他写上地址之后，去了邮局，却又忘记贴上邮票。这次他不得不承认其实自己一点也不想寄出这封信。

另一个例子是在误拿了别人的物件之后又把物品遗失。一位女士和她的著名艺术家姐夫同游罗马。住在罗马的德国人设宴款待了他们，他们收到了很多礼物，其中有一枚古老的金章。但令这位女士不悦的是，她的姐夫并不欣赏这枚美丽的金章。她的姐姐来了之后，她便回国了。到家收拾行李时，她发现自己不知为何把这枚金章带了回来。她立即通知姐夫，表示第二天就把它寄回罗马。但是，第二天，金章不慎遗失，再也找不到了，也无法寄回。于是，这位女士才意识到，自己的“疏忽”意味着，她想将金章占为己有。

我已经举过遗忘和过失相结合的例子。某人一开始忘记了一次约会，第二次他努力记得，却又在错误的时间前去赴约。我的一位朋友既爱好文学，又爱好科学，他以自己的经验告诉了我一个类似的例子。他说：“几年前，我被选入某文学社的董事会。尽管我没什么兴趣，但因为希望文学社以后能帮助我进行戏剧创作，所以还是会在每个星期五按时参加协会的例会。几个月前，我收到了在 F 剧院里公演的确认函。从此之后，我便常常忘记去开例会。读到你的文章时，我感到非常惭愧，意识到自己是在找借口远离我不需要的人，所以才决心忘记星期五的例会，我真是太卑鄙了。之后，我一再提醒自己不要忘记参会。直到我站在会议室的门口时，才惊讶地发现，门是关着的，因为会议已经结束了。原来我记错了日期，现在已经星期六了。”

我原想多收集一些类似的例子，但我还是不要继续为好。你们可以通过自己的观察，看一看那些解释还有待于我们进一步证实的例子。

这些例子的一大特点，正如我们推测的那样——心理情境对我们来说是未知的，即便经过问询也无法测定。那时，我们的解释只有揣测价值，所以不必在上面耗费太多精力。但是后来发生的其他事件，可以证明我的解读是合理的。我曾经到一对新婚夫妇家做客，听到这位年轻的妻子笑着说最近的经历。她在蜜月归来的第一天，邀请她未婚的姐姐像平时一样一同购物，此时她的丈夫已经去上班了。她突然注意到街对面的一位男士，便碰了一下姐姐说 ："看吧，那是 K 先生。"她忘记了这位先生在几周之前已经成了她的丈夫。对于这个故事，我不敢妄下论断。一年之后，我才敢说出这则趣闻，而这对夫妇已草草结束了不愉快的婚姻。

A. 梅德（A. Maeder）给我讲了一则故事，一位女士在举办婚礼的前一天居然忘记了试穿婚纱，到了那天很晚的时候才想起来，让裁缝十分着急。结婚后不久，她便和丈夫离婚了。我也认识一位离了婚的女士，她常常用婚前的名字签署财产文件，而多年之后，她果然恢复了婚前的名字。我还认识一位女士，她在度蜜月时弄丢了婚戒。我还知道，他们结婚的经过让弄丢婚戒有了意义。现在，我还要举另一个典型的例子，主人公的结局还算不错。据说，一位著名的德国化学家因为忘记了婚礼的时间而没能结成婚，他在该去教堂的时间去了实验室。聪明的是，他后来便再也不想结婚这件事了，一辈子单身，过得也还不错。

你们也许已经意识到了，这些过失的例子有点像古人所说的预兆。的确，一些预兆不过是过失而已，譬如绊倒或跌跤。另外，可以确定的是，一些预兆的确具备客观特征，而不属于主观行为。但是，你们不要不信，要区分清楚某类行为属于前者还是后者是非常困难的，因为主动的行为往往会伪装成被动的经验。

不论年纪大小，我们在回顾过去的经历时，都可能会说，如果我们有勇气把与人交往中的过失解读为预兆，并且在它们还很隐秘时就把它们当成意向的象征，就可能会免受许多失望和痛苦。但是，人们往往不敢这样做，以免让别人觉得科学反而使人变得更加迷信。但是，并非所有预兆都会成真。在接下来的理论中，我会告诉大家为什么预兆并非都会成为现实。

第四讲　过失心理学（结论）

我们已经努力证实，过失本身是有意义的，这一点可以作为进一步研究的基础。我想再一次强调一个事实，我们不能断言——为了我们的目的，也不必断言——发生的每个过失都是有意义的，虽然我认为这也是有可能的。我们只需要证明，在各种频繁发生的现象中，过失普遍是有意义的便足够了。过失的各种形式在这个方面的表现是不同的。有些口误和笔误纯粹是生理原因造成的；而对基于遗忘的一类过失（比如忘记名字或要做到的事情、错放物件等），我相信并非由生理原因造成。在一些例子中，丢失自己的物品也很可能被视为无意之举。我们的理论只可以解释一部分日常生活中出现的过失。诸位一定要谨记这个限制，以便我们基于过失是由两种意向相互干扰而发生的心理活动这一认知做进一步探讨。

这便是精神分析得出的第一个成果。以前的心理学一点儿也不了解意向相互干扰的情形，更不用说这种干扰能产生过失了。我们已经极大地拓展了心理现象的范围，将此前一直未被纳入其中的现象涵盖了进去。

让我们先讨论一下“过失属于心理行为”这个假设。它是否比“过失是有意义的”包含更丰富的内容呢？我认为不然。相反，前一个假设更加不确定，也更容易引起误解。心理生活中每一件可被观察到的事件都可以被定义为心理现象。但是，如果它是因机体、器官的直接影响而产生的结果，我们便会将其排除在心理学领域之外；还有另外一种现象，它们是由心理现象引发的即时结果，在其背后的一系列机体影响下开始发挥作用。我们将后一种现象称为心理过程。出于这个原因，我们最好假定这些现象是有意义的。这里的“意义”指的是重要性、目的、倾向和心理关系序列中的位置。

还有许多其他现象也与过失关系密切，但并不适合被称为“过失”。我们可以称它们为“意外的”或“症候性的”行为。这些现象貌似没有动机、没有意义，而且并不重要，也显然没有用处。从一方面看，它们和过失不同，因为没有冲突或干扰的第二种意向；从另一方面看，它们又和我们表达情绪的姿势和动作之间没有明确的界限。所有那些看上去好玩、显然无目的的举动都属于意外行为，比如我们的衣服、身体的一部分、触手可及的物品，以及省略的动作或者自己哼的曲调。我敢断定，所有这些现象都是有意义的，都属于有效的心理行为，我们可以采用与解读过失相同的方式去阐释它们。但是，我不打算在扩大的心理现象领域多做停留，而想要回到过失上，看看如何才能更清晰地探究精神分析的重要问题。

关于过失，最有趣而又未得到解答的问题如下：我们说，过失是两种不同意向相互干扰的结果，其中一种被称为被干扰意向，另一种被称为干扰意向。被干扰的意向不会引发其他问题，但是关于干扰的意向，我们首先要知道干扰其他意向的到底是什么意向，其次要知道干扰意向和被干扰意向之间有什么关系。

诸位可以允许我把口误作为同类例子的代表，先回答第二个问题，再回答第一个问题吗？

口误的干扰意向可能与被干扰意向之间存在着重要关联，前者是后者的反面、更正或补充。或者，让我举一个不太容易理解但很有趣的例子吧，干扰意向可能和被干扰意向之间没有任何联系。

我们可以毫不费力地在实例中找到第一种关系的证据。当一个人说了相反的话，几乎所有口误的干扰意向都是被干扰意向的对立面，两种意向之间发生了不可调和的冲突，并以过失的形式表现了出来。那位议长口误的意义是“我宣布开会了，但其实我宁愿会议结束”。某一政治性报纸被指腐败，于是在一篇文章中极力为自己辩护。文章的高潮处这样写道：“我们会向读者证明，我们总是以最无关自己利益的方式为公众谋求福祉。”然而，这句话被受委托撰写此文的编辑写成了“以最有利于自己利益的方式”。也就是说，他心里认为：“老实说，我不得不这么写，但这并不是我的观点。”再比如，一位人民代表督促某事应直告（rückhaltlos）德国皇帝，但他内心却对这种大胆的举动很害怕，于是便误说成了婉告（rückgratlos）。

在前面你们熟悉的、带来凝缩和简约印象的例子中，存在更正、补充或引申的问题，其中第二种意向与第一种意向密切相连。例如，这些事非常“龌龊”，但不小心把“揭露”和“龌龊”合在了一起，说成了“揭蹉”。再比如，“能听懂人类鼻腔讲座的人也一指可数——我的意思是屈指可数”。或者，“本来想说‘我的丈夫会随他所愿吃点喝点’，但是你知道我不允许他随便吃喝，因此他只能随我所愿吃点喝点”。因此，上述例子中的口误源于被干扰意向的内容，或者与其相关。

这两种干扰意向之间的另外一种关系看上去就有些奇怪了。如果干扰倾向的内容和被干扰倾向毫无关系，那么干扰倾向是怎么来的，又是如何正好在那个时刻表现出来了呢？我们可以通过观察得出答案，干扰倾向来源于这个人不久之前的一种思维过程，这种思维过程在之后产生了影响。至于它是否通过语言表达了出来，则是无关紧要的。所以这也可被视为一种“语音持续”，不过不一定是说出来的话而已。干扰和被干扰倾向之间也存在联想关系，不过两者的关系并非基于内容，而是被人为建立起来的。

这里我给大家举一个我自己观察到的例子。我在美丽的多洛米蒂山脉（Dolomites）遇见了两位来自维也纳的女士，她们来这里旅游。我陪她们走了一小段路，聊了聊旅行中的愉快和劳累。一位女士承认出门在外确实不太舒服，她说：“整天在太阳底下暴晒，背心、衬衣……都湿透了。”这句话中间，她突然稍微迟疑了一下，继续说，“如果有 nach Hose 可以换一换……” Hose 的意思是长筒袜。不用多做分析，我想大家应该都很容易理解。这位女士本来想更加详细地列举汗湿了的衣物：背心、衬衣和长筒袜。但是，从礼节上说，不应该提到长筒袜（Hose），所以第二句里那个没有说出来的词被替换成了与其发音相似的 nach Hause（我家里）。

现在，我们终于可以讨论那个迟迟未答的问题了，用这种不同寻常的方式来干扰其他意向的究竟是什么？它们种类繁多，而我们希望找到它们的共同点。如果带着这个目的检查一系列例子，我们很快便可以发现它们可以被分为三大类。在第一类中，干扰倾向是已知的，说话者在发生过失之前就已经察觉到了干扰倾向。比如，在“揭蹉”的例子中，说话的人不仅承认他所批判的事情是“龌龊”的，也承认自己有意表达这个意向，只是后来放弃了而已。在第二类中，说话者也能立刻认识到自己怀有干扰倾向，只是不知道在口误发生之前干扰倾向已经十分活跃了。因此，他能够接受我们的解释，但会在一定程度上感到惊讶。这种情况也许更容易出现在其他种类的过失而不是口误中。在第三类中，说话者会激烈地否认干扰倾向。他不仅会极力辩解干扰倾向在口误发生前有所活动，还会说他完全没有这种意向。你们还记得“打嗝”的例子吗？我揭露的干扰倾向无论如何都是不礼貌的。你们知道，到目前为止，我们对此类例子的观点还没有统一。我并不在意祝酒者的“侮辱之意”，但仍坚持原来的解读。而你们则受到说话者否认的影响，只把口误当作单纯的生理行为，认为我应该放弃这种解读，这样我们便无法进一步分析下去了。我可以猜想是什么吓退了你们。我的解释含有这个假设：说话者自己都不知道的意向可以通过口误表现出来，而我可以从种种迹象中推断出他的意向。这个结论十分新颖，闻所未闻，你们有所迟疑也是可以理解的，我在一定程度上同情你们。但是，有一点必须说清楚：如果诸位想要继续研究我们从众多例子中推导出的结论，必须下定决心接受上述观点，即便它会令你们不快。否则你们便不得不抛弃刚刚获得的知识。

让我们再多花些时间讨论一下是什么将这三类过失统一起来的，以及它们的三种机制之间有什么共同点。很幸运，它们的共同之处很容易看出来。在前两类过失中，说话者能够意识到干扰倾向。在第一类过失中，说话者在发生口误之前，便已经意识到了干扰倾向。但是，在这两种情况中，干扰倾向都被压抑了。说话者决心不在话语中展现干扰倾向，接着便发生了口误。也就是说，被压抑的意向违背说话者的意愿表达了出来。在这个过程中，干扰意向变成了能够被说话者允许的其他表达方式，或与之发生了混合，又或取而代之，使自己能够得到表达。这便是口误的机制。

在我看来，第三类口误也可以被恰当地归入上面的机制中。我们假定，这三种口误的区别在于对干扰意向的压抑程度不同。在第一类口误中，干扰意向是存在的，而且在说话者发生口误之前便已经被察觉到；对说话者来说，干扰意向遭到了压抑，然后在错误中得到了补偿。在第二类口误中，干扰意图已经不可被察觉到，但它仍是引起口误的原因。这样一来，第三类口误成因的解释便被简单化了。即便一种意图长时间被压抑，变得不可被察觉，进而被说话者极力否认，但我仍敢说这种意图最终被表达了出来。若撇开第三类过失不谈，从对其他两种过失的观察中，你们也一定可以得出结论：压抑说话的原有意图是口误发生的不可或缺的条件。

我们现在可以宣布在过失的解释上取得了进一步的成绩。我们不仅知道过失是有意义和目的的心理现象，还知道它们是两种不同意向相互牵制的结果；此外，我们还知道其中一种意向为了能够干扰另一种意向而得以表达，自身必定会经历一定程度的压抑。这自然不能作为过失现象的完整解释。我们会立即发现进一步的问题。例如，为什么事情不能以更加简单的方式进行呢？如果现在的目的是压抑某种倾向不让它表达，那么压抑成功的话，这个倾向便完全没有表达的可能；如果压抑失败，那么被压抑的情绪便会得到充分表达。然而，过失是妥协的产物。过失意味着两种目的各有成功和失败之处。被阻止的意向既没有被完全压抑，也没有被完全表达，除了少数例子之外，也不能完整地说出被阻止的意向。我们可以想象，这种牵制或妥协的发生必定需要特殊条件，但我们却无法假定条件是什么。我也不认为我们进一步探索过失，便能发现未知的条件。但是，我们又必须彻底研究精神生活的其他模糊领域，只有通过研究得出这些类比，我们才敢于得出假设，从而更加明晰地阐释过失的条件。此外，你们还需要注意一点：用微小的迹象指导研究，正如我们之前在这一领域内习惯做的那样，也会带来危险。有一种叫作“联合妄想症”的精神疾病，患者会毫无限制地利用这些微小的迹象。我自然也不主张根据我的建议得出的结论就是完全正确的。我们若希望免于这样的危险，则必须在更广泛的基础上进行观察，从精神生活中最复杂的领域不断获得类似印象。

因此，我们对过失的分析就进行到这里。但是，我还要提醒你们的一件事：请记住，请将我们分析这些现象的方法当作一种典型牢牢记住。你们可以从这些例子中了解到心理学的目的是什么。心理学不仅仅希望描述心理现象并加以分类，还把它们视为精神力量角逐的结果，是为达成某个目标的意向表达，这些意向有的相互结合，有的相互冲突。我们要对精神现象做出一种动态解释。根据这个解释，观察到的现象一定会让步于假定的存在。

因此，我们将不再继续深入探究过失的问题了，但我们仍可以全面地探索这一领域，在这个过程中，我们可能会重复见到熟悉的事物，也可能会走上探索新事物的轨道。至于分类，我们仍坚持开始的研究分类，口误可以分为三种：第一类，遗忘（比如忘记专有名词、忘记外语、忘记计划和忘记印象等）；第二类，口误、笔误、读误、听误等；第三类，误取、误放或遗失物件等。到目前为止，我们得出结论：我们研究的过失部分关于遗忘，部分关于错误。

我们已经探讨了口误的细节方面，但仍有几点需要补充。与一些有效的小错误和口误有关，它们也让我感兴趣。没有人愿意出现口误，但人们往往会听不到自己的口误，却能发现别人的口误。从某种意义上说，口误是具有传染性的，我们在谈到口误时，自己也难免不出错。形式最微妙的正是那些无法对揭示隐秘的心理过程有什么启发的口误，但它们的动机也不难洞悉。例如，一个人将长元音发成了短元音，无论他出于何种动机，都是受到干扰的结果。出于这个原因，他会很快把后一个短元音延长，于是为了弥补前一个口误而犯了另一个口误。又如因仓促没把双元音念清楚，比如把 [eu] 或 [oi] 发成了 [ei]。接着，说话的人很可能为了纠正前一个口误，把后一个 [ei] 或 [eu] 发成了 [oi]。这种行为背后的决定因素似乎是对听者的某种考虑：不想让听的人认为说话者没有认真对待母语。其次，补偿造成的歪曲实际上是有目的地使听者意识到第一个错误，并表明自己也意识到了这个错误。最简单而频繁发生的口误是将语音凝缩和提前发出，出现在话语不起眼的部分。比如在长句中，一个人的口误很可能是由于意向话语的上一个字说得太快。这使人觉得说话者没有耐心说出完整的句子，证明他对说出完整的句子或演讲内容存在某种抵触心理。因此，我们来到了临界线上，在这里精神分析和普通生理学之间的差异是模糊的。我们假定上述例子中存在干扰说话的意向。但是，我们只能由此知道干扰意向是在场的，而不能得知其目的。在干扰意向之后会接着出现一些语音影响或者联想关系，都可以被认定为注意力离开所要说的话的结果。但是，这种心理过程的要点不在于注意力的分散或引起联想的倾向，而在于干扰目的话语的倾向。我们无法通过其效果猜测出它的本质（而在所有更加显著的口误事例中，我们是可以猜出干扰倾向的本质的）。

现在，我们将重点转向笔误。笔误与口误的机制相同，所以我们也不期待得出什么新观点，只要稍微搜集一些证据便够了。那些十分常见的小错——凝缩，将后一个字提前书写，尤其是最后一个字——再一次指明对书写的厌恶已经令书写者缺乏耐心。上面提到的笔误效果让我们能够认识到干扰倾向的本质和目的。一般而言，我们若发现信上有误，便知道写信者那时不在正常状态。至于究竟发生了什么，一般猜不出来。笔误和口误一样，都不易被自己发觉。下面观察到的现象引人注目：一些人习惯于在寄信之前再读一遍信的内容，另一些人则没有这个习惯。但是，如果后面这类人例外地再读一遍信，总有机会发现并纠正其中明显的笔误。这该作何解释呢？看起来，他们好像在写信的时候就知道自己出现了笔误一样。我们能确信是这么回事吗？

与笔误的实际意义相关的是一个有趣的问题。你们也许还能回忆起谋杀犯 H 的例子。他假装细菌学家，从科研机构中得到了最危险的病菌，用这种现代方式除掉了与自己关系最密切的人。这个人曾向科研机构的权威人士投诉送来的病菌毫无效果，他出现了一个笔误，把“我对小白鼠和豚鼠（Versuchen an Mausen）的实验”明白地误写成了“我对人类（Versuchen an Menschen）的实验”。这个笔误甚至引起了科研机构内医生的注意，但他们却没有推断出结果。现在，你们作何感想？如果医生能从笔误中看出一句供词，进而组织一次调查，是不是便能及时阻止这个杀手要做的坏事？在这个例子中，我们对过失意义的无知是不是应该为实际影响负责？我倾向于认为这种笔误的确具有一定的可疑性，但把它作为供词也确实不合适。事情并没有那么简单。笔误当然可以作为一种迹象，但其本身并不足以成为开始调查的理由。谋杀犯之前就怀有用病菌杀死人类的想法，笔误透露了他的想法，但我们无从得知他是否已经有了清晰的犯罪方案，还是这只是他的一种幻想，不会产生实际后果。出现这种笔误的人可能会用大量的主观证据来否认这种幻想、驳斥这种判断，说他丝毫没有那方面的想法。稍后，当我们把注意力集中在精神世界与物质世界的差别上时，你们将更好地理解这种可能性。但这个例子再一次证明了过失有着不容置疑的意义。

在读误中，我们遇到的心理情境与口误和笔误有着明显的差异。两种对抗倾向中的一种在这里被一种感官刺激取代了，所以或许欠缺抵抗性。一个人读到的内容并不属于他本人的心理活动，这一点与某人写的东西不同。因此，在绝大多数例子中，读误都是一种完全的置换。一个字被读成了另一个字，而两个字之间不一定存在着意义上的关联。口误则一般基于字词之间的相似性。利希腾伯格（Lichtenberg）把“Agamemnon”读成“angenommen”便是最佳例证。如果你们希望找到引起误读的干扰倾向，最好可以完全忽略误读的文本，从下面这两个问题开始分析：第一，在误读的产物中，经由自由联想得到的第一个想法是什么；第二，误读发生的情境是怎样的？后者便足以解释误读。例如，一个人尿急，在一座陌生的城市里到处找厕所。他在一座大楼的二楼大标牌上读到了“Closethaus”（便所）这个词。他正怀疑为什么这个标牌要挂得这么高，才发现牌子上写的实际是“Corsethaus”。在其他例子中，如果原文和错误在内容上没有关系，就必须加以彻底地分析，但是这需要拥有精神分析的实践经验和信心才能完成。不过，一般我们并不难得出读误的阐释。在Agamemnon的例子中，我们不难推测替换的词背叛了思维序列，产生了干扰效果。又如，在战争时期，我们身边充斥着城市名、将军的名字和军事术语，所有经常把结构相似的词语看成它们。以这种方式，一个人感兴趣的、占据其内心的东西代替了外来的、不感兴趣的事物。思维的惯性遮蔽了新的知觉。

读误还有许多其他种类，有的文本也会产生干扰倾向，通过某种方式，将原文歪曲为相反的意思。研究显示，如果某人读他不喜欢的文本，就会极力抗拒所读的内容，进而将其歪曲为其他字样。

在开始提到并频繁出现的读误中，造成过失机制的两个要素被忽视了：两种倾向之间的冲突，以及其中一个受压抑的倾向通过引发过失来求得补偿。并非所有读误都是把原文看成完全相反的字样，但是和错误有关的思路纠缠确实比之前承受的压抑要显著得多。在因遗忘造成的过失中，这两种因素都极易观察得到。

忘记计划的例子实际上表达同一种意义，即便普通人也不否认这样的解释。干扰计划的倾向通常是一种反抗的倾向、一种不情愿的感情，我们只需要发现它为何不通过另一种较少伪装的方式表现出来。有时我们也可以猜测出这种倾向不得不保密的动机；保密总能达成目的，而如果公开表达，一定会遭到拒绝。如果在计划形成之后和执行之前心理情境出现了重要变化，以至不再需要执行，那么虽然忘记了计划，但并不属于过失范畴。因为既然用不着记住，忘记就变得理所当然，于是它被永久性或暂时性地抹去了。只有当决心未被打消时，忘记一个计划才可以被称为过失。

忘记计划的例子通常千篇一律、容易看透，不会引起研究者的兴趣。然而，以下两点可以为我们增加新的知识。我们说过遗忘计划，即不执行一项计划，指向一种相反的倾向。这当然不错，但根据我们调研的结果，相反的倾向可能分为两种：直接和间接的。我举一两个例子，或许可以很好地说明后者的意思。比如施恩者不替求恩者在第三者面前推荐，也许是因为施恩者对求恩者不怎么感兴趣，没有要举荐他的意思。不管怎样，求恩者都会理解施恩者忘了推荐他。但是，事情可能更加复杂。施恩者不引荐或许另有隐情，这可能与求恩者无关，而是因为对第三者没有好感。由此你们可以看到解释在实际应用中也有矛盾之处。求恩者虽然已经正确解读了这个过失，但仍可能怀疑施恩者，以致对他做出不公正的评价。如果一个人忘记赴约，最常见的直接原因是他不愿意见到那个人。但是，根据分析的结果，干扰倾向也可能不直接指向人，而是他们约定的地点，也许是因为此前一段痛苦的记忆与这个地点有关系。又如，如果一个人忘记寄出去一封信，干扰的意向可能直接导向这封信的内容，但这封信的内容本身也可能是无害的，唯一的干扰意向在于一些事情提醒寄信者想到了此前的另一封信，这封信引起了寄信者的厌恶之感。我们可以说，在这个例子中，厌恶之感从前一封信转移到了这一封信上，而这一封信本身并没有什么意义。所以，用这种解释来解读遗忘必须十分小心谨慎，即便这种解释是合理的。心理学上相等的事件，在实际中可能并非如此。

此类现象在你们眼中可能非常奇怪。你们有时会认为“间接的”相反意向可以证明这种行为是病态的。不过，我可以断定，在健康的、正常的状态下，也可能出现这种行为。我并不是在承认分析得出的结果不可靠。毕竟我曾说过忘记计划中存在的模糊之处，但这仅限于我们对这个例子不加分析，并且基于我们的普遍假设来进行解读。当我们分析特定的一个人时，其厌恶究竟是源自直接原因，还是另有隐情，便可以断定了。

第二点如下：我们发现，在绝大多数例子中，忘记计划可以追溯到一种厌恶。那么即使在另外一系列例子中，被试者否认我们推断出的厌恶感，我们也有勇气坚持自己的意见了。我们以忘记归还借来的书，或者忘记偿还现金或贷款为例吧。我们如果指控被试者想将书占为己有，或者不愿还钱的话，未免有些过于莽撞。而他本人也一定会否认这种意向，且不会给出其他解释。我们可以坚持他有此意向，只不过他自己不愿意承认罢了；我们所要做的只是让遗忘的结果暴露他的意向。那时被试者也许还会再一次坚持他不过是忘了而已。你们知道，这个情境我们曾经遇到过。事实证明，这种多样性的解释是合理的。如果我们希望在这一点上达成一致，我们将不可避免地同意人身上存在一种本人意识不到的倾向。然而，这样我们便不免站在日常生活和普通心理学的对立面了。

与此相同，忘记专有名词、外国人名和外文词语也可以通过同样的方式追溯到相反的意向上，相反的意向直接或间接指向例子中的名字。我已经举了几个例子来说明直接的厌恶。但间接的反感在这些情况中尤其常见，我们需要更加小心地分析。譬如在战争期间，我们被迫放弃了许多以前的娱乐，于是因为许多奇特的关联，我们回忆起专名的能力也大受损害。不久之前，我再也无法回想起摩拉维亚城市的比森茨（Bisenz）的名字。分析表明，我对这个城市没有直接的厌恶，但是由于它的名字和奥维多（Orrieto）的比森支大厦（Bisenzi Palace）发音相似，而我曾希望自己能够在那里定居，所以才忘记了城市的名字。在记住名字的对立面的动机上，我们第一次遇到了一个原则，稍后它将在神经症的因果关系上起到许多重大作用。也就是说，和不悦体验有关的记忆，在回忆时也会引起同样的不悦感受，所以记忆便会回避这种回忆。这种回避不悦的倾向，实际上就是忘记名字，以及忘记行动等许多其他过失背后的终极有效动机。

然而，名字的遗忘似乎特别适用于心理生理的解释，所以有时避免不悦的动机也不一定成立。如果一个人身上存在忘记名字的倾向，那么你可以通过分析调研发现他并不仅仅是因为不喜欢而忘记了名字，而是因为同样的名字在他的脑海中属于另一连串特定的联想，与之关系更为密切。这个名字被固定在那儿了，不愿和其他事物产生联想；有时为了记得某些名字，故意使其产生联想，反而因此造成了遗忘。最明显的例子是，专有名词对不同的人必定有着不同的心理价值。对于一个人来说，一个专有名词可能没有什么特别之处；而对于另一个人来说，它意味着他的爸爸、兄弟、朋友或自己。根据经验分析，前一类人一定不会忘记与之相关的陌生人的名字，而后一类人则可能遗忘，因为这些名字似乎是为与自己有亲密关系的人预留的。现在，我们假定这个由联想引起的抑制与不悦原则以及间接的机制整体吻合，你们便可以知道，遗忘名字的因果关系非常复杂。然而，充分的分析能够理顺事实，并完全揭露其中复杂的原因。

对于印象和经历的遗忘，比遗忘名字更能清楚和彻底地展现出一种避免不快的倾向。当然并不是所有此类遗忘都属于过失范畴，到目前为止，只有那些通过我们习惯的概念测定，看上去惹人注目又不合常理的遗忘，比如忘记新近或重要的印象，或者在一连串记得清楚的事件中出现了一个空洞，才属于过失范畴。一般来说，我们为什么会遗忘，以怎样的方式遗忘，以及如何会忘记那些一定会记忆深刻的印象的呢？比如童年早期的印象。这是一个十分不同的问题，对于不悦联系的避免虽然也是原因之一，但无法解释一切。至于不愉快的印象很容易被忘记，则是一个不容置疑的事实。许多心理学家已经观察到了这一点，譬如我们熟知的达尔文，所以凡是与他的学说相冲突的事实，他都会慎重地记下了，因为他怕忘记了这些事实。

第一次听到通过遗忘来防止自己想起不悦记忆的人都不免提出反对意见。相反，他们根据自己的体验，认为痛苦的记忆才是最难以忘却的，它们总是违背一个人的意愿来折磨他，比如受辱或羞耻的记忆。这个事实是正确的，但反对意见确实是无效的。我们需要认识到，精神生活是相互对立的倾向斗争的场所，或者用非动力术语来表达，是包含相互冲突的成对倾向的场所。一个特殊倾向的出现无法消除其相反的倾向，两者可以并存。这只取决于对立的倾向如何相互起作用，它们之间又会相互产生怎样的影响。

由于丢失和误放物件等过失中存在着模糊和多面的倾向，因此这些过失特别有趣。这些例子的共同点是失物的愿望，所不同的是这个愿望的理由和目的。一个人失物，或许是由于这个物件坏了或希望换个新的，也可能是因为不再喜欢它，抑或这个物件来自一个与他关系紧张的人，还可能是因为不愿想起获得这个物件的情景。摔碎、损毁和打破物件也出于同样的目的。研究发现，在社会生活中，不受欢迎的私生子较正常结婚生出的孩子意志薄弱。面对这个结论，我们不必怪罪幼儿园老师用较为粗陋的方式对待私生子，他们在照顾孩子上的某种疏忽便足以造成这个结果。保存物品和照顾孩子是一个道理。

但是，有的物件虽然没有失去价值，但也被丢失了，也就是说，人们可能会怀着一种意图，为了避免一些更可怕的损失而牺牲一个物件。这种消灾的方法仍被频繁使用，所以丢失物品也常常属于一种自愿的牺牲。同样，失物也可能是用于泄愤或自惩。简单地说，失物背后总有一些遥不可及的动机，我们不能忽视这一点。

和过失一样，错误也常被用来满足一个人自我否定的愿望。目的因此被披上了意外的外衣。例如，我的一位朋友曾搭乘火车前往郊区访友，尽管他很不情愿，但还是去了。在换乘的时候，他不小心上了回城的火车。再者，如果一个人想在旅程半道的车站多停留一段时间，那么他很可能会忘记或错过换乘某个班次。或者像我治疗的一位患者，我禁止他与未婚妻通话。他本想给我打电话，却"漫不经心地"误拨了号码，这样便又和未婚妻打上了电话。下面是一位工程师的自述，足以说明直接错误的实际意义：

"一段时间前，我和几位同事在一所中学的实验室里进行了一系列复杂的弹力实验。这项实验是我们自愿参与的，但占用的时间却比我们预期的多得多。一天，我和 F 同事一块儿走进实验室，他说家里有事要忙，浪费这么多时间在这个实验上真不开心。我非常赞同，半开玩笑地提到了上周发生的一件小事，说'希望机器再坏一次，我们就能早点收工回家了'。

"F 在工作室操作实验机器的阀门。他会小心地打开阀门，让蓄压器缓缓地向液压机的气缸里注入空气。另一个人站在气压表的一旁，当压力恰好的时候，大声喊停。F 听到命令之后，会大力扭转阀门，但是他向左转了！（不出意外的话，阀门向右转是关闭）因此，蓄压器突然释放压力，连接管无法承受如此巨大的压力，立即破裂了。这是完全无害的事件，但迫使我们放下一天的工作回家了。

"值得一提的是，一段时间之后，我们提到这个事件时，F 完全记不起当时的情况了，而我却能够清楚地记得，这的确很能说明问题。"

出于这一点，你们可能会推断出佣人失手摔碎物件是否真的是出于偶然了，也许你们会把佣人当成家庭财产的危险敌人。你们还可以进一步猜测，一个人伤害了自己，让自己陷于危险之中，是否真的总是意外。你们若有兴趣，可以通过观察来分析检验。

女士们、先生们，关于过失还有许多可说之处，也的确还存在着许多可以调研和讨论的地方。到目前为止，调研多多少少动摇了你们之前的观点，你们已有接受新观点的想法。如果这样的话，我便满足了。至于其他尚未解决的问题，我们暂且不论。凭借对过失的研究加上研究的材料，无法完全证明我们的理论。我们是为了说明，过失的巨大价值在于它们频繁地发生，并且可以在我们自己身上被观察到，但却不一定是病态的。在结束之前，我希望再一次提到你们未被回答的问题："假设由许多例子看来，人们已经十分接近于理解过失，就快要了解它的意义了，为什么还普遍认为过失是一种意外，是无目的和无意义的，同时又如此激烈地反对利用精神分析来阐释它呢？”

对的，这个问题惹人注目，需要给出解释。然而，我并不会立即把答案告诉你们。我宁愿慢慢地引导你们弄清种种关系，这样会促使你们摆脱我的帮助，自己得出解释。

第二章

梦

第五讲 初探及困难

一天，我发现某些神经症患者的症候是有意义的。由此，我创立了精神分析法。在治疗过程中，我发现患者也将梦视为症候之一。因此，我假定梦也是有意义的。

然而，我们的演讲并不准备按照历史顺序来进行，而是反着来。我们希望首先发现梦的意义，将其作为神经症症候研究的准备。反过来也是合理的，因为对梦的研究不仅是神经症研究的最佳准备，梦本身也是一种神经症的症候。实际上，所有正常人都会做梦，梦的研究也为我们带来了不可估量的便利。如果全体人类都健康且会做梦，我们便能从他们的梦中得到神经症研究所能给我们带来的诸多洞见。

因此，梦成了精神分析的研究对象。梦和过失相同，看上去很普通，很少被考虑到，显然被认为没有实际价值，但实际上梦是正常人所共有的。过失只被科学忽视，科学对过失毫不在意，但我们加以研究，至少不会有什么害处。人们会说，实际上还有许多更加重要的事情，研究这些事情可能会得出一些结论。但是，研究梦不仅不切实际、徒劳无益，还很丢人；这既不科学，又有倾向于神秘主义的嫌疑。神经症理学和精神病学领域存在着许多更加严重的问题，比如苹果大小的肿瘤就可以使机体瘫痪，还有出血、慢性炎症等，在显微镜下，我们便可以观察到人体组织的改变！医生还可以忙着去研究梦吗？不，梦实在太琐碎了，不值得进行科学研究。

此外，梦还有一种因素使其不宜用作精确研究——连梦的研究对象都是不确定的。譬如妄想，它的轮廓还比较清晰确定。“我是中国皇帝。”一位病人大声地说。但是梦呢？梦大多无法被叙述。一个人叙述梦境，能保证他说得完全正确，在叙述中未做更改，也没有因为记忆模糊而增补吗？大多数梦都不能被记起，除了细微的碎片之外都被遗忘了。一种科学的心理学或治疗方法难道应该基于这样的材料吗？

过分批判可能会让我们疑心重重。反对将梦列为研究对象，这样的观点显然太过极端了。我们已经探讨过过失不重要的问题，并用“以小见大”的方法做出了回答。至于梦的模糊性，这毕竟也是它的一大特点，我们无法规定研究对象的特点。此外，也存在清晰的梦境。一些其他的精神病学研究对象也拥有相同的模糊性，比如许多强迫观念，但却有许多备受尊重的精神病学家投身其中。我还记得我所治疗的一个患者的实例，患者如此自述："我有一种感觉，好似我曾经伤害过或者曾经希望伤害过一些生灵。比如小孩？不，更可能是一只狗。也许是把它推下桥，或者别的什么。"从某种程度上来说，我们可以克服回忆梦的不确定性，我们只需要把做梦的人回忆的梦境当作梦的内容便可以了，不考虑他可能遗忘或改变了梦的内容。我们不能一概而论，说梦是不重要的东西。我们从自己的经验中可以知道醒来之后的情绪可能会持续一整天。根据医生的观察，精神症可能始于梦，妄想也源自梦。据记载，历史人物也曾从梦中获得了做大事的灵感。因此，我们或许会问，科学界对梦的鄙视究竟源自何处呢？

我认为，现代科学家对梦的鄙视是古代对梦过于尊崇的反作用。重构过去的难度众人皆知，但我们可以断定一点（请允许我说句玩笑话），三千多年前我们的先人和我们做梦的方式差不多。据我所知，古人都极为重视梦，认为梦有实用价值。他们从梦中获得对未来的启示，在梦中求得预言。在古代，希腊和所有东方民族征战不带释梦者，就像现在打仗不事先进行空中侦察一样，几乎是不可能的。亚历山大大帝征战时，携带了最著名的释梦者。推罗（Tyrus）当时仍在岛上，该城进行了殊死抵抗，让亚历山大有了放弃攻城的想法。一天，亚历山大梦见半人半羊的森林之神萨提尔好似在跳胜利之舞。他向释梦者说了这个梦，释梦者认为这是攻城胜利的预兆。于是，他下令进攻，拿下了推罗。伊特鲁里亚人和罗马人虽然也会用其他方法来预测未来，但在整个希腊—罗马时期，释梦都被认为有实际用途而备受推崇。关于释梦的文学作品，至少主要著作被保存至今，即达尔狄斯的阿特米多鲁斯所著的《解梦》。据说，阿特米多鲁斯经历了整个哈德里安帝的统治时期。后来释梦艺术如何失落，梦如何丧失名誉，我无从知晓。启蒙运动不会起到太大作用，因为在中世纪的黑暗时期，比古老的释梦更荒诞的事情都得以保存了下来。事实是，对梦的兴趣逐渐退化为迷信，释梦变得仅能使无知者信服。到了今天，对释梦的误用体现为试图从梦中求得彩票中奖的数字。从另一方面看，今天的精确科学仍不断讨论梦，却总是怀着将生理学理论运用到释梦上的目的。当然，医生认为梦不是精神活动，而是身体刺激在精神上的反应。宾兹（Binz，1876 年）宣称，梦是"一种完全无用的生理过程，实际上大多是病态的，与人类灵魂和不朽观念风马牛不相及"。莫里（Maury）把梦比喻为圣维托舞蹈不规则的抽搐，与人类正常的协调运动形成鲜明对比。古人对梦也有一种比喻，认为梦的内容就像"不懂音乐的人的十个手指在琴键上乱弹”一样。

解释意味着找到隐藏的意义，但古人对梦的解释并不考虑其隐藏意义。请看冯特、乔伊尔等近代哲学家对梦的描述。你们会发现他们热衷于列举梦的哪些方面是醒时思维的延伸，以此来贬低梦的意义。他们指出梦具有联想断裂、批评能力暂缓、全部知识消退、其他技能减弱等特征。精确科学对扩充关于梦的知识唯一有价值的贡献便是发现了睡眠时身体受到的刺激会影响梦的内容。最近去世的挪威作者 J. 伏耳德（J. Mourly Vold）写了厚厚的两大卷著作（分别在 1910 年和 1912 年被译成德文），详述了他的实验，但几乎都是关于四肢位置变换产生的结果。现在，你们可以想象，精确科学如果发现我们想研究梦的意义，会作何评价。批评我们已经领教过了，但我们不会被吓退。如果过失有意义，那么梦也有意义。许多例子中的过失便未被精确科学地纳入研究范围。请承认，对于梦，我们有和古人与普通人一样的看法，让我们追随古人释梦的脚步吧。

首先，我们需要确定任务的方向，俯瞰整个领域。梦是什么？几句话很难概括。但梦是大家所熟悉的，我们不必追求其定义。不过，我们应该挑选出梦的本质元素。我们该如何找到这一点呢？梦的范围很大，梦与梦之间的差异有很多。所有梦的共同点很可能就是它的本质。

那么，所有梦的第一个共有特点便是它们发生时我们都在睡觉。显然，梦是睡眠期间的精神生活，与醒着时的精神生活既有一些相似之处，又有很大不同。亚里士多德对梦的定义也指出了这一点。也许梦和睡眠之间还有其他连接。人可以因做梦而醒来，人自动醒来或被叫醒时也经常做梦。梦似乎是界于睡眠和醒来之间的一种过渡状态。我们因此关注睡眠问题。那么，什么是睡眠呢？

这是一个生理学或生物学问题，目前仍存在很大争议。我们无法给出确定的结论，但我认为我们可以从心理学角度描述睡眠的特点。我们在睡眠时从外部世界撤出，外部刺激延缓。我疲惫时，也会去睡觉，远离外部世界。因此，通过睡眠，我对外部世界说：“让我安静会儿吧，我想要睡觉了。”相反，孩子会说：“我不想上床睡觉。我还不累，想再玩会儿。”睡眠的生物学意义可能在于恢复；心理学意义在于延迟对外部世界的兴趣。我们如此不情愿与世界发生关系，不被打断的话，我们便无法忍受。出于这一原因，我们时不时地退回到出生前的状态，也就是在子宫里的状态。我们至少为自己创造了一个类似于子宫的环境——温暖、黑暗、缺乏刺激。一些人甚至蜷缩起来，紧紧包裹住自己的身体，保持与子宫内十分相似的姿势。所以，成人似乎只有 2/3 的生命长度属于生活，1/3 的时间处在未诞生的状态。我们每天早晨醒来就好像获得了新生。我们还会这样描述睡醒的状态：我感觉自己好像获得了新生。我们对新生儿的感觉可能是完全错误的。我们把新生儿出生叫作“初见天日”，但或许他们感觉非常不舒服。如果睡眠是这样，那么梦则完全不是，梦似乎是一种非常不受欢迎的状态。我们认为，没有梦的睡眠才是最好的、唯一正常的状态。睡觉时不应该有精神活动。如果精神被扰动了，那么从一定程度上说我们便没有达到宁静的状态。我们在睡觉时无法避免地会出现一些精神活动的残余，这些残余便是梦。那么，梦似乎不需要有什么意义。过失则不同，它是清醒时的活动。但是我们睡着之后，除了一些残余物，所有精神活动都被延迟和压抑了，所以梦不一定有意义。实际上，由于精神状态处于睡眠中，我们也无法利用这些意义。梦只是痉挛反应的产物，类似刺激产生的直接精神活动。梦是清醒时精神活动在睡眠状态下的残余物，不适用于精神分析，我们可能要下决心抛弃它了。

然而，即便梦是无用的，它也毫无疑问地存在着，我们仍需要尝试着去描述它。为什么心理活动不休息呢？可能是一些意念使心理活动无法停止。刺激会对精神产生作用，精神不得不对刺激做出反应。所以，梦便是人们在睡眠时对刺激的反应。我们在这里指出了一种解释梦的途径。我们可以在不同的梦中调查和发现究竟是哪种刺激在试图打扰睡眠，形成梦的反应。因此，我们可以说找到了梦的第一个共同元素。

还有什么其他的共同元素吗？是的，还有一种不可否认的特征，但是理解和描述起来更加困难。例如，睡眠中的精神过程与清醒时的精神过程的特点十分不同。人们可能对梦中体验到的许多经历深信不疑，而人们提到的经历也许只是一种干扰刺激。梦中的经历主要以图像的形式体现，也可能间或夹杂情感、思维和一些其他感受，但说到底主要还是图像。讲述梦的部分难点来自于如何将图像转化为语言。“我可以把梦画出来，”做梦的人常常这么说，“但我不知道该如何讲述。”梦的生活与清醒的生活之间的不同并不在于精神活动的减弱，也不同于天才之于弱智。它们之间的确有一些质的区别，但很难说出不同点在哪儿。费希纳曾经大胆猜测，认为梦中的场景只不过是以不同的方式上演醒时的生活。说实话，我们不明白他的话意义何在，也不明白他说的意思，但却可以表示出大多数梦给我们带来的奇怪印象。把梦的活动与未经训练的人弹钢琴的效果相对比，也无法说明问题。因为一旦演奏者意外地按下了琴键，钢琴至少会以相同的曲调做出回应，即便不成曲调，即便我们无法理解，也请把关于梦的第二个共同元素小心记着。

梦还有其他的共同点吗？无论从哪个方面都找不到了，但我却能发现梦在长度、活动的明确性、感情的参与度和记忆的持久性上都存在着不同。这一切并不是我们期望中的那种对刺激强制驱动、不可抵抗、痉挛性的防御。至于长度，有的梦很短，只包含一幅图画或很少的思维，也许只有一个字；而另一些梦的内容则非常丰富，将整个故事从头演到尾，持续的时间还很长。也有一些梦的体验本身非常直白，以至于在醒来之后的很长一段时间内，我们都不能将其视为梦。还有一些梦异常模糊、阴暗，难以描述。同一个梦的其中一部分非常明显，容易理解；而另一部分则模糊不清，难以理解。一些梦十分有意义，或者至少是连贯的，甚至非常巧妙，美得让人难以置信；另一些梦则让人困惑，觉得很愚蠢、荒诞，甚至很疯狂。有些梦能让我们冷静，有些梦则会触发深刻的感情——使人痛苦、潸然泪下，或者足以把人吓醒，或惊或喜，等等。醒了之后，我们一般会很快把梦忘掉但有些梦的记忆会延续一天，然后逐渐被淡忘。例如，童年的梦的记忆可以保存得非常完好，甚至三十年后还历历在目，就像最近经历的事情一样。梦和人相同，有时只能见一次面，便不复相见。梦也可能在同一个人身上重复出现，或者仅有微小的改变。简单地说，这种夜间的心理活动可以利用众多材料，将白天经历的事情一一呈现出来，但两者之间是不同的。

人们为了描述梦的诸多侧面，可能会假定梦与清醒着之间有一个过渡阶段，发生在睡眠的不同程度，即与不完整睡眠的不同阶段相对应。没错，但是如果这样的话，精神越接近清醒状态，人们便更应该相信梦的价值、内容和明晰程度，清晰和合理的梦之后不会出现一个模糊而不合理的片段，然后又重新清晰起来。精神当然不会这么快改变睡眠的深浅程度，所以这个解释没有任何作用。无论如何，我们不应该未经核实就接受这种解释。

现在，让我们暂且不谈梦的意义，而试图借助梦的共同元素来开辟一个更好的途径去理解梦。我们曾由梦与睡眠的关系，推断出梦是睡眠受到干扰刺激的反应。这是精密的实验心理学能够给我们提供的唯一帮助，它已经证明了睡眠时受到的刺激会出现在梦中。人们在这些方面曾有过许多调查，包括前面提到过的伏耳德的实验。实际上，我们中的每一个人都会偶尔在某个时间通过个人观察验证他的论断。我将会对你们说一些较早的实验。莫里曾经对自己做了这个实验，他使自己睡觉时能闻到古龙香水的味道，之后他梦见自己在开罗的约翰·玛丽娜·法瑞拉（Johann

Marina Farina）商店，随即开始了一场极其夸张的冒险。有一个人在他睡觉的时候轻轻地掐他的脖子，他便梦见一位儿时的医生往他脖子上涂芥子膏。还有一个人往他的前额上滴水，他便立即梦见自己来到了意大利，喝着奥维托酒，不停地流汗。

也许在另外一系列因受刺激而做梦的实验中，我们能更加清楚地了解梦的特点。一位睿智的观察者希尔布兰特（Hildebrand）记录了三个梦境，这三个梦境都是对闹钟声音的反应：

“在一个春日的早晨，我在邻村绿色的田野间悠闲地散步。我看见一些当地的村民身着盛装，手持赞美诗，成群结队地前往教堂。那是礼拜天，显然晨祷很快就要开始了。我决定参加，但是天太热了，所以我就到教堂周围的墓地凉快一下。我正在读碑文，就看见敲钟人走上了阁楼，然后听见小村的教堂钟声响起，发出了开始仪式的信号。钟有一会儿没动，然后开始震动，继而发出了明亮而尖锐的钟声，很有穿透力，使我从睡梦中惊醒，发现原来是闹钟的声音。”

“第二个例子如下，那是一个清爽的冬天，路上的积雪很深。我决定去参加雪橇派对，但是我等了很久，才有人通知我雪橇就在门口。于是我准备加入，我穿上了毛皮大衣和暖和的靴子，最后坐到了座位上。但马却迟迟没有出发，直到控制缰绳的人发出信号。随后那人一把拉开缰绳，铃铛开始剧烈摇晃，传出了熟悉的土耳其卫队乐。我从梦中惊醒，发现这只不过是闹钟发出的尖锐声音。”

“还有第三个例子。我看见厨房的女佣走过走廊，前往餐室，她手里捧着一摞老高的碟子。我看着那摞碟子就快要失去平衡了。‘当心！’我警告她，‘整摞碟子要掉到地上了。’她的答复自然是‘我们已经习惯这样了’。但我仍焦虑地盯着她。我确信——在过门槛时，她绊了一下——碟子掉了下来，摔在地上变成碎片。但是，我很快注意到，那不断的声音并不是由于碟子碎了，而是闹钟的闹铃声。随后我被叫醒，原来是闹钟响了。”

这些梦很美妙，也很有意义，前后连贯，和寻常的梦不同。这点我们没有反对意见。这些梦的共同点是情境都是在吵闹声中结束的，随着闹铃响起，做梦的人被吵醒。我们在这里知道了梦是如何产生的，然而我们还发现了一些其他的东西。我们在梦里识别不出闹钟的声音，实际上梦里没有出现闹铃声，却另有一些其他的干扰信号代替闹钟的声音打断了梦。这是为什么呢？我们说不出，答案似乎是模糊的。然而要理解梦，我们必须能够说出为什么梦中选择了另一种与闹铃声十分类似的声音作为干扰刺激，他的实验无法解释这一点。我们十分清楚梦中的刺激是什么，但我们无法说出为什么刺激会以这种形式呈现出来。梦里的刺激形式似乎和打扰睡眠的刺激有着本质上的不同。此外，在莫里的实验中，许多其他梦境也是那个刺激直接引起的结果。例如古老香水只能够在梦中引起夸张的冒险，还有一些无法叙说的梦境。

你们或许认为只要那些梦能唤醒睡眠者，便可以帮助我们了解外部刺激的影响。但在大部分其他例子中这样做都非常困难，并非所有的梦都会把人唤醒。即便我们记得昨晚的梦，我们能找到当时的干扰刺激是什么吗？我们曾在某次做梦后成功推测出一个声音刺激，当然只能是在特殊环境下。一天早晨，在蒂罗尔山上，我确信自己梦见教皇去世。我无法解释这个梦，但妻子问我："你听到早晨教堂和礼拜堂发出的吵闹钟声了吗？"我什么都没听见，我睡得很好，但是多亏了她告诉我，我才理解了我做的梦。但是，睡觉的人因某种刺激做梦，醒来后却不知道刺激是什么的情况常见吗？也许常见，也许不常见。如果刺激无迹可寻，人们便无法确定它的存在。即便没有这点，我们也要放弃研究干扰睡眠的刺激了，因为我们知道它只能解释梦的一小部分，无法解释整个梦。

但我们不需要因为这一点放弃整个理论，实际上理论是可以延伸的。究竟是什么刺激打扰了睡眠、引起了梦，显然是无关紧要的。假设刺激并不总因外部因素侵入感官而起，那么刺激也可能来自内部，即所谓的躯体刺激。这个假设与解释梦的起因的流行观点十分吻合，人们常常听到"梦起源于胃"这个说法。但很不幸，经常发生的情况是，夜间发挥作用的躯体刺激在醒来之后便无迹可寻，因此无法验证。一般而言，内部器官的状态的确可以影响梦。梦的内容显然与膀胱的充盈和生殖器的兴奋有关，这一点毋庸置疑。除了上述显而易见的例子，从梦的内容上看，我们显然可以假设躯体刺激会起作用，因为在梦的内容中，我们可以看出刺激的加工、代表或解读。施墨（Schirmer）曾研究过梦（1861年），他坚持认为梦起源于躯体刺激，并举出了好几个例子。例如，他梦见"两排金发男孩，皮肤细腻，相互对峙，准备打架，这一排扑向那一排，抓住对方，又相互松开，然后又相持如前，如此往复"。他将梦中的两排男孩子解读为两排牙齿，听起来似乎言之有理。做梦的人醒来之后从牙床上拔下一颗大牙，更证实了这种解释可信。又如将"狭长的曲折走廊"解读为肠道刺激，似乎验证了施墨的假设，类似物体可以代替引起刺激的器官。

因此，我们必须承认内部刺激和外部刺激在梦中的地位是相同的。遗憾的是，正如之前一样，这种评估也不易被认同。在大量例子中，将刺激解读为躯体性的依然没有证明的可能。只有少数梦才令我们怀疑梦的起源与体内刺激有关，不是所有的梦都是这样。内部刺激和外部刺激相同，都只能说明梦是对刺激的直接反应。所以，其余的梦的起源一直是模糊不清的。

不过，在刺激效果的研究中，我们还注意到了梦的生活的另一个特点。梦不仅使刺激重现，还详细阐述、演绎了刺激，将刺激置于一系列关系之中，并以他物代替。这是“梦的工作”的一个侧面，不得不说令我们很感兴趣，因为我们可能会因此更接近梦的本质。如果一个人在刺激下做了一些事情，那么行为不必完全涵盖刺激。英王第一次戴上了象征三国统一的王冠，莎士比亚以此为契机创作了《麦克白》。但是，这个历史事件能够涵盖整个戏剧吗？能够解释戏剧的伟大和奥秘吗？同样，外部刺激和内部刺激都会在睡觉的人身上发挥作用，成为引起梦的原因，但是并不能向我们解释梦的本质。

梦的第二个共同因素，即其心理活动的特点，一方面很难理解，另一方面不足以作为进一步研究的线索。我们在梦中的大部分认识属于视觉意象，能够用刺激加以解释吗？它实际上是我们体验到的刺激吗？假设它确实是我们体验到的刺激，那为什么视觉刺激只在极少的情况下引起梦，而梦的经验又多是以视觉意象出现的呢？又如梦中演讲，难道真的有会话或类似会话的声音被收入我们的耳朵中吗？我敢毫不迟疑地否定。

假设从梦的共同元素出发不能促进我们对梦的研究，那么就让我从差异入手吧。梦常常是没有意义的、模糊的、荒谬的，但有些梦也十分合理，易于理解。让我们一起研究后一类，即合理的梦，看一看能否给我们提供一些信息。我要告诉你们我最近听到的一个年轻人做的一个合理的梦：“我在克恩滕大街散步，遇见了 X 先生，他陪我走了一段，然后我走进一家饭店。两位女士和一位男士坐在我的桌旁，我开始十分厌烦，也不想去看他们，后来打量了他们一眼，发现他们长得很好看。”做梦的人补充道，他前天晚上的确去过克恩滕大街，那是他常去的地方，他也确实遇到了 X 先生。至于梦的其他部分，他不能直接回忆起来，只知道与之前的经验类似。又如一位女士的梦也具有意义。在梦中，她的丈夫问，“钢琴不需要调音吗？”她回答：“怕不太值得吧，琴槌要配新皮咧。”这个梦未经修改地重复了她和丈夫一天前的对话。我们从这两个不费解的梦中获得了什么呢？你会发现梦只是重复日常生活或与之关联的想法。即便不是所有的梦都是这样，至少部分梦也是这样的。然而，毫无疑问，有这种特点的梦只是少数而已。大部分的梦和前一天的生活没有任何关系，所以我们不能由此了解荒唐、无意义的梦。也就是说，我们遇到了一个新的问题。

我们不仅希望知道梦说了什么，这在我们之前的例子中已经很明白了，还希望知道梦重复最近的经历有什么原因和目的。

如果继续追问这样的问题，我相信你们会和我一样感到疲惫。毕竟，如果我们不知道找到答案的路径，即便能引起最广泛的兴趣，也毫无帮助。到目前为止，我们还没有找对路。关于刺激对引起梦究竟有什么意义，实验心理学无法提供太多有价值的信息。哲学除了骄傲地指出我们的研究对象无关宏旨之外，并没有什么帮助。我们不必求助于神秘科学。历史和一般的传统观点认为梦是有意义的，也是重要的，认为梦可以预测未来。不过我们难以接受这一点，也无法证明。所以我们初步的努力毫无建树。

出人意料，我们在梦尚未被研究的部分发现了一丝线索。那便是一般人使用的俗语，俗语并不是偶然的产物，而是古代知识的残余物，我们必须小心利用。在俗语中，有一种奇怪的说法，叫作“白日梦”。白日梦是幻想的产物，是十分常见的现象，在正常情况下可以被观察到。它虽然被叫作“白日梦”，但与梦没有共同元素。白日梦与睡眠状态没有关系。至于第二个共同元素，白日梦缺乏经验和幻觉，只是一些想象。做白日梦的人也知道它只是一种想象，不在眼中，而在脑中。这些白日梦出现在青春期前，有的在童年末期，有的延续到成熟的时候便不再出现，有的一直延续到老。幻想的内容明显受动机主导，其场景和事件用来满足做白日梦的人的野心和欲望。一般来说，每个人都会有一些关于野心的幻想。在女性身上多是性幻想，因为她们喜欢取得恋爱的胜利；但男人的白日梦中也常常体现性欲，他们的一切伟大壮举和事迹说到底都不过是为了赢得女性的爱慕与赞美。此外，白日梦也具有许多方面，体现了各自命运的变化。在一段时间后，这些白日梦被一种新的幻想取而代之，有些白日梦得到了保留，演变成了长篇故事，适应了日常环境的变化。它们与时俱进，我们可以从这些白日梦中获得一个“时间标记”，证实新环境的影响。他们是诗人创作的原材料，诗人将自己的白日梦加以改造、伪装或省略写成小说、传奇或戏剧的场景。但白日梦的主角总是本人，或直接或通过某种方式互相认同。

白日梦之所以被称为梦，也许是因为它与现实的关系与梦相似，是为了表明它的内容也与梦一样不现实。然而白日梦被叫作梦，也许是因为它与梦具有相同的特征，我们目前还不了解这个特征，或许它是我们正在寻找的。从另一方面看，我们认为名字相同则意思一定相同，这个观念也可能是错误的。不过这也只能等我们稍后再做澄清。

第六讲 假说和释梦技术

为了继续梦的研究，我们必须开创新的路径和方法。现在，我应该明确地告诉你们，我们需要承认下面这个假说，将其作为一切研究的依据：梦不是一种躯体现象，而是一种心理现象。你们应该可以理解这个假说的意义，但做出这个假设的理由是什么呢？我们找不到理由；但从另一方面来说，也没有理由阻止我们做出这种假设。问题在于，如果梦是一种躯体现象，那么我们便没有研究它的必要了。只有基于梦是一种心理现象的假设，我们才会对它感兴趣。让我们依据这个假说进行研究，看看能得出什么结论。研究的结果将决定我们是否继续坚持这一假说，进而确认它是一种稳妥的结论。现在要明确的是，我们的研究到底希望达到什么目的，或者我们研究的方向是什么。我们的目的与一般科学研究的目的相同，即了解现象与现象之间的关系；最后，如果可能的话，设法对现象加以控制。

让我们以梦是一种心理现象的假设为基础继续研究下去。这使得梦成了做梦者的行为和叙述，但这种叙述并未对我们透露什么，我们不能理解他做的梦。如果我有所表示，而你们不懂，你们会怎么做呢？你们会要求我进行解释，难道不是吗？为什么我们在这里不做同样的尝试，要求做梦者解释梦的意义呢？

你可还记得我们曾处在同样的情境中。当时我们在分析一个口误中的过失。某人说："某些事实被'揭蹉'了。"我们追问——幸运的是，不是我们，而是其他未接触过精神分析的人追问——这种不明确的话是什么意思。他这样解释道，他本想说这些事非常"龌龊"，但抑制住了这种意图，改用了比较温和的话："又有一些事情被揭露了。"我当时便向诸位解释了，这是典型的精神分析研究，现在你们理解了精神分析技术是最大可能地让被试者自己发现揭开谜题的方法，即让做梦者自己告诉我们梦的意义。

然而，我们普遍认为，达成这个目标非常困难。就过失而言，这个方法适用于许多例子。但在许多例子中，被试者不愿意回答我们的问题，而且在听到我们提议的答案时，往往愤怒地否认。在梦的例子中，第一种情况很少存在，做梦的人总说他什么也不知道。他无法否认我们的阐释，因为我们无从阐释。那么，我们应该就此放弃吗？他什么也不知道，我们什么也不知道，第三方显然也什么都不知道，看上去不可能有任何发现。如果你愿意，就请终止研究吧。如果你不愿放弃，就请随我继续研究下去吧。因为我可以告诉你，做梦的人实际上很可能知道梦的意义，不过他并没有意识到自己知道。

在这一点上，你们或许会指出，我又做了一个假设，在短短的一段话中已经有了两个假说，显然我的论断不怎么可信。第一个假设是“梦是一种心理现象”，第二个假设是“人们没有意识到自己知道梦的意义”。我们只需要清楚地认识到这两个假说中的每一个都有与生俱来的不可能性，便可以镇定地将我们的注意力从由此得出的结论上移开。

不过，女士们、先生们，我来这里演讲，不是要蒙蔽或欺瞒你们。我诚然是来讲《精神分析引论》的，我不希望我的讲座变成神谕，将所有困难精心隐藏起来，只告诉大家结论，填补上所有缺口，抹去所有疑问，使你们平静地相信一些新的学说。不，正是因为你们刚刚了解这个学科，我才希望向你们不加删减和隐藏地展示科学的本来面貌，将所有优势和局限、要求和考量展露无遗。因为我知道所有科学都是如此，尤其在创立之初。我也知道其他学科在讲课时，开始总极力地向学生隐瞒困难和不完善之处。但精神分析可不是这样，我们在一开始便做了两个假设，一个包含在另一个之中。若有人觉得这太麻烦或太不确定，或习惯于应用更可靠的事实或精密的演绎，那便不必再听下去了。我的意思是，他再也不必接触心理学了，因为在心理学中，恐怕完全找不到他想要的那种切实可靠的道路。而且如果一种科学要得出什么成果，也不必强求听众和追随者信服。信或不信，要看研究成果，科学可以耐心地等待着引起大家的注意。

对于执意继续听讲的人，我不得不警告你们，这两个假说的价值是相等的。我们希望以研究结果证明第一个假说，即梦是一种心理现象。另一个假说已经在其他领域得到了验证，我只是将其从那个领域转移到我们的问题上。

我们在哪个领域可以找到证据，证明一个人具备他自己意识不到的知识呢？这必将是一个惊人的、引人注目的事实，它会改变我们对精神生活的认识，但是也没有隐藏自身的必要。说出来就会被破坏，但它却假装成一些真实的东西，总之在词义上是矛盾的；但做梦的人也没有任何隐瞒的企图。这也并不是因为我们自己对其存在的无知或缺乏兴趣，也并不应归罪于我们自己，因为对这些心理学问题的判断，是缺乏具有决定性的观察和被实验所忽视的。

我们可以在催眠领域找到证据。1889 年，我见证了李厄堡（Siebault）和伯恩海姆（Bernheim）在南锡所做的一项实验，实验极具启发意义。如果将人引入催眠状态，允许他经历所有幻觉体验，然后再将他唤醒，他将对催眠状态下的情形一无所知。伯恩海姆接着要求他回忆在催眠状态下经历了什么，他坚持说自己什么也想不起来；但伯恩海姆仍坚持要求他回忆，被试者仍然无法回忆。伯恩海姆告诉被试者他一定记得什么，接着不可思议的事情发生了，被试者动摇了，开始回忆，他模糊地记起催眠时暗示的内容，然后又一件接一件地记起了其他事情，回忆逐渐丰满完整，最后毫无缺口。他最后能够记起催眠时的体验，而期间并没有获得任何提示，这证明被试者一开始便知道回忆的内容，问题在于他无法触及回忆，不知道自己知道哪些内容，他相信自己想不起来。这便是我们怀疑做梦的人所处的状态。

我相信你们非常惊讶于这个事实，你们会问我为什么不在之前的口误中提到这个证据，而是认为在演讲中出现口误的人并不知道他否认的意图。“假使一个人拥有某种记忆，而他自己毫不知情”，你可能会说，“那么他也有可能体验着某种心理状态，而他自己并不知道。这个论据如果早已提出，应当会使我们信服，我们对过失的理解也会更加容易”。老实说，我当时也可以提出这一点，但我却把它留在了更有必要的地方。有些过失原本就容易被理解，还有一些过失，如果我们想理解它，必须假定本人不知道这种心理过程。对于梦，我们不得不从其他方面寻求解释，此外我觉得你们会更加容易接受我从催眠术中得出的论断。我们犯错的情境在你们看来一定是十分正常的。它与催眠术没有共同点。从另一方面来看，催眠状态和睡眠状态之间的界限十分清晰，这成了梦必不可少的条件。催眠被认为是人工制造的睡眠，催眠师对被催眠的人说“睡吧”，我们给出的指令可以与自然睡眠状态下的梦相比，两者的精神状态是相似的。在自然睡眠中，我们的注意力远离了整个外部世界；而在催眠状态下，我们远离了整个世界，只与催眠师保持接触。进一步说，在所谓的“保姆之梦”中，保姆只与孩子产生联系，只有孩子才能唤醒保姆，这可以被视为正常状态下催眠的等同物。所以，将催眠状态的一种情形转化为自然睡眠就不是大胆之举了。我们的推断——做梦的人对梦具备一定的了解，但因为他不相信自己了解梦而无法触及这些知识——就不是凭空捏造的了。现在，请注意，我们发现了研究梦的第三种方法，除了借助干扰睡眠的刺激、白日梦之外，我们还可以借助催眠状态下受暗示产生的梦。

现在，我们回过头来研究梦的问题也许更有把握了。做梦者显然很可能知道梦的内容，问题在于，如何促使他发现这些知识并透露给我们？我们不要要求他一股脑儿告诉我们梦的全部意义，而应该逐渐了解梦的由来，以及产生梦的思维和情绪线索。在过失的例子中，我想你们还记得那个人被问到为什么碰巧误用了词语“揭蹉”时，他的第一个联想给出了解释。我们的释梦技术其实非常简单，就是效仿了这个例子。我们询问被试者为什么会做这样的梦，他的第一个联想也被当成解释。至于做梦者是否相信他了解梦，我们不做区分，同等对待。

这个技术的确非常简单，但恐怕会引起你们最尖锐的反对。你们会说：“又来了一个假说。这是第三个假说了！而且是最不可能的一个假说！如果我问做梦的人对梦有什么想法，你以为他的第一个联想真的就是对梦的解释吗？他可能什么想法都没有，也没有什么第一个联想。你这个假说所依据的理由是我们无法理解的。你对一个特定的情况寄托了太多期望，我们要采取一点儿更加严谨的批评态度，也许更加合适。进一步说，梦不是孤立的过失，而是包含了许多元素。我们究竟应该相信哪一种观点呢？”

在一切不重要的方面，你们说得还挺正确的。梦确实与过失有所不同，即便只考虑包含元素的数量，也必须有一项技术十分仔细地考虑这个方面。我建议将梦分割为不同元素，单独对每个部分进行调研，那么这又涉及梦与口误的相似之处。你们说面对梦的各个元素，做梦者不会产生什么联想，这点也没错。在一些例子中，我们接受这样的答案，稍后我会跟你们讲这样的例子。奇怪的是，关于这些例子，我们自己却有明确的见解。但一般来说，如果做梦的人坚持声称自己没有任何联想，我们一定要加以驳斥。我们应当坚持说他一定会产生一些联想，事实会证明我们这么做是合理的。他会说出一些联想，究竟是哪一种联想，对我们来说并不重要。他会特别容易地联系起一些以往的经验。他会说“我想到了一些昨天发生的事情”（在前面两个“平凡”的梦中正是这样），或者“我想起了最近发生的一些事”。这时，我们会发现人们将梦与最近的印象联系起来的频率远比我们一开始设想的大得多。最后，做梦者会记起在时间上距离梦很遥远的事情，甚至是很久很久之前的事情。

但你们在本质上错了。如果你们认为我们盲目地将做梦者的第一个联想定义为我们探究的问题的答案，或者认为它一定会导向问题的答案，那么相反的联想便完全成了无足轻重的东西，与我们寻找的答案无任何联系。你们认为我过于乐观，不受约束地期望别的事情。如果你们这样想，那便大错特错了。我已经大胆地指出，关于精神自由和自愿选择，你们有一种根深蒂固的观念，这种观念绝对是不科学的，应该让位于控制精神生活的决定论观点。做梦的人受询问时碰巧产生这一联想，而不产生那一联想，我恳求你们接受这一事实。我们可以证明产生的这些联想不是自发的，而是决定好了的，与我们寻找的答案不无关联。实际上，我很早之前就发现了这一点，但并未多加强调，即便实验心理学也可以证实这一点。

我请大家将注意力集中到这一特定问题上。如果我邀请某人向我解释梦中的某个特定元素，那么我便是在要求他进行自由联想，也就是从原观念出发，任凭思维驰骋。自由联想与自省十分不同，它要求对注意力做特殊的区分，实际上是将自省排除在外。一些人能够很容易地进入这种状态，而另一些人就极为困难。自由联想也有较高的级别，它省略了原本的领域并指定联想的范围，例如规定被试者自由地说出一个专名或数字。比起使用我们的技术，这样的方法更加自发和不确定。不过内心状态每次都起到了重要作用，它活跃的时候我们并不知情，正如过失例子中的干扰倾向和意外事件中的刺激倾向一样。

我和许多跟随我的人一起，针对那些不受控制出现的名字和数字做过多次实验，其中的一些结果已经发表。其方法如下：由出现的专名出发，不断进行联想，这些联想相互关联，便不再是完全自由的了，与梦中各个元素引起的联想一样。直到冲动枯竭，联想便随即停止，不过那时自由联想专名的动机和重要性便都可以得到解释。这些实验总会得出相同的结果，提供的信息常常包含丰富的材料，我们有必要仔细研究。自由联想得出的数字也许最为重要。这些联想彼此衔接得如此迅速，趋向于一个隐藏的目的又如此有把握，实在令人惊奇。我想要跟大家说一个分析专名的例子，值得高兴的是，这个例子涉及的材料非常少。

我在治疗一位男子的过程中指出，尽管表面上被试者的选择是自愿的，但实际上一个名字的出现不得不受制于当下的条件、被试的特点和当时的场景。被试者心存疑虑，我提议他试着解释。我知道他有许多女性朋友，其亲密程度各不相同，因此我要求他随意说出一个想到的女性名字，他便有许多名字可以选择。令我震惊，也许更令他震惊的是，他并未随口说出许多女性的名字，而是沉默片刻，然后说出了脑海中唯一的名字——阿尔比诺（Albino，意为白化病患者）。多么不同寻常啊！这个名字让你产生的第一联想是什么？你认识多少名白化病患者？奇怪得很，他一个白化病患者都不认识，所以这个名字便没有产生进一步的联想。可能有人据此断定分析失败了，但事实并非如此，分析并不需要进一步联想便已经完成了。这个男子本人的皮肤白皙得不同寻常，在治疗时的对话中，我经常取笑他为“白化病患者”；而且那时我们正在研究他性格中的女性成分，他那时最感兴趣的女性便是被戏称为“白化病患者”的自己。

一个偶然的曲调也可能与占据一个人的思维有关并受其限制，不过这个人却意识不到这种思维活动。我们可以很容易地证明，人之所以被某个曲调吸引，与歌词或曲调的来源脱不了干系。但我必须提前将音乐家排除在外，因为我没有过分析音乐家的经验。一位音乐家想起某个曲调，应该是出于曲调的意义，而更多时候产生作用的是第一个原因。我认识一个年轻人，他在一段时间内沉迷于《美丽的海伦》（The Beautiful Helen）中的巴黎曲调，直到分析结果指出他在那段时间里同时爱恋着两个女人——艾达（Ada）和海伦（Helen）。

如果所有自由发生的联想都受制于这种条件，并以一种特殊的顺序排列，我们便可以理所当然地得出结论，由原领域或起点等单一条件引起的联想可能也受到了严格的约束。实际上，研究表明，联想除了受制于我们建立的刺激观念，还依附于强烈的情感思维，即兴趣和情结。而我们忽视了它们的影响，因而它们处在我们的潜意识中。

此类联想曾经是一些极具启发性的实验研究材料，这些实验在精神分析史上发挥了极为重要的作用。冯特学派首创了所谓的“联想实验”，被试者的任务是在最短的时间内对“刺激字”回答出他所想到的“反应字”。接着，实验便有可能研究刺激字和反应字之间的间隔时间、反应字的本质、重复实验时可能产生的错误等。布洛伊勒和荣格领导的苏黎世学派在不同寻常的反应字出现时，会要求被试者通过进一步的联想，解释他们给出的反应字。后来，他们发现不同寻常的反应字显然是由被试者的情结决定的。布洛伊勒和荣格由此构建了从实验心理学到精神分析的第一座桥梁。

你们听到这些，可能会说：“我们现在认识到自由联想是受约束的，不是自发的，像我们原先想象的那样。我们承认梦的元素的联想也是如此，但是我们并不关心这一点。你坚持认为梦的元素的联想取决于这一元素的未知心理背景。我们认为这不是一个已被证明的事实。当然，我们期望梦的元素的联想会通过做梦者的一个情结清楚地展现出来，但这对我们有何益处呢？我们并没有因此了解梦，最多像联想实验那样，让我们更加了解了所谓的情结。情结和梦又有什么联系呢？”

你们是对的，但你们忽略了一点，正是这一点使我没有选择自由联想作为讨论的起点。在这个实验中，决定反应的刺激字是任意选取的，反应则介于刺激字和被试者最近产生的情结之间。在梦中，刺激字被一些源自做梦者精神生活的东西取代了，其来源是未知的，因此极可能是其自身情结的产物。所以，如果我们假定更为遥远的联想，包括那些关于梦的元素的联想，都是由产生梦的元素的情结所决定的，从而便可以由这些元素发现这一情结。这并不是异想天开。

让我通过另外一个例子向你们证明情况正如我所料。忘记专名可用以说明梦的分析，唯一的不同在于遗忘只关系到一个人，而释梦则涉及两个人。尽管我暂时忘记了一个专名，但我确定自己仍记得这个名字。通过伯恩海姆的实验，我可以断定做梦也是同理。而被忘记的名字却总也想不起来，无论如何用力回想，也无法记起。我们可以根据经验很快地得出了这一点，但每次我都能找到一两个替代词代替被遗忘了的专名。如果替代专名的词自发地出现在我的脑海中，那么该情境和分析梦之间的关联便显而易见了。梦的元素并不是真实存在的东西，而只是一些其他东西的代替品，究竟代替的是什么，我现在还不清楚，但我会通过分析梦发现答案。两者的区别仅仅在于，忘记专名时我自动地想到了适合的代替词；而在梦的元素中，我们必须努力阐释。忘记专名时，我们有办法顺着代替词找到未知的现实，最终想起忘记的专名。如果我将注意力集中在代替词上，并更深入地联想，会或多或少地触及被遗忘的专名，发现自发出现的替代词与被遗忘的专名之间必然存在联系，同时受其限制。

我想向大家展示一个此类的分析例子。一天，我发现自己想不起位于法国地中海海滨的一个小国的名字，该国著名的赌城是蒙特卡罗（Monte Carlo）。我十分气恼，但就是想不起来。我想遍了关于该国的所有知识，想到了阿尔伯特亲王、吕西尼昂城堡、他的婚姻、他喜欢研究深海，还有其他我能想到的一切，但就是想不起这个国家的名字。我便放弃了。相反，其他替代词帮助我想起了被遗忘的国名。它们不断出现——蒙特卡罗、皮埃蒙特（Piemonte）、阿尔巴尼亚 (Albania)、蒙得维的亚 (Montevideo) 和克利克 (Colico)。阿尔巴尼亚是第一个引起我注意力的地名，随后是蒙得维的亚，也许是因为两者之间的黑白对比吧（Albania 的意思是“白”，Montevideo 的意思是“黑”）。接着我发现前四个地名都有相同的因素（英语中的音素 mon），然后我突然想起了忘记的国名，脱口而出“摩纳哥 (Monaco)”。替代词实际上源自被遗忘的名词，前四个词都有相同的音素，最后一个词音节的排列依据原名各音节的次序，且包含了原名的最后一个音节。此外，我还能轻易地发现是什么让我想不起这个国名。摩纳哥也是慕尼黑（Munich）的意大利语名，后一个城市名产生了阻碍作用。

这个例子虽然简单，但足以说明问题。在此类例子中，我们会在第一个替代词后面联想出来一连串的名字，这使我们对释梦的类比作用了解得更加清晰了。我也有过这样的经历。一位陌生人邀请我一同喝意大利酒，在酒馆里他忘记了准备点的一种酒的名字，原因是这种酒的名字会使他想起一些非常不快的事情。一连串不同的联想词代替了被他遗忘的专名，我可以推断某个名叫海德薇（Hedwig）的女人就是他记不起酒名的原因，实际上他不仅承认了第一次品尝到这种酒是在海德薇的陪伴下，还因我的推测，记起了酒名。现在，这个男子婚姻幸福，那个海德薇属于过去并不愉悦的记忆。

能对忘记名字起作用的方法一定也能应用到释梦中。由替代物出发，引起一连串联想，最终可以回想起原名。如忘记专名的例子显示的那样，我们可以推断，由梦的元素产生的联想不仅是由梦的元素本身决定，而且还会受一些未知的要素影响。这个假设如能成立，那么我们在释梦技术上便又取得了一些进步。

第七讲 显性梦境和隐性梦境

我们研究过失问题并不是在白白耗费时间。多亏了我们在这个领域的努力，在你们能够理解的前提下，我们的研究在两方面取得了进展：一是梦的元素的概念；二是释梦技术。梦的元素这个概念展现出来的不是真实的东西，而是其他一些东西的替代物，至于代替的究竟是什么，连做梦的人自己也不知道。与过失一样，梦的元素代替了一些做梦的人知道却又想不起来的东西。我们希望将同样的概念推广到包含这种元素的整个梦中，通过自由联想，根据这些元素回想出替代物，从中推测出隐藏的成分。

我现在要将术语稍加修订，以使词汇更加适用于此。我们将所谓的“隐藏的”“难以触及的”“不真实的”统统改称为“非做梦者的意识可及”或“意识不可知的”，以期在描述上更加准确。我们指的是遗忘的字或过失中的干扰意向，即当时属于潜意识的内容。与潜意识相反，“意识的”自然被我们定义为梦本身以及由联想产生的代替观念。不过，这些术语中绝对不存在理论上的成见。将“潜意识”这个词当作一个合适且易于了解的表述方式无可指责。

如果我们将概念从单一元素推广到整个梦上，会发现梦作为一个整体也被其他的东西，即一些潜意识的东西所替代。释梦的任务便是发现这种潜意识里的东西。因此，我们在释梦时便可推导出三个重要的规则。

第一，无论梦在讲什么，不管它是合理还是荒谬，清楚还是模糊，都不属于我们的考虑范围，因为那些都绝不是我们在寻找的潜意识内容。稍后我们会讲到这条规则的一个明显的局限。

第二，我们工作的唯一目标是唤醒每个元素的代替物。至于这些代替物是否合适、它们和梦的元素是否相离太远，我们都不必费心考量。

第三，正如我之前所述的忘记摩洛哥的例子，我们应该等待隐藏的潜意识自己出现。

由此我们明白了，梦究竟能被记得多少，或者记得是否准确，全都无关紧要。

因为记得的梦境并不是真实的，只是经过伪装的代替物。梦通过帮助我们唤醒其他代替观念，或者在梦的意识中制造潜意识，带我们进入真正的梦境。因此，如果我们对梦的记忆有所误差，只不过会进一步伪装替代观念，而且这种伪装也不会没有动机。

我们可以解释自己的梦，也可以解释其他人的梦。但解释自己的梦可以使我们了解得更多，也更能使人信服。如果我们做这方面的实验，难免会遇到一些阻力。我们会随意产生想法，但并不完全承认它们。我们会倾向于检验和选择这些想法。当一个想法产生时，我们会对自己说："不，这个想法不合适，太不恰当了。"另一个想法产生了，我们会觉得"太荒谬了"。又一个想法产生了，我们又会对自己说："这完全文不对题。"我们很容易感受到自己是如何贬低和压制这些想法的，甚至在它们尚未清晰的时候。由于我们一方面容易执着于梦的元素本身，另一方面又允许自己对想法进行挑选，从而破坏了自由联想的结果。如果你们不自行解释梦，而允许其他人解释你们的梦，将很快发现我们所做的批判选择无意中存在另一层动机。你们时常对自己说："不，这想法令人非常不快，我宁愿不告诉别人。"

这些反对的理由显然妨碍研究进行。我们必须防范它们，坚决不向它们屈服。在解读他人的梦时，我们必须订立严格的规则，要求被试者将所有联想都叙述出来，即便可能面对下列 4 种反对意见，即联想看上去无关紧要、荒谬、不相关或令人尴尬。做梦的人虽然承诺遵守规则，但他们一般很难信守承诺，这往往令释梦者恼怒不已。起初，我们认为，这是因为虽然我们已经以权威者的身份给做梦者订立了规则，但他仍未意识到自由联想的重要性。我们的应对方法是给被试者阅读书面文件，或者让被试者听专业的理论讲座，以此告知他关于自由联想的规则。但是很遗憾，我们观察到，即便被试者完全认同自由联想的重要性，他们还是会以同样的批判意见反对某些想法，只有思索再三，才能克服。

做梦者虽然不遵守规则，但我们不必恼怒，反而可以利用这些经验去求得一些新的事实。这些事实越出人意料，便越重要。我们了解到有一种抗力（resistance）在阻碍释梦工作，表现为批判性反对意见。这种抗力和做梦者是否相信理论无关，而且根据经验，我们发现这种反对的批判是完全不合理的。相反，我们如此焦急地希望压制的想法无一例外都非常重要，它们在潜意识的研究中起到决定性作用。所以一种联想如有这样的批判相伴，我们必须特别注意。

这种抗力是全新的发现，是由我们的假说推导出来的一个现象。我们对这个要研究的新元素的出现大为惊奇，不甚愉快。我们怀疑它不会让研究变得容易，甚至反而可能诱使我们放弃整个对梦的研究。何必研究这样一种不重要且会引起诸多麻烦，又使我们无法应用新技术的现象呢？不过反过来看，这些困难也有迷人之处，或许它表明我们花费如此多的精力进行的研究是有价值的。无论我们何时试图从梦元素呈现出的替代物出发，探究隐藏的潜意识，总会遇到这样的抗力。因此，我们有理由断定这些替代物背后一定隐藏着某些重要的念头，不然为何发现隐藏的念头如此困难呢？一个孩子不肯给别人看手中握着的东西，他一定在手里藏着一些不该有的东西。

如果我们对抗力做一种动态解释，就需意识到该因素是具有量的变化的。有时抗力较大，有时抗力较小，我们在研究过程中，应做好应对的准备。我们也可以把该现象与释梦过程中的其他体验联系起来。有时只需要一到两个联想便足以把我们从梦的元素引至潜意识层面，有时却需要一长串联想并克服许多反对的批判，我们才能到达潜意识层面。我们可能会认为联想的多少与抗力的大小有关，这个想法可能不错。如果抗力较小，那么替代物便与潜意识相去不远；如果抗力较大，潜意识便会严重扭曲，要触及潜意识必须兜一大圈。

也许现在是时候选取一个梦，尝试应用一下我们的技术，看看可否验证我们的观点了。但是我们应该选取什么梦呢？你们无法想象选取一个梦作例子的困难程度，我也无法使你们了解这些困难究竟是什么。当然，有一些梦的伪装程度不深，我们最好从这样的梦开始。但什么是伪装较少的梦呢？是像我之前给你们举出的那两例清晰合理的梦吗？这是一种误解。经过研究，我们发现那些梦的伪装极深。假使我不顾必要条件，任取一个梦作为例子，你们又不免失望。我们应该注意到，与梦的单一元素相关的想法往往纷繁复杂，以至我们不能合理地观察研究对象。我们若将梦写出，并与这个梦引起的所有联想相比较，会轻易地发现记载联想的篇幅远多于梦的篇幅。所以最实际的做法是选取几则短小的梦进行研究，至少保证可以透露或确认一些念头。我们决定采取这个方法，除非经验指出我们必须选择伪装较深的梦。

由另一种方法简化问题非常方便。我们不必解释整个梦，先以梦的单独元素为限，举一系列例子，看看应用我们的方法如何解释梦。

1. 一位女士说她小时候经常梦到“上帝头上戴着一顶尖顶的纸帽”。若没有做梦者的解释，你们会如何解释此梦？这听起来太荒谬了。女士解释道，她小时候经常在吃饭时戴上这么一顶帽子，因为她控制不住地要偷看兄弟姐妹盘子里的食物是不是比自己的多。这顶帽子起到了遮蔽作用。通过她的解释，我们不难了解这段往事。在做梦者的进一步解释下，这个片段和整个梦的意义明晰起来。“我听说上帝是无所不知、无所不晓的”，她说，“这个梦的意义只能是我像上帝一样能知道一切，即便别人不想让我看到。”这个例子或许太过简单了。

2. 一个多疑的患者做了一个较长的梦，梦中一些人碰巧跟她说了我的《诙谐及其与无意识的关系》一书，评价很高。接着便是关于水道（canal）的事，水道或一些与水道有关的词出现在另一本书中……她搞不清楚……都太模糊了。

你们会认为“水道”这个词太模糊了，所以难以解读。你们对困难的认识不错，但困难并非因为模糊，模糊是出于另一个原因，正是这个原因使得解读梦非常困难。做梦者对水道没有自由联想，我也不知道该说什么才好。一段时间之后，实际上是第二天，她对我说了一些可能与梦有关的事，那事便是她听说的一则玩笑。在多佛尔和加来之间的船上，一位著名作家在和一个英国人交谈，他引用了一则谚语：“高尚和可笑之间仅隔着一道沟。”作家回答：“没错，就是加来海峡。”他的意思是法国是高尚的，英国是可笑的。加来海峡其实就是一个水道，即英吉利海峡。这件事和梦有关吗？当然有关，我相信这个联想给出了解释梦的碎片的途径。你们能相信这个玩笑发生在做梦之前，伪装成了梦中的潜意识元素“水道”吗？这个想法验证了过分的赞美背后隐藏着她的怀疑，抗力可能是这两个现象的共同原因，因为这个想法出现了如此强烈的犹豫和模糊。请你们注意此类梦的元素与潜意识因素的关系。它好像是潜意识的一小部分和暗示；但孤立地看则难以理解。

3. 一位患者做了一个长梦，梦中有一个片段：“他的家人围着一张形状怪异的桌子坐着……”这张桌子使做梦者想起了在拜访某个家庭时看见的一件奇怪家具。接着他继续想：这家人的父子关系很怪异，他很快地补充道自己和父亲的关系也很怪异。梦中的这张桌子象征了两者的相似性。

这个患者早就熟知释梦的要求。不然的话，他便会认为桌子的形状无关紧要，然后忽略掉了。实际上，我们认为梦里没有任何一个意向是偶然的、无关紧要的，通过解释此类看似微不足道、没有动机的细节，我们可以得出结论。你们也许仍然很惊讶于梦选取了桌子来表示“我们的关系与他们相同”。但你们若知道那一家姓“Tischler”（Tischler 意为木匠；Tisch 意为桌子），便不难理解了。梦见自己的家人围桌而坐，意味着他们也是一些“Tischler”。请注意，在释梦时，我们也难免有轻率之嫌。现在你在选择梦的例子上遇到了我之前提及的困难。我可以轻易地举出另外一个例子，虽然可以避免轻率之嫌，但又暴露了另外一种缺陷。

现在是时候介绍两个新名词了，实际上我们早已使用了。我们将说出来的梦的内容称为显性梦境，将隐藏着的、只有通过分析才能发现的梦的内容称为隐性梦境。由于两者都出现在上述例子中，我们现在可能会开始考虑两者之间的关系。两者之间可能存在着许多不同的关联。在例 1 和例 2 中，显性梦境是构成隐性梦境的一部分，但只是很小的一部分。梦的潜意识内容里，有很小一部分闯入了显性梦境当中，成为碎片，或在其他例子中成为暗示，好似电报密码里的提示语或缩写。释梦需将此片段或暗示凑成全文，例 2 就很完整。所以梦的伪装作用就是用一个片段或一个暗示来代替他物。在例 3 中，显性梦境和隐性梦境之间又有另一层关系，下面几个例子可以更清楚地体现这种关系。

4. 做梦的人“将他认识的一个女子从床后面拉（pull）出来”。他第一个联想到的事物帮助他理解了梦的意思。梦的意思是，这个女子“利用（have a pull）”了他。

5. 另外一个男子梦见“他的兄弟在衣柜 (closet) 里”。第一个联想用熨衣板（clothes-press）代替了衣柜，第二个联想解释了梦的意义：他的兄弟正在节约开支（close-pressed）。

6. 做梦的人“爬上了山顶，远眺望见了极佳的风景”。这则梦看似十分合理，不必解释。你们或许认为只需研究做梦者对此有什么回忆，为什么会产生回忆便可以了。那你们便错了。这则梦显然和其他模糊的梦一样都有待阐释。因为做梦的人之前没有爬过山，但他记得一个熟人正在出版一种 Rundschau（意为评论），内容关于人类与地球上最遥远部分的关系。所以隐性梦境便是做梦者将自己看作是“评论者”（reviewer，view 意为观看风景）。

因此，你们发现了显性梦境和隐性梦境的新一层关系。显性梦境与其说是隐性梦境的伪装，倒不如说是它的代表，即一种基于字音的可塑的具体扭曲。由于我们从字产生的具象中回忆起了被长期遗忘的记忆，我们也可以把这种扭曲称为伪装。当这个字被具象取代时，我们反而不认识了。如果你们考虑到大部分显性梦境都呈现出视觉意向，很少包含思维和语言，便可以想象出梦的形成中的特定意义是依附于这层关系的。你们还可以通过这样的方式为显性梦境中的许多抽象思维找到替代物，替代物总是为了进一步隐藏原本的意图。这便是拼图技术。这种意象与诙谐心理学的相似之处，我们这里暂且不去讨论。

只有了解了这项技术中的提示信号，我们才能讨论显性梦境和隐性梦境的第四种关系。即便到了那时，我也无法完整地给出例子，但也足以达成我们的目的。

现在你们有勇气解释整个梦吗？让我们看看是否有足够的知识承担这项任务。我当然不会选取最为模糊的梦境，而会从线索清晰、能够展示梦的一般特点的例子开始。

一位结婚多年的年轻女子做了一个梦：她和丈夫坐在剧院内，正厅前排座位的一边还完全空着。丈夫告诉她，爱丽丝和她的未婚夫也想来，但是只能以一个半弗洛林币[①]买到3个位置欠佳的座位，所以没有来。她觉得他们也没有因此损失什么。

做梦者验证的第一件事情便是显性梦境触及的情形。丈夫已经告诉她，与她年纪相仿的爱丽丝已经订婚了。这则梦便是她对这个消息的反应。我们已经知道，许多梦很容易追溯到前一天发生的事情，做梦者常不难给出推断。做梦者也已经说明了显性梦境中的一些其他信息。那么正厅前排座位的一边完全空着是什么意思呢？这里指的是前一个星期的事情。她决定去看一场表演，提前订了票，但因为提前得太多，所以不得不多付了优惠税。等她入场之后，发现一半的位子都是空的，所以因担心而早订票实在多余。如果她提前一天买票，也不至于买不到，她的丈夫因此嘲笑她做事太匆忙。那么一个半弗洛林币指的是什么呢？与前面的关系不同，它与看戏无关，但指的也是前一天的事情。她的嫂子收到了丈夫寄给她的150个弗洛林币作为礼物，不知道怎么花才好，只好像一只呆鹅一般，急匆匆地去珠宝店买了一件首饰。那么3个位置指的又是什么呢？她想不出来。我再三强调往爱丽丝身上联系，她才告诉我爱丽丝只比她小三个月，但她已经结婚十年了。那只有2个人为什么要买3张票呢，这不是很荒谬吗？她什么也不说，拒绝进一步联想或给出信息。

在她短短的几句联想中，我们已经获得了足够的信息，可以借此推导出隐性梦境。我们发现她在对梦的叙述中，时间元素构成了若干材料不同部分的共同元素。她太早订票，订得太匆忙，以至于不得不多付钱；她的嫂嫂也同样着急把钱用在买首饰上，好像不买就会错过一样。“太早”“太仓促”在梦境中被一再强调，而只比她小三个月的朋友现在结婚却也能嫁个好人，她表达了对嫂嫂的不满，认为她如此着急实在太蠢。在精心伪装的显性梦境下，我们自然可以得出其中的隐性梦境：

“我这么早结婚实在太傻了！爱丽丝的例子说明我晚一些也能嫁个好人。”（做梦

①弗洛林是中世纪晚期佛罗伦萨铸造的一种金币，在中世纪晚期基本成为地中海西部的通用货币。

者本人购票和她的嫂嫂买珠宝的行为都体现出了仓促性。去看戏替代了结婚，这似乎是主题思想，尽管不太确定，因为做梦者的叙述并没有提供对这些部分分析的支持，但我们仍可以继续研究。）“我本来可以得到 100 倍的钱。”（150 个弗洛林是一个半弗洛林的 100 倍。）如果我们把这笔钱换成嫁妆，就相当于说拿钱买丈夫。珠宝和位置不好的座位代表丈夫。如果“3 个座位”能和丈夫有什么关系的话，这种解释便更加令人信服了，但我们的理解还未延伸到这一方面。我们只能猜测这个梦可能表达了她对丈夫的不屑，以及后悔结婚太早。

在我看来，经过第一轮释梦之后，我们并不满意，甚至更加困惑和惊讶了。太多印象淹没了我们，让我们无法招架。此梦的解释尚未达到完结。让我们赶紧选择能够给我们新启发的几点：

第一，隐性梦境的重点在于强调“匆忙”的因素。显性梦境完全没有提到这一点。不经过分析，我们便不会了解这个元素的重要性。因此，潜意识思维的主题和中心在显性梦境中似乎是缺失的。正因为这一点，我们需要彻底改变从梦境中得出的原有印象。第二，梦中有一些无意义的组合，比如一个半弗洛林购买 3 个座位。在梦的思想中我们推测出了这个意思——（结婚太早）真是愚蠢。你们能否认“真是愚蠢”是从显性梦境中的荒谬元素里推导出来的吗？第三，通过比较，我们发现显性梦境和隐性梦境之间的关系并不简单，隐性梦境的元素当然不会总能替代显性梦境。两者之间有一种量上的关系，显性梦境可能代表若干个隐性梦境，或者若干个显性梦境代表一个隐性梦境。

令我们大为惊讶的还有梦的意识和做梦者对它的反应。她承认了我对梦的解释，但倍感惊奇。她意识不到自己轻视丈夫，也不知道自己为什么会如此瞧不起丈夫。无法理解的地方还有很多。我认为我们现在还不完全具备释梦的知识，应该进一步学习，做好准备。

第八讲　儿童的梦

我觉得我们讲得太快了，让我们稍稍回顾一下。在最近一次尝试利用释梦技术打破梦的伪装之前，我曾说过我们最好把研究范围缩小，限制在完全没有伪装或者伪装的作用微乎其微的梦上，如果真的能找到这样的梦的话。但按照这个方法，我们又不免偏离了精神分析的发展过程，因为实际上只有坚持使用释梦方法，彻底分析经过伪装的梦之后，我们才能找到未经伪装的梦。

我们可以在儿童身上找到这样的梦。它们简短、清晰、连贯、容易理解、毫不模糊，并且没有争议之处。但千万不要认为所有儿童的梦都是这样的。在童年早期，梦便开始伪装了。根据记录显示，5～8岁儿童的梦便开始呈现出所有后来的特征。但如果把研究对象限制在刚开始产生有意识心理活动的儿童，即4～5岁的儿童身上，你们将会发现那个时期的梦具有一系列幼稚的特点。在童年的后期，你们偶尔也会在梦中发现这样的特点。即便是成年人，在特定条件下也会偶尔做一些幼稚的梦。

从儿童的梦中，我们可以更加容易和有把握地获得关于梦的本质的信息。希望我们研究出的梦的本质可以普遍适用于所有的梦。

1. 我们不需要释梦技术的使用和分析就可以理解儿童的梦。我们也不需要向讲述梦境的儿童提出问题，但我们必须了解儿童的生活。梦是在睡眠状态下对前一天经历的心理反应。

下面我要举几个例子，好进一步推导。

（1）一个22个月的小男孩要送给别的孩子一篮子樱桃作为生日礼物。他显然不太愿意这样做，虽然他自己也可以吃一些。第二天，他说他梦见“赫尔曼把樱桃吃完了”。

（2）一个一岁零三个月的小女孩第一次游湖。船靠岸后，她哭着不肯下船。渡河的旅程对她来说似乎太短暂了。第二天早晨，她说她梦见了游湖。我们可以揣测她在梦中游湖的时间必定较长。

（3）一个五岁零三个月的小男孩和他人同游达赫施泰因山脚下的哈尔施塔特

湖。他听说哈尔施塔特湖位于达赫施泰因山下，对山表现出了极大兴趣。他在奥斯（Aussee）的家中可以遥望达赫施泰因山的美景，从望远镜中能看见山上的西蒙尼小屋（Simonyhütte）。这个小男孩一次又一次地试图在望远镜里看这座小屋，至于看到了什么，我们也不知道。他愉快地踏上了这次旅程。每遇到一座山，他便问："这是达赫施泰因山吗？"被否定多次之后，他渐渐没了心情。最后，他完全沉默不语，拒绝爬上一个不高的瀑布。同行的人以为这是因为他太过劳累，但第二天早晨他开心地说："昨晚我梦见我们到达赫施泰因山了。"怀着这种期待，他继续远足。他给出的唯一细节是他曾听人说过："还要走 6 个小时。"

这 3 个梦足以提供给我们所需要的信息。

2. 我们发现儿童的梦不是没有意义的，儿童的梦是一种包含着某种意义且容易理解的心理活动。你们会想起我之前说的关于梦的医学上的看法，把做梦比喻为外行毫无目的地用 10 个手指在琴键上乱弹。上面举出的儿童的梦绝对和这个概念相矛盾了。可奇怪的是，儿童能在睡眠时产生完整的心理活动，而成人在相同情况下只能做出间歇性反应。实际上，我们有各种理由断定儿童的睡眠比成人更深。

3. 儿童的梦缺少伪装，因而不过多解释。他们的显性梦境和隐性梦境是合二为一的。可见伪装并不是梦的固有特征。我推测这点肯定会让你们长舒一口气。但仔细考虑之后，我们不得不承认，即便在这些梦中也存在着微小的伪装，显性梦境和隐性梦境之间也有某种差异。

4. 白天的经历留下了某种遗憾、渴望或未满足的愿望，童年的梦便会对此做出反应。儿童的梦未经掩饰地直接表达了对这种愿望的满足。现在，请大家回想一下，我们之前关于外部或内部躯体刺激对睡眠干扰因素或梦的生产者所起作用的讨论。关于这点，我们已经了解了明确的事实，但这种方式只能用于解释其中极少数的梦。儿童的梦境中没有任何元素指向这种躯体刺激的影响。他们的梦简单直白、容易研究，我们不可能出错。开始，我们只能问为什么我们忘了除了身体刺激之外，还有其他干扰睡眠的心理因素。因为我们知道一般正是这些因素干扰成人的睡眠，阻止创造理想的睡眠条件——与外部脱离关系的情境。成人不希望打断生活，宁愿继续做手头的工作，出于这个原因不去睡觉。儿童以梦的方式对未达成的愿望做出反应，这便是干扰儿童睡眠的心理因素。

5. 基于这一点，我们很容易解释梦的功能。梦是对心理刺激的反应，梦的价值在于发泄兴奋，消除刺激，使睡眠继续。我们尚不清楚梦是如何发泄兴奋的，但我们注意到梦不是睡眠的干扰因素，甚至有人认为，梦是睡眠的保护者，它的任务是消除干扰。我们如果认为不做梦便会睡得更好，那便错了。实际上，没有梦的帮助，我们根本睡不着。正是因为有梦，我们才睡得如此沉。梦也不免稍稍打扰到了我们，就像守夜人在赶走可能制造噪音吵醒我们的匪徒时难免弄出点儿声响一样。

6. 源于愿望是梦的一个主要特点，梦的内容是愿望的达成。另一个不变的特点是梦不仅表达了一种想法，还以幻觉体验的形式满足了愿望。“我本来应该在游湖”，这个愿望让做梦者感到兴奋，梦本身包含了“我在游湖”的内容。隐性梦境和显性梦境的一大区别就在于隐性梦境的伪装，这一点在儿童的简单梦境中也存在，即将思维转化为体验。释梦过程中的第一个要点在于追溯这种转化。若事实证明这是梦极为普遍的特点，那么上面提到的梦的片段“我看见兄弟在衣柜里”便不能被翻译为“我的兄弟正在削减开支”，而是“我希望我的兄弟削减开支”。在我们引用的梦的两个普遍性特点中，第二点显然比第一点更可能被无条件承认。只有通过广泛调查才能确定引起梦的原因一定是愿望，而不是焦虑、计划或羞耻；但这并不能改变梦的其他特点，梦不仅再现了刺激，而且通过重新体验刺激，消除、驱散或化解了刺激。

7. 关于梦的特征，我们也可以再次将梦与过失相比较。在过失的例子中，我们分析出了一种干扰倾向和一种被干扰倾向，过失是两者妥协的产物。梦也与这一体系相吻合。被干扰倾向除睡眠之外无他。至于干扰倾向，我们则认为是心理刺激，即渴望达成的愿望，到目前为止我们还没有找到任何其他的干扰睡眠的心理刺激。在这个例子中，梦也是一种妥协的产物。我们睡觉，同时也体验着欲望的去除；我们满足了愿望，睡眠同时也在继续。愿望和睡觉都被部分执行，部分放弃。

8. 你们可还记得，我们曾经希望，从被叫作“白日梦”的某些极易理解的幻象入手，来理解梦的问题。这些白日梦实际上就是愿望的达成，比如达成我们熟悉的野心或性欲的愿望；但白日梦是有意识的，尽管想象得十分逼真，但绝不是幻想体验。因此，在这个例子中，梦的两个主要特点虽然不太稳固，但仍然存在。其他特点则被证实完全依赖于睡眠状态，在清醒的状态下是不可能存在的。因此，俗语也表达了梦的主要特点是愿望的达成。进一步说，如果梦中的体验不过是想象重现的一种方式，那么这种方式只在睡眠状况下才可能产生。换句话说，这就是一种“夜间的白日梦”，那么我们便知道幻想可以缓解夜间刺激，带来满足。因为白日梦也是满足愿望的一种方式，人们做白日梦的原因也就在于此了。

不只有这句俗语能够表达相同的感受，还有其他俗语也表达了相同的意思。“猪梦橡实，鹅梦玉米”，有人问，“母鸡做什么梦呢？”“梦见谷子。”这些谚语的对象已经从小孩子降至动物，但仍主张梦的内容是愿望的达成。许多俗语似乎也表达了同一个意思——“美梦如许”“我从未做过如此美妙的梦”“做梦也没有想到”。可见俗语的含义也和我们的见解相呼应。当然也存在着恐惧的梦、尴尬的梦或无关痛痒的梦，但它们却没有被纳入俗语中。俗语也承认有“噩梦”，但梦显然更多地表达了美好愿望的达成。没有任何一则俗语告诉我们，猪或鹅会梦见被宰杀。

当然，我们不敢相信作家不曾意识到梦具有达成愿望的特点。实际上他们也常看到这一层，但从来没有人承认这是梦的特点，而我们却将它用作释梦的基础。我们很容易想象出是什么阻止了他们承认梦的特点，那么便稍后再讨论吧。

看看我们几乎不费吹灰之力便从儿童的梦中获得了这么丰富的信息——梦的作用是保护睡眠；梦源自两种相互冲突的倾向，其中一种渴望持续睡眠，另一种倾向则试图满足心理刺激；梦具有丰富的心理动作；梦具有两个特征：愿望的达成和幻想体验。我们几乎快忘了要进行的精神分析。除了前面列举的梦与过失的关系之外，我们的工作还没有取得其他成果。任何一个对精神分析一无所知的心理学家对儿童的梦都会给出同样的假设，但为什么没有一个人做这样的解释呢？

如果只有幼稚的梦，我们的问题便解决了，任务也就完成了。我们不需要询问做梦的人，不需要触及潜意识，也不需要考虑自由联想。请允许我往这个方向继续研究。我们已经多次体验到特征在一开始似乎都具有普遍性，但随后发现只有某个或某一些梦具备这个特征。因此，我们需要判断从儿童的梦中发现的共同特点是否普遍适用，探讨它们对那些不太容易看透、显性梦境与前一天遗留的愿望没有联系的梦是否适用。我们认为这些梦经过了大量伪装，因此无法从表面上进行判断。我们怀疑要解释这种伪装，还需要借助精神分析法，而研究儿童的梦的意义则没有这个必要。

至少还存在一类未经伪装的梦，像儿童的梦一样，容易从中发现愿望的达成。这些梦是贯穿一生的，由身体必要的需求所引起，包括饥饿、口渴和性欲——因此它们是对内部生理刺激愿望的达成。出于这个原因，我注意到一个年轻女孩的梦，在梦中她的名字后面出现了一系列菜单上的菜名：F. 安娜、草莓、蔓越莓、鸡蛋、玉米粥……她因积食不得不节食一天，然后便做了这个梦，梦里两次提到了水果。与此同时，她的祖母（祖孙年龄相加为 70 岁），因肾病不得不禁食一天，同一天晚上她梦见自己被邀请赴宴，面前尽是山珍海味。根据观察，挨饿的囚犯，或者在旅行和远足中忍饥挨饿的人经常在梦里满足对食物的需求。诺登舍尔德（Otto Nordenskjold）在他的书《南极》（1904 年）中验证了同样的现象，他和队员在冬天被冰雪围困（卷 1，336 页）："当时我们的梦明显表现出了我们内心的思想方向，那是从未有过的鲜明，梦的数量也从未有过的多。即便是平时很少做梦的同事，也做了长长的梦，早晨我们便相互交流幻想出来的经历。我们的梦都与距离当时的我们十分遥远的外部世界相关，但常常适应于现状。我们的梦都围绕着食物和水打转。我们当中的一个人在睡觉时梦见吃了大餐，他早上无比高兴地告诉我们自己吃了一顿有三道菜的饭；另一个人梦见了香烟——堆成小山似的香烟；还有一个人梦见了一艘扬满帆的船在宽阔的海面上航行。有一个人的梦尤为值得一提：邮递员来送信，解释了很久他为什么晚了。他把信送错了地址，费尽周折才送回来。当然还有人做了更加不可思议的梦，但最引人注目的是，我自己的梦和其他所有人的梦都缺乏想象。如果将这些梦记录下来，一定会引起心理学家的兴趣。我们每个人都有强烈的愿望，梦表露了一切。"我还要引用一段杜·普莱尔（Du Prel）的话。"蒙哥·帕克（Mungo Park）在非洲旅行，筋疲力尽之时，梦见了家乡肥沃的山谷和田地。特伦克（Trenck）在马格德堡（Magdeburg）挨饿时同样看见自己被美食包围。乔治·巴克（George Back）在参加富兰克林的第一次远征时，食物匮乏，差点因饥饿死去，他持续不断地梦见丰盛的大餐。"

一个人晚餐吃得太咸，睡觉时觉得口渴，就可能会梦见自己在喝水。当然梦无法满足人们对食物和水的强烈欲求；如果人太渴，便会醒来，真的去喝水。在这种情况下，梦的作用微乎其微，但这也不影响梦的作用是在存在紧急刺激唤醒人采取行动的前提下维持睡眠的说法。满足欲求的梦常能克服不是特别紧急的需求。

同样在性刺激的影响下，带来满足的梦展现出了引人注目的特殊性。比起饥饿和口渴，性欲对对象的依赖程度较低，出于这个特点，梦遗的满足可能是真实的。由于前面提及的与对象有关的困难，实际上满足常常与梦的模糊或伪装的内容有关。正如兰克（O·Rank）观察到的那样，梦遗的特殊性使梦的伪装的研究成果卓著。此外，欲望的梦常在满足之外，兼具一些源自纯粹心理刺激的梦，需要加以解释才能被我们理解。

成人身上体现出的幼稚型的满足愿望的梦，我们不应该只将其看成对机体迫切需求的反应。我们还需要了解，这种简短清晰的梦有时是因为强有力的情境引起的，显然也是心理刺激的结果。例如，在"没耐心"的梦中，一个人准备旅行或看戏、听讲座、访友，他都将在梦中预先实现，在前一夜去旅行、看戏或与主人交谈。抑或“慰藉”的梦，一个人想要多睡一会儿，往往会梦见自己已经起床洗漱，或者已经在学校了，而实际上他还在睡觉，也就是说他宁愿在梦中而非现实中起床。我们在梦的常规结构中发现的睡眠愿望在此类梦中变得明显起来，变成了塑造梦的因素。对睡眠的渴望在其他强烈的生理刺激之外恰当地发挥作用。

这里我想请你们参考慕尼黑沙克画廊（Schack Gallery）里施温德（Schwind）的画，你们可以从中看出艺术家多么确信强有力的情景可以引起梦。这幅画叫作《囚徒的梦》（Dream of Prisoner），梦的主题是囚徒越狱。囚徒想从窗口逃走，而阳光从那扇窗中射了进来，唤醒了囚犯。重叠而立的侏儒妖神可能代表了他爬上窗户需要不断做出的姿势；最上面的那个靠近栅格的侏儒妖神（囚徒也想靠近栅格）外形特征酷似艺术家本人，我认为这不是误解，也不是牵强附会。

在除了儿童的梦和幼稚型的梦之外，在所有其他的梦中，伪装一直阻碍我们的研究。一开始我们无法确定它们是否为我们怀疑的愿望的满足；我们无法从显性梦境中得出它们源于何种心理刺激，也无法证明它们在克服刺激，试图满足愿望。梦仍有待解释，也就是需要被翻译。我们必须揭开梦的伪装，用隐性梦境代替显性梦境，这样才能判断我们在儿童的梦中得出的结论是否同样适用于所有梦。

第九讲　梦的审查机制

通过研究儿童的梦，我们已经了解了梦的起源、本质和功能。梦通过幻想出来的满足，去除了干扰睡眠的心理刺激。当然，我们只能解释某一类成年人的梦，即幼稚型的梦。至于其他的梦，我们一无所知，也无从了解。不过，目前我们的研究已经取得了一定成果，其意义不可低估。每次我们了解了一个梦，都证明它是一种幻想出来的愿望的满足。这并非偶然的巧合，也绝非无足轻重。

我们从多种考虑出发，并与过失类比，推断出其他类型的梦是对未知内容的伪装。我们必须首先回到梦的内容上，然后下一个任务是调查和理解梦的伪装。

伪装使梦显得奇怪且无法被我们理解。我们想要了解关于伪装的以下几点：第一，伪装的动因；第二，伪装的功能；第三，伪装的方法。此时我们可以说梦的伪装是"梦的工作"的产物，也就是说，梦的心理功能是有意识的表征。接下来，让我们描述梦的工作并追溯施加在上面的力量吧。

现在我想请诸位倾听下面内容。此梦是由业界一位知名人士的夫人所记录的，她说做梦的人是一位德高望重的年长女士。此梦未被分析，她认为这则梦由精神分析学家来看不需要解释。做梦者本人也没有解释她的梦，但她似乎了解其中的含义，对梦大加批判和谴责。她说："一个 50 岁的妇人怎么能做这种荒唐愚蠢的梦呢——这个年纪的妇人应该不分白天黑夜地照顾孩子，不要胡思乱想。"

下面便是她的"爱役"之梦。"她去到第一军医院，对门卫说她愿意来医院服役，必须找院长谈谈……（她提到了一个不熟悉的人名）。她强调服的是'爱役'。由于她是一位老妇人，门卫迟疑了一下便让她进去了。但她没找到院长，而是发现自己身处一个昏暗的大房间中，许多军官和军医围着一张长桌或坐或立。她向一位军医说明来意，对方很快明白了她的意思。梦中的话是这样的'我和维也纳无数妇女和姑娘准备好了不加区别地对士兵、军人和军官……'梦里随后出现了一些听不清的低声交谈。不过，在场的军官很快正确理解了她的意思，她发现他们有些尴尬，带着不怀好意的表情。这位妇人接着说'我知道我们的决定听起来有些奇怪，但我们绝对是真诚的。没有人问战场上的士兵是否愿意去死’。接着是一段令人痛苦的沉默。军医环抱着她的腰说：‘夫人，让我们假设真的……（喃喃之声）。’她从怀抱中抽身说道‘他们都是一样的！’然后回答‘上帝啊，我是个老妇人了，也许从未遇到过如此情景；此外，我们必须记得由于年龄，让老一些的女人无法……和非常年轻的男人……（喃喃之声）……这太可怕了’。军医说‘我十分清楚这一点’。若干个军官大声笑起来，其中一个在年轻时曾追求过她。这位妇人要求去见院长，因为她认识院长，知道他会安排好一切。这时她突然惊愕地发现自己竟然不知道院长的名字。尽管这样，军医还是很尊重和礼貌地带她沿着一段非常狭窄的旋转铁梯爬上三楼，径直到了院长的房间。在上楼的过程中，她听见军医说：‘这是一个十分伟大的决定，对所有的女性而言，无论她们年龄大小，向她们致敬吧！’她觉得自己不过是在履行职责，于是走上了看不见尽头的楼梯。”

她在几周内做了两次这个梦，这位女士注意到梦的内容几乎是相同的，只有很少或不重要的改变。

这个梦在结构上和白日梦类似，不连贯之处很少，许多地方稍加询问便会清楚，但你们知道，这位夫人并没有追问下去。不过，对我们来说，这则梦的有趣之处在于其中包含了一些不连贯的地方，做梦者回想不起这些不连贯之处，即内容上的断裂之处。在三个地方内容变得模糊不清了，喃喃之声打断了话语。由于我们未做分析，所以严格来说无权对梦的意义做任何揣测，不过也有蛛丝马迹可寻。例如，“爱役”这个短语以及喃喃之声之前的所有话语都可以用来补足语言中断之处的意义。我们把话语补全之后，便构成了一种幻想——做梦者准备好把自己贡献出去，满足军队、军官和士兵的性需求，并以此为爱国举动。这当然令人十分震惊。这种幻想不合礼数、淫荡色情，却没有直接出现在梦境中。每当话语将要透露这种意图之时，喃喃之声便出现在了显性梦境中，一些东西丢失或被压抑了。

梦中的这些地方有着令人震惊的共同点——压抑的动机，我希望你们能够认识到我们不得不得出这个结论。你们可以在什么地方找到类似的例子呢？近来可谓比比皆是。随手拿起一份政治报纸，你们会发现文章尽是删减之处，所以报纸上开了许多天窗。你们知道这是因为报纸审查制度。审查权威机构不希望刊登某些言论，于是责令将其删去。你们觉得这很遗憾，因为其实这些地方本来是最有趣的和“写得最好”的部分。

在其他地方，审查没有触及完整的句子。作者预见到了审查机制可能不会通过某些部分，故通过阻止、修饰、影射或暗示的手法软化了语气。虽然新闻中没有空白，但在某些含蓄和欠明了之处，我们可以猜测作者在落笔之前内心已经经过一番审查了。

根据这个类比，我们可知梦中省略的语句或伪装成喃喃之音的地方一定是审查制度的牺牲品。实际上，我们将梦的伪装部分归因为梦的审查机制。显性梦境中的不连贯之处，都是因为审查机制。我们应该继续研究，每次审查机制发挥作用时，梦的元素都尤其微弱，做梦的人都不能确定地回忆起梦的内容。然而无论如何，审查机制很少像在“爱役”里那么坦率直白。更多时候，审查机制通过第二类方式发挥作用，比如弱化、迂回、暗示，而不是直接体现。

关于第三类审查机制，我无法拿报纸行业的审查制度做类比，不过我们目前分析过的梦例可以加以说明。你们应该还记得“一个半弗洛林币购买三个不好的座位”的梦。“匆忙”“太早”这些元素出现在隐性梦境中，意思是说“结婚这么早太蠢了，就像这么早买票一样；嫂嫂这么着急把钱花在买首饰上，真是可笑”。我们在显性梦境中找不到这样的中心元素。显性梦境的重点在看戏买票。梦的元素有这样一个重心的转移和重组的过程，于是显性梦境便大大不同于隐性梦境了，以至于没有人能从显性梦境中推测出隐性梦境。重心转移是梦最喜欢用的伪装手段之一，它给梦境营造出了一种奇怪的感觉，让做梦的人不愿意将梦视作自己的产物。

对材料的省略、修饰和重组既是梦的审查机制的结果，也是伪装的手段。我们现在所研究的伪装出自审查之手，或者至少有它在起作用。我们已习惯于将修饰和重组总结概括为“替代”(displacement)。

以上便是梦的审查机制的效果，现在让我们转而研究它的动因。我希望你们不要把这个词看得过于拟人化，将梦的审查者看成一个住在脑子里小隔间中的小矮人，严格地执行职责，也不要试图硬性地确定它的位置，以为有一个“脑中枢”施加审查作用，如果中枢损伤或被摘除，审查作用便随即停止。目前，“审查机制”这个词不过是一种“动态关系”的便捷称呼。这个词不能阻止我们询问这种影响的实施者和接受者各为何种目的。我们也不免惊讶，之前我们已经接触过梦的审查机制，只不过当时未能将它识别出来而已。

事实就是这样。你们还记得开始应用自由联想技术时的惊人经历吗？那时我们感到某种“抗力”阻碍了我们从梦的元素深入探究潜意识元素。我们认为这种抗力的强度可能不同，有时较大，有时较小。抗力较小时，我们只需要跨越少数几个过渡步骤便能开始释梦工作；但抗力过强时，我们不免远离研究领域，必须经过一长串联想，还需要克服过程中联想技术带来的种种批判。我们在释梦工作中遇到的阻碍必须被视为梦的审查机制。审查的力量不因引起梦的伪装而枯竭，而仍被保留为一个永久的机制，目的在于维持已经形成的伪装。此外，正如每个元素遭遇的抗力大小各不相同，审查机制在同一个梦中对不同元素产生的伪装也是不同的。如果将此与隐性梦境做比较，我们可以发现某些单独的隐性元素实际上已经被消除了，另一些或多或少有所修改，但仍有一些未经改变，实际上最后一类也许被额外的力量带入了梦的内容。

但我们希望能够研究出施行审查的是哪种倾向，接受审查的又是哪种倾向。这个问题对理解梦乃至理解人类生活都至关重要。如果我们仔细观察分析过的一系列梦，可能很容易发现问题的答案。实行审查的倾向，就是做梦者清醒时赞许和认同的倾向。当你拒绝详细分析自己的梦时，会明确地感知到这种倾向。你正在做着和梦的审查机制一样的工作，审查的动机产生了伪装，进而使梦需要被阐释。还记得那位 50 岁的妇人吗？在尚未做出任何解释之时，她就觉得自己的梦很不正常，一旦知情人士告诉她其中透露的含义，她一定会更加震惊。正是由于内心的批判，梦中令人震惊的地方才被喃喃之声取代了。

其次，我们可以利用内心批判的观点来描写梦的审查作用所反抗的倾向。我们可知这些倾向具有令人不快的本质，从伦理、美学和社会角度看都是令人惊骇的。人们甚至连想都不敢想，或者一想到就憎恶。这些受到审查的梦以伪装的形式在梦中得到表达，是一种自我不受约束、肆无忌惮的表达。实际上，在每个梦中，自我都起到了主导作用，即便其可以在显性梦境中成功伪装自己。梦的“神圣主义”（sacro egoismo）的确和睡眠时心理活动中止的状态——即对整个外部世界不产生兴趣的状态——不无关系。

打破一切道德束缚的自由乃是受性欲支配的，对性的渴求长期受到我们的美育谴责，它展现出抗拒一切道德约束的特点。而对快乐的追求，我们称之为“力比多”（libido），它不受约束地选择对象，实际上喜欢被禁止的事情。它不仅觊觎别人的妻子，还对人类准则中被视为神圣不可侵犯的对象有非分之想——母亲和姐妹、父亲和兄弟。甚至连那位 50 岁老妇人的梦都呈现出乱伦的倾向，梦的“力比多”准确无误地指向了她的儿子。我们认为远离人类本性的愿望强大到足以引起梦。憎恶也无限制地泛滥，报复或谋杀最亲密的人的愿望在梦中并不罕见，对象往往是平时最爱的人，比如父母、兄弟姐妹、配偶和孩子。这种被禁止的愿望好似由恶魔引起，若我们在清醒状态下解读这种梦，则不可能不对其施加最严厉的审查。

但不要因为内容的邪恶而去谴责梦。别忘了，梦还有保护睡眠不受打扰的功能。这种邪恶的内容并不是梦的本质。你们也知道有些梦可以被视为对合理愿望和身体紧急需求的满足。这些愿望当然没有经过伪装，它们也无须伪装。这类梦无须触犯自我的伦理和审美倾向便可以满足愿望。你们应该也记得伪装的程度和下面两个机制成比例。从一方面看，愿望越为审查所不容，伪装程度越大；从另一方面看，某一特定时间的审查越严厉，伪装程度就会越大。家教严格的年轻女子常通过一种严格的审查机制对梦中的冲动加以伪装；但在医生和十年后的她本人看来，这些欲望其实是可以被允许的无害“力比多”。

此外，目前为止释梦研究还没有得出让我们震惊的结果。我想我们尚未对释梦有充分的了解；不过我们首先应该保护它不受某种攻击。人们不难从这个研究中挑出毛病。我们的释梦研究建立在不久之前才被认可的假设上，即“梦是有意义的”；由催眠而得的潜意识心理活动可用以解释常态的睡眠；一切联想都是预先安排好的。如果我们基于这些假设得出可信的结果，便有理由推断假设是正确的。但如果结论是我勾勒出的图画，那又会如何呢？我们自然会说：“这些结果的假设出了些问题。要么就是梦根本不是心理现象，要么就是在正常状况下不存在潜意识的心理活动，或者我们的技术在某处不连贯。这样的说法不是比接受我们基于假设得出的可憎结论更加简单和完满吗？”

确实，既简单又完满。结论简单、完满，但不一定正确。让我们缓一缓，现在还不是做出判断的时候。首先，我们的解释可能会引起一种更加强烈的批评。其次，得出的结论使人非常不愉快和难以接受。做梦者面对我们在释梦中指出的愿望倾向，往往会强烈地反驳，言之凿凿地断然拒绝我们的解释。“什么？”做梦者说，“你想以梦证明我不愿意花钱为妹妹置办嫁妆，不愿出钱让弟弟接受教育？不是这样的。我之所以努力工作就是为了妹妹。作为兄长，我的生活内容无他，只有对妹妹尽责。我向母亲承诺我会尽心尽力。”女人会说：“你的意思是我希望我丈夫去死！为什么？这太恶心了，胡说八道。我们的婚姻是最幸福的。说出来也许你不信，他死了我便什么都没有了。”或另一个人说：“你是说我对妹妹有非分之想？太可笑了。我对她毫无好感。我们好久没交流了，几年都不说话了。”如果做梦者既不承认，也不否认那些本属于他们的倾向，我们可以不为所动。我们可以说这些是他们自己都没有意识到的东西。但如果做梦者感到他们的想法与我们设定的倾向正相反，并且极力证明这种相反的倾向是强有力的，那么我们便只得知难而退了。研究的结果将变得荒谬，我们是否应该在此时放弃整个释梦研究呢？

不，现在绝不是放弃的时候。我们只要加以批评，他们的反驳便不攻自破了。假定存在潜意识，那么被试者没有能力证明相反的倾向在他们的意识中占据主导地位。由于矛盾总是成对出现的，那么也许人的精神生活中没有空间供对立的倾向使用。没错，也许其相反的潜意识存在的必要条件正是强有力的冲动。对我们工作的前两种反对意见只表明了释梦的结果并不简单，同时也令人极为不快。对于第一个反对意见，我想说，不管你们多么喜欢简单的解决方法，也无法据此解决任何一个梦的问题。想要解决问题，你们必须下定决心接受这个关系复杂的事实。对于第二种反对意见，我要说你们拿喜欢或不喜欢作为科学研究的基础明显是错的。释梦的结果令人不快，甚至尴尬、恶心，又有什么关系呢？“这无法阻止它们存在。”我年少行医时，曾听我的老师夏科（Charcot）如此教诲。如果我们想要发现真实的世界，就必须谦虚一些，把个人好恶置之度外。如果一位物理学家向你证明，在短时间内地球上的生物将完全灭绝，你敢不敢说：“不可能这样，因为你说的前景太令人不快了。”我想你会哑口无言，直到另一位物理学家证明他的假设和计算中有错误。如果你们拒绝面对不愉快的事情，那么你们便是在重复梦形成的机制，而并非在试图理解和掌握它。

对于被审查的梦的愿望出现的令人厌恶的特征，你们也许会承诺不再在意，而提出另外一种反对意见——“恶”在人性中不应占据如此大的比重。不过根据经验，你们认为这个假设合理吗？我且不讨论你们对自己的评价如何，但你们曾见过超过你们或与你们竞争的人满怀好意，敌人彬彬有礼，同伴毫无嫉妒之心，所以才觉得有责任驳斥人性本恶的观点吗？你们对人类在性事上的报复心是多么难以控制和不可信赖而毫无感知吗？你们难道不知道有人在光天化日之下犯下夜晚梦里的不道德之事的罪行吗？精神分析学家的研究验证了柏拉图的古老格言：恶人亲往犯法，止于梦者便为善人。

现在，请把目光从个例转向蹂躏欧洲的那场大战吧。想一想盛行于各文明国度的暴戾和欺诈。你们真的认为是少数没有良心的自我堕落和腐败之人释放了所有的恶吗？其余的追随者不也难辞其咎吗？在这种情形下，你们还敢力辩人性不恶吗？

你们会指责我只看到了战争的一面，会指出人类在战争中也表现出了世界上最美丽和伟大的举动，比如英雄气概、自我牺牲和社会感情等。诚然如此，但请不要犯了你们常常指责精神分析存在的错误——肯定一个方面，否认另一个方面。我并不想否认人类本性的伟大，也从未说过任何贬低其价值的话。相反，我不仅向你们展示了被审查的邪恶愿望，还揭示了压抑和使之不可觉察的审查机制。正是因为有人否认人类身上的恶，我们才会如此强调这点。如果我们继续否认性恶，人类的心理也不会变好，只会变得更加难以理解。一旦我们放弃了这种单方面的伦理顾虑，便能对人性善恶的关系建立起更加完善的理论。

问题就是这样。释梦虽然未免奇特，但我们不能因此而放弃研究工作。也许通过其他途径，我们可以更好地了解梦。现在让我们重复说明研究成果：梦的伪装是自我认可的倾向对夜间睡眠中出现的恶念进行审查的结果。为什么这些愿望的冲动只在夜间出现，它们来自哪里——这些问题有待于进一步调研。

不过，如果不适当强调这些研究的另一项结果，那也是错的。梦中试图干扰我们睡眠的愿望是不为我们所知的，实际上我们首先是通过释梦认识到它们的。所以我们将其描述为“当时处于潜意识的”。正如许多例子展示的那样，做梦者一定会否认这些愿望，即便他们通过释梦了解到了愿望的存在。我们最初在“打嗝祝领导健康”的口误中也分析出了这种意图，当事人听到我们的解释后非常愤怒，坚称他自始至终没有对领导有过不敬的想法。在每个被显著伪装的梦中，我们通过释梦技术都可以得出相似的结果，这一点对我们的研究极为重要。我们再一次推断心理生活中存在着为我们所不知的过程和倾向。我们不曾明白，也永远不会明白它们是什么。因此潜意识便被赋予了一层新意义，“当时”或“特定时段”不是其要义，因为它也可以表达“永远的”潜意识，而不仅仅是当时的“隐性”状态。我们后面的讲座将进一步探究这一点。

第十讲 梦的象征机制

我们已经发现梦的伪装，即干扰我们理解梦的元素，是审查的结果。审查促使我们拒绝接受无意识的愿望冲动。当然，我们并非坚称应将梦的伪装单单归咎于审查机制，在未来的研究中我们可能会发现导致这一结果的其他因素。也就是说，即便梦的审查机制被去除了，我们也可能无法理解梦。梦的真实模样并不等同于隐性梦境。

除了伪装，释梦技术的不连贯也成为梦不易被理解的另一个原因。对于梦的某些元素，被分析的对象无法产生任何联想，我已经承认了这一点。但如果我们继续要求做梦者进行联想，他们往往不会坚持表示自己无法联想到任何内容，而大多会想起一些。但在某些例子中，即便我们坚持，被试者也无法像我们期望的那样告知我们他联想到了什么。如果精神分析治疗中出现这种情况，一定有着特殊的意义，但我们暂且不在这里做讨论。在分析正常人的梦或分析我们自己的梦时，也会出现这样的情况。在这种情况下，无论如何敦促，都不能奏效，我们才知道不愉快的偶发事件常常出现在某些梦的元素中。我们原以为这是释梦技术的特例，现在才知道它构成了某种新的规律。

由此，我们试图通过自己的方法来解释和翻译无法引起联想的梦。每次我们尝试用自己的方法时总能得到满意的结果；而只要不用此方法，梦便失去了意义，变得破碎而不连贯。我们在一开始尝试时本不自信，但随着类似例子的逐渐增多，我们也逐渐自信起来。

我现在以简略的方式阐述了全部例子。出于教学目的，这是被允许的，因为我只需要简化问题，而不是引起误会。

我们以这种方式为梦的整个系列元素确定了固定的翻译，就像我们在当下流行的关于梦的书中找到的梦的翻译一样。但请不要忘了，在联想技术中，我们从来没有发现梦的元素存在固定的替代物。

你们会说这种释梦方法比之前的自由联想更加不确定，进而提出反对意见。我们从经验中收集到足够多的这种替代物之后，便会发现释梦有时不需要运用自由联想，只需依据我们自己的知识便足够了。在后半部分的分析中，我将会提到促使我们认识到梦的意义的事实。

我们可以把梦的元素和梦的解释之间的固定关系称作象征关系。梦的元素本身就是无意识思维的一种象征。你们还记得之前研究梦的元素及其隐喻关系时指出的三种关系吗？前三种是以部分取代整体、暗喻和意象。当时我说还有第四种关系，但并未指明。现在我们提出的象征便是第四种关系。关于这一点，我们在提出自己对象征的特殊观察前，可以先针对这个问题进行一些有趣的讨论。象征机制也许是梦的研究中最有价值的部分。

首先，因为象征是永久固定的翻译，所以象征机制在一定程度上与古人和现代流行的释梦观点相吻合。而我们的释梦技术并未触及古人和现代的释梦观点。象征机制使我们不用询问做梦者就可以解释某些梦，其实做梦者也无法解释象征的含义。如果释梦者了解惯常的梦的象征，便可以在没有进一步信息的情况下，从梦中了解做梦者的人格、后来的生活环境和做梦前获得的印象——好像一见面就可以翻译出来。这种技巧让释梦者满意，让做梦者叹服，比通常交叉检验做梦者的烦琐套路轻松愉快得多。但别误解我的意思，我不是说“耍把戏”。基于象征机制的释梦方法不能取代自由联想技术，甚至无法与它相提并论。象征即使是对自由联想技术的补充，但它所得出的结果也只有和自由联想合用才能奏效。至于对做梦者心理情境的熟悉程度，必须考虑到你们不可能只为熟悉的人释梦。对于陌生人来说，你们不可能了解前一天刺激他们做梦的情境，而被试者的联想能够让你们了解他的心理情境。

进一步说，梦和潜意识之间存在的象征关系引发了最激烈的反对之声，我们将在稍后讨论。许多人的判断和观点都不支持象征机制，即便他们在精神分析的其他方面已经取得了巨大进步。更引人注目的是：第一，象征主义既不是梦特有的，也不是梦的特点；第二，精神分析虽不乏创见，但象征主义并非精神分析首创。如果我们坚持从现代寻找源头，可以发现哲学家 K.A. 施尔耐（K. A. Scherner）在 1861 年首次提出了梦的象征机制。精神分析学家肯定了他的发现并做了大量修改。

现在你们一定希望从一些例子中了解象征机制的本质。我很高兴与你们分享我所了解的知识，但我承认我的知识可能不像诸位期待的那样丰富。

象征关系的本质是一种比拟，但又不似任何比拟。我们一定觉得这种象征的比拟受某些特定条件的制约，但尚未指明这些条件是什么。并非梦中的所有物品或情境都是象征；从另一方面看，梦也不会象征我们选择的任何东西，梦只能象征梦的思维中的特定元素。所以我们从两方面看都存在界限。我们也必须承认目前对于象征的概念还不能指出明确的界限，因为它易被替代、戏剧化，甚至暗喻混淆。在一系列象征中，基本的比拟很容易理解。而从另一方面看，有些比拟会引起人们的质疑——相似处在哪里？我们需要寻找一些“过渡性”比拟。更加仔细考量之后，我们可能会发现这种“过渡性”的比拟，也可能发现不了。此外，如果象征是一种比拟，自由联想又无法揭示比拟，那么说明做梦者本人不知道它的存在却使用了它。实际上，在我们指出比拟的时候，做梦者甚至不愿意承认它的有效性。所以你可以看出象征关系是某类非常特别的比拟，我们还没有弄清楚它的起源，也许稍后我们会发现新的资料。

梦中以象征来代替的事物为数不多，比如人体、父母、孩子、兄弟姐妹、出生、死亡、裸体和其他。施尔耐指出，房屋常象征整个人体。他试图赋予房屋其不应有的重要性。一个人梦见自己在房屋的前面攀缘而下，有时感到愉悦，有时感到恐怖。男性梦见的墙面完全光滑，女性梦见的墙面有壁架或阳台可供抓握。梦中的国王、皇后或其他地位尊贵的人代表父母。在前两种梦中，做梦者的态度往往十分恭敬。但做梦者对待孩子和兄弟姐妹的态度就不那么温柔了，他们的象征物是小动物或害虫。与水有关的梦常象征出生，要么是一头扎入水中，要么是从水里爬出来，或是将人从水中救起，或是自己被人从水中救出。这些都象征了母子关系。垂死的象征为乘火车出发旅行，而死亡的状态则用种种隐晦的暗喻表示。衣服和制服反而代表了裸体。由此可见，象征和暗喻逐渐失去了严格的界限。

与上述例子的匮乏相反，另一个领域中象征的丰富程度就不免令人惊讶了。这个领域便是性生活，如生殖器、性交等。性象征在象征中占绝大多数。这个事实显示出一种很不相称的比例。被象征的事物数量很少，象征却极为丰富，所以每一种事物各有许多意义相同的象征。在释梦中，我们发现一些东西会引起普遍的反对。与五花八门的梦不同，象征的解释是一成不变的——这会令所有人不快，但又有什么办法呢？

由于这是我们第一次提及性生活，所以我必须告诉诸位研究这个领域将要使用的方法。精神分析不会隐瞒任何事，我认为讨论性这个重大问题无须感到羞耻。以正确的名称称呼所有事物是恰当且体面的，且能够最有效地阻止一切干扰和淫秽思想。在座的虽然男女皆有，但在这点上我一律平等对待。正如知识对德尔斐神谕和新潮女郎一视同仁一样，在座听演讲的女性也希望得到与男性相同的平等对待。

男性生殖器在梦中有许多不同的象征，就大多数而言，其相似性极具启发意义。首先，神圣的数字三是整个男性生殖器的象征。对两性来说更注目也更有趣的部分——阳具，有着以下象征替代物，比如长而竖直的物体，手杖、伞、木棍、树干等。阳具还常通过具有穿刺性和伤害性的物体来象征，比如各类武器：刀、匕首、长矛、剑，还有火器、枪炮、手枪、左轮手枪等。后者在形状上和阳具很契合。少女在焦虑的梦中往往被佩刀或配枪的男人追逐。这也许是最容易理解的梦的象征了。有时阳具以水流出之物象征，这也容易理解，比如水龙头、水壶或喷泉，还以可延长之物象征，比如吊灯、伸缩铅等。铅笔、笔杆、指甲锉刀、锤子和其他器具都是男性的象征，这一点不难看出。

阳具因有违反地心引力高举的特征，所以气球、飞机，以及最近出现的齐柏林飞船也成了它的象征。但梦中还有勃起的另一种象征，这种象征使得性器官成为人体不可分割的一部分，象征自己正在飞翔。请别被梦中美丽无比的飞翔场景干扰了，它其实是性器官兴奋的象征，即阳具勃起。精神分析学生 P. 费德恩（P. Federn）曾证实过这种解释。以冷静著称的莫利·沃尔德（Mourly Vold），曾做过手臂和腿的人为放置姿势实验。虽然他对精神分析持反对态度，也许根本没有听说过精神分析，但通过研究也得出了与我们相同的结论。我并不是在说女性不会做飞翔的梦。记住，我们认为梦是一种愿望的达成，女性在梦中总是有意无意地表达出想要成为男性的愿望。通过体验相同的感官刺激，女性可以实现这个愿望。希望这样说不会引起熟悉解剖学的人的误解。女性的身体上有一个类似男性生殖器的小器官，即阴蒂。它在女性有性经验之前的许多年，甚至在童年，起到与男性的阳具相同的作用。

爬行动物和鱼类也是男性性器官的象征，最著名的要属蛇的象征，这似乎就不那么好理解了。帽子和斗篷也被视作这种象征，这理解起来当然有些困难，不过其象征意义确实是不容置疑的。最后，你们可能会问，一些男性性器官的替代物是否可以被当成象征。我认为，依据情境和女性性器官的替代物，结论是肯定的。

女性生殖器以一切具有空间性和容纳性的物体作为象征，比如坑、穴、洞、罐、瓶、盒、箱、包、口袋等。船也属于这个范畴。许多象征代表母亲的子宫，而不是女性生殖器，比如碗橱、炉子，尤其是房间。房间的象征和屋子的象征有关，门和入口成为阴户的象征。各种材料，如木头和纸张，以及由这些材料制成的桌子和书等，也是女性的象征。至于动物，蜗牛和贻贝毫无疑问是女性的象征；身体的部分，如嘴也是阴户的象征；而教堂和礼拜堂则成为结构性象征。如你所见，不同的象征理解起来的难易程度不同。

性器官还包括乳房，女性的乳房和臀部以苹果、桃子等水果为象征。两性生殖器部位长的毛发在梦中以树林或草丛的形象出现。女性生殖器官的复杂部分常被表现为峭壁、树林和水的风景；而男性生殖器的构造则常被象征为各种复杂而难以描述的机械。

女性生殖器还有一个值得注意的象征——珠宝盒，珍珠和宝贝在梦中常代表心爱的人；糖果常在梦中代表性快感。由生殖器得到的满足在梦中表现为各类游戏，其中一定包括弹钢琴。手淫的典型象征是滑动或撸动，还有折断树枝。在梦中尤为引人注目的象征——牙齿掉落或被人拔掉，也是手淫的象征。当然最为直接的解读是以阉割作为手淫的惩罚。性交的特殊象征不如我们期望的那么多，但也可举出一些例子：有节奏的活动，比如跳舞、骑马、爬山都可以被解读为性交；此外还有恐怖的经历，比如被践踏；甚至还包括一些人为的活动，比如被人拿刀威胁。

你们可不要认为这些象征的用途和转化都非常简单。各种意料之外的事情会不断发生。例如，令人难以置信的是，两性象征之间的差异往往不那么明显。许多象征代表普遍意义上的生殖器，不分男女，例如小宝宝、小男孩和小女孩。男性象征有时也用在代表女性生殖器上，反过来也成立。我们只有掌握了人类性征的发展规律，才能理解这一点。就许多例子而言，象征似乎模棱两可，实则不然。武器、口袋、盒子等永远不可能为两性互用。

现在我想从象征的视角而不是被象征的视角做出总结，以表明性象征的起源，对于普遍不易理解的象征稍加说明。此类象征可以是帽子，或头上戴的一切东西。帽子通常被用作男性的象征，但有时也象征女性。同样，披风代表男性，但并不是总专指男性生殖器。这究竟是什么缘故，你们可以自由提问。领结下垂，女性不会佩戴，毫无疑问应该是男性的象征；而白色衣物、亚麻织物则是女性象征。正如我们所见，衣服、制服是裸体的象征。鞋子或拖鞋则是女性生殖器的象征。正如前文所述，桌子和木头是女性的象征，尽管这让人有些困惑和不确定。登梯、登山和登楼的动作显然是性交的象征。仔细考虑一下，我们可以发现两者在运动的节奏上存在相同的特征——随着高度的增加，兴奋度也逐渐上升，呼吸愈发急促。

我们已经说过，自然风景是女性生殖器的象征。山和峭壁是男性生殖器的象征；花园常是女性生殖器的象征。水果象征的不是小孩子，而是乳房。野兽表示性欲高涨的人，或者象征本能冲动和激情。花卉代表女性生殖器，特别是处女的生殖器。别忘了花朵本来就是植物的生殖器。

我们已经了解了房间的象征意义。这个象征还可以延伸。窗户和门，即房间的入口和出口，便成了阴户的象征。房间是打开的还是关闭的属于象征的一部分，打开房间的钥匙当然就是男性的象征。

这些材料可以用于研究梦的象征机制。材料并不完整，有待我们进一步深化和延伸。但我认为这样已经完全够了。也许你们会迟疑："我真的生活在性的象征之中吗？周围的所有物体、身上的衣服、触摸到的所有物品难道不是别的，都是性的象征吗？"这种疑问不无道理。首先，"做梦者本人提供不出更多关于梦的象征的信息，或者最多只能给出一些不完整的信息，我们将如何寻找它们的意义呢？"

我的回答是："我们的知识来源广泛，比如神仙故事和神话、玩笑和闹剧、民间故事，以及各民族的风俗习惯、格言和歌曲，还有诗歌的俚语，等等。这些方面到处都有相同的象征，其中许多意义无须进一步的信息便可以理解。如果我们将这些来源分开，单独研究，便可发现它们与梦的象征机制有许多相同点，从而使我们不得不相信解释是正确的。"

我们曾经说过，根据施尔纳的研究，在梦里，房屋常常作为人的身体的象征。若将此意加以延伸，窗户、门和入口都可以作为进入体腔的象征，而房屋的正面可以是光滑的，也可以有阳台和壁架以供抓握。在解剖学中，身体的开口处有时被称为"户"或"门"，比如阴户、幽门等。

梦中的帝王和王后常象征我们的父母，初次在梦中相见，未免感到惊讶。但我们确实能在神话故事中发现相似的东西。许多神话一开始便说，"古时候有一位国王和他的王后。"这难道不是在说，"曾经有一位父亲和母亲"吗？我们把家中的孩子称为"公子"，长子称为"太子"。国王通常把自己称为"国父"。我们常开玩笑把小孩子叫作"小虫"，爱怜地称他们为"可怜的小虫子"。

我们再回过头来说房屋的象征。我们在梦里常顺着房屋的突出部分攀登，这恰好符合一句俗话——把胸部丰满的女人说成"她们有可供我们攀登之处"；俗语还有另一种类似的表达——"她的房子前面有许多木材"。我们知道木材是女性和母性的象征之后，便更容易理解这句俗语了。

除了木材之外还有别的类似象征。我们可能不明白它们是怎么象征女性和母性的，比较不同语言可能会有所帮助。据说德语的 Holz（木材）源自希腊语中的 hule

（意为未加工的原料）。由原料的通名变成一种特定的名称，这种过程并不罕见。现在大西洋中有一个名叫马德拉（Madeira）的岛屿。葡萄牙人这样命名他们发现的这个小岛是因为岛上覆盖着茂密的树木。在西班牙语中“Madeira”的意思是“树木”。不过你们也能发现 Madeira 不过是由拉丁语词汇 materia 稍稍变化而来，意为“材料”。Material（材料）源自词根“mater”，意为母亲（mother）。材料可以被视作由其制成的物品的母亲。我们在木材对女性和母亲的象征中，仍然可以看出这些古老含义的影子。

梦中常用与水有关的事物象征出生。扎入水中或者从水里出来意味着生产或出生。请不要忘了这个象征实际上指的是双重进化。不仅包括人类祖先在内的一切陆生生物都是从水生生物进化而来的——这是终极事实——而且每一个哺乳动物，包括人类，在最开始的时候都生活在水中。也就是说，在胚胎时期生活在母亲子宫的羊水里，所以分娩时都会从水中出来。我自然不主张做梦者知道此事，而且我认为他们也没有知道此事的必要。做梦者小时候也许听别人说过此事，所以了解这件事情的一部分，但我坚持认为这些知识与象征的构成无关。小时候别人会告诉他，他是白鹳衔来的，但白鹳又是从哪里得到的婴儿呢？要么是从湖里，要么是从井里——总之是从水里。我的一位病人小时候（那时他是一位小伯爵）听别人这么说之后难过了一个下午。最后，人们发现他趴在宫殿里的湖边，小脸儿看向湖面，真诚地注视着湖底，想看一看里面究竟有没有小孩。

兰克曾对神话中英雄的降生做过比较研究——最早是阿卡德的萨贡王（King Sargon of Agade），约在公元前 2800 年——被弃于水中，后从水中得救。兰克认为这是分娩的象征，其原理和梦的机制类似。一个人在梦中从水里救起另一个人，便成了他的母亲，或任何人的母亲。在神话中，救孩子出水的人总宣称是他的生母。在一则有名的笑话中，一个聪明的犹太男孩被问到谁是莫西的生母。他脱口而出：“公主。”但问的人说，不对呀，公主不过是将他从水中取出。“所以说那就是她呀。”男孩回答道。可见他从神话中找到了正确的解释。

梦见出发旅行是死亡的象征。类似的情况还有在幼儿园里，孩子问去世的人去哪里了，保姆会告诉孩子那人“到了很远很远的地方”。但我不认为梦的象征起源于保姆为了照顾孩子的心理而使用的委婉语。诗人也使用类似的象征，将死亡说成“从未有旅人归来过的乌有之乡”。在日常生活中，人们也习惯于把死亡说成是“最后一程”。每个熟悉古代祭祀礼节的人都知道葬礼有多么隆重，比如埃及人对死亡之地旅行的写照。现存许多赠给木乃伊的《亡灵书》，当时是他们的旅行指南。由于坟地和活人的房屋总相隔很长的距离，所以最后的旅程也算是所言不虚了。

性的象征也不仅出现在梦里。你们或许都曾经轻蔑地把女人称为“铺盖”，但没有意识到这其实是一种生殖器的象征。《新约》说：“女人是脆弱的器皿。”犹太人的圣经风格接近于诗，里面充满了具有性象征意味的表达方式，我们并不总能正确理解它们。例如，《所罗门之歌》便产生了许多误解。后来的希伯来文学也常常把女人比作房屋，门成了生殖器的入口。譬如男子发现妻子已不是处女，便说他发现“门已经开了”。希伯来文学中也用桌子象征女人。妇人说她的丈夫，“我为他摆好了桌子，他却把桌子掀翻了”。跛脚的孩子之所以跛脚，是因为男人掀翻了桌子。这些例子都援引自布伦的 L. 李维（L. Levy）的《圣经和犹太人法典中性的象征》（*Sexual Symbolism in the Bible and the Taimud*）。

船在梦里代表女性，语言学家也认同这个观点，他们认为“船”的原意为泥制器皿，与 Schaff（德语，意为“木脚盆”）为同一个词。希腊神话中科林斯人佩里安德尔与妻子梅丽莎的故事证明火炉或烤炉是女性和子宫的象征。据希罗多德说，暴君很爱他的妻子，但出于嫉妒把她杀了。之后，他看见妻子的影子，要求对方证明身份。亡妻提醒佩里安德尔“把面包塞进了冷火炉里”，以此证实自己的身份。这是一句隐语，旁人无法理解。F. S. 克劳斯（F. S. Krauss）出版的《不同民族的性生活》（*Anthropophyteia*）为研究不同民族性生活的方方面面提供了资料。我们从中了解到德国某个地区通常把妇女生孩子说成“她的炉子已经塌了”。生火和有关烧火的事情充满了性象征意味。火焰通常是男性生殖器，火炉或壁炉则是女性的子宫。

如果你们常常惊讶于为何自然风貌在梦中代表女性生殖器，那么让神话告诉你们大地之母在象征和古代宗教仪式中的地位吧。至于梦里“以房间代表女人”的起源则可以追溯到德国的一句俗语，德语以 Frauenzimmer（意思是女人的房间）代表 Frau（意思是女人），也就是说以住所代表人。同样 Sublim Porte（土耳其宫廷）意指苏丹及其政府；而古埃及的国王法老也有“宏大的宫廷”之意。（在古代东方，双重门之间的宫廷是集会的地方，好似希腊罗马时期的市场。）不过，我认为这种追溯实在太肤浅了。在我看来，房间有“人的周围空间”之意，所以才被用来象征女性。我们已经知道房间有此含义，依据神话和诗歌，我们也可以将城镇、城堡、堡垒、炮台作为女性的象征。在从不说德语和不懂德语的人的梦中，我们能够很容易地看出这一点。在最近几年，我的患者主要是外国人。根据我的记忆，他们也用房子代表女性，他们自己的语言中甚至也有类似的比喻。还有一些迹象表明象征可以超越语言，这是以前研究梦的舒伯特（Schubert）在1862年发现的。不过由于我的所有外国患者都略懂德文，所以这个问题只好留给能够收集到只会一门其他语言的患者资料的精神分析学家了。

笑话、诗歌，特别是古希腊和古罗马的诗中存在大量的男性生殖器象征。我们不仅在上面提到的梦中能见到此类象征，而且在各类表演的工作材料，尤其在咒语中也能见到。关于男性生殖器的象征，范围很大，争论颇多，我们为了节约时间，暂且不做讨论。我仅想对“三”这个数字略说几句。这个数字是否由于其象征意义而变得神圣我们暂不讨论。但在大自然中，许多由三部分组成的事物正是因为它们的象征意义，才被用在了盾形纹章和徽章上，比如三叶草和法国鸢尾花，以及西西里岛和马恩岛这两个相距甚远的岛屿所共用的三条腿组成的图案（三条人腿在大腿处相连，膝盖弯曲，从脚趾上的标志两侧向顺时针方向旋转），也都是男性生殖器的象征。因为古代的人们相信生殖器的图案有着辟邪的强大作用，现存的护符也可以被视为性象征。这些护符常被做成小小的银质吊坠，如四叶苜蓿、猪、蘑菇、马蹄铁、梯子、烟囱和扫帚等。四叶苜蓿代替三叶苜蓿作为象征，当然后者更加合适；猪在古代是丰盛的象征；蘑菇显然是阳具的象征，有一种蘑菇的外形酷似阳具，故其学名为白鬼笔（Phallus impudicus）；马蹄铁的轮廓使人想起女性的阴户；而烟囱、扫帚和梯子则是性交的象征，因为一般人以扫烟囱比喻性交（参见《不同民族的性生活》）。我们已经知道梯子在梦里是性的象征。德语的用法在这里有些帮助，动词“to mount”（德语为steigen，意为上升）有性的意义，例如，“追着女人跑”字面翻译过来是“爬女人”和“攀登者”的意思。法语中“爬”为“la marche”，而“un vieux marcheur”意为“老年攀登者”。其中的关联不难理解：许多大型动物交配时，雄性动物都需要爬到雌性动物的背上。

将折枝作为手淫的象征不仅是因为折枝的动作和手淫类似，而且在神话中可以找到意义更加深远的类比。然而特别需要注意的是，以牙齿掉落或拔牙作为手淫或手淫的惩戒，即阉割的象征。在民间故事中也有类似的桥段，只是做梦者很少知道罢了。在许多民族中，割包皮是阉割的代替，我想这点毫无疑问。我们现在知道在澳大利亚的某个原始部落，男子到青春期时要举行割包皮仪式（作为对他成年的庆贺）；而与之非常相近的一个民族则以拔牙庆贺男子成年。

我用这些事例来说明象征到此结束了。它们不过是一些例子。你们可以想象收集这些例子的人如果不是我们这种业余爱好者，而是神话学、人类学、哲学和民俗学的专家，那么获得的事例将会多么丰富和有趣，我们也能从中了解更多。我们得出的结论虽然不可能毫无遗漏，但至少可以提供更多可供思考的材料。

第一，做梦者的表达虽然包含了象征意义，但他对象征一无所知，在清醒时也无法辨认出来。这就好像你偶然得知女仆竟然通晓梵语一样惊奇，虽然你早就知道她出生在一个波西米亚村子却从未专门学过梵语。这个事实与我们的心理学观点不易融合。我们只能说做梦者的象征知识是潜意识的，属于潜意识心理生活的一部分。这个假设并未产生进一步结果。到目前为止，我们也只能承认潜意识冲动的存在，这种冲动不时或在一段时间内发作，但我们对它却一无所知。我们以前只是假定暂时不知道或永久不知道潜意识的存在，但现在问题变得更大了。实际上我们不得不相信潜意识和思维的关系，以及不同事物之间存在一贯性的替代现象。这些替代不会每次更新，而是已经存在且总是完整的。不同民族的人虽然语言不同，但替代却是相同的，我们可以从这点得出这个结论。但是象征关系的知识究竟来自何处呢?用语习惯只能涵盖其中的一小部分。做梦者大多不了解不计其数的其他源头，我们必须自己细心整理。

第二，这些象征不是梦所特有的，也不是它们表达出的梦的工作所特有的。我们可以在神话、民间故事、俗语、歌谣、日常用语和诗歌中发现一模一样的用法。象征领域包罗万象，梦只占其中很小一部分，从梦的角度研究整个领域只是权宜之计。许多其他领域的象征并未出现在梦中，或者最多只是偶尔出现罢了。如你们所见，在其他领域也可以发现梦中的象征，只不过很罕见。人们认为，他们只是在梦中遇到了古老且不再通用的表达方式，而实际上其中涉及的许多表达仍散布在日常用语中。或是这处，或是那处，抑或经过稍微更改之后在其他地方使用。我不禁想起一个精神病患者的幻想，他认为自己通晓一门“原始语言”，所有象征都是这门语言的残存物。

第三，你们一定注意到了，象征在其他领域并不完全是性象征，而这样的象征在梦中几乎全部被用来表达与性有关的物体和过程。这点不容易解释，也许是象征中原有的性用法后来扩展到了其他领域，又或是这方面的象征方式弱化为其他的表达方式了呢？如果我们只把注意力放在梦的象征上，自然无法回答这些问题。我们只能坚决主张象征和性之间有着特殊的密切关系。

最近出现了关于这点的一个重要迹象。语言学家 H. 斯珀伯（H. Sperber）（乌普萨拉人）的理论认为，性需求在语言的形成和发展上起到了重要作用。他的研究领域和精神分析学毫不相关。人类的第一个声音起到与性伴侣交流的作用；语言的根源随着原始人的工作进一步发展。原始人是集体工作的，他们一边工作，一边一起发出这种有节奏的声音。这样工作便也带上了性的意味。原始人一边发声，一边工作，就使得工作不那么苦闷了。此时，工作成了性活动的代替品。久而久之，声音逐渐失去了性意义和过去的用法。几代人以后，有性意义的新词也是如此，所以这个新词也被用于工作方面。以这种方式形成了许多新的词根，它们都起源于性，但后来也都失去了原本的性意义。如果这种描述大致勾勒出了事情的真相，那么我们便可以从另一个角度来理解梦的象征。我们便能理解梦如何保留了最为原始的情境，为何有这么多关于性的象征，以及为何武器和工具一般代表男性，材料和制成品一般代表女性。象征关系可能是古老词汇身份的残留物。古时候曾被叫作生殖器的东西出现在梦里成了生殖器的象征。

诸位可能会从与梦的象征机制类似的事物中了解到精神分析为何能凭借自己的学科特点引起大众的兴趣。精神分析学既不完全是心理学，也不完全是精神病学。精神分析与许多其他的科学领域相关，比如神话学、民俗学、民族心理学和宗教学等。你们会理解为何精神分析学家专门为了促进这些学科的交叉而出了一本期刊。该期刊名为《意象》（*Imago*），创刊于 1912 年，由汉斯·萨克斯（Hanns Sachs）和奥托·兰克（Otto Rank）担任编辑。在所有此类关系中，精神分析对其他学科是施多于取。精神分析的研究成果虽然看起来从其他学科中得到了许多有益之处，但事实证明，就总体而言，在其他领域应用精神分析的技术方法和观点是卓有成效的。经过精神分析的调研，我们从人类个体的精神生活中得出了解开人类生活中许多谜题的答案，或至少为解开谜题带来了一些线索。

此外，至于那些“原始语言”的假设或者提供了最多信息的领域，我们还没有告诉你们在何种条件下才能得出最深刻的洞见。如果你还不知道这一点，便无法认同整个研究的价值。神经症的研究材料可从神经症患者的症候和表达中得出，而精神分析则可用于解释和治疗。

第四点回到了我们的出发点上，不得不旧事重提。即便不存在梦的审查机制，我们也很难理解梦，因为需要把梦的象征翻译为我们清醒时的日常思维。在审查机制之外，梦的第二个独立的伪装方式便是象征机制。不过梦的审查机制使用起象征来也十分便捷，因为两者都有相同的目的——使梦变得离奇而难以理解。

对梦做进一步的研究之后，能否发现影响梦的伪装的又一因素，我们拭目以待。但在结束梦的象征机制的研究之前，我势必要再次提起一个奇怪的事实：尽管神话、宗教、艺术和话语中毫无疑问地存在着象征，但受过教育的人却强烈反对梦的象征理论。这是因为它与性有关吗？

第十一讲 梦的工作

如果你们已经掌握了梦的审查和象征机制，虽然还不算完全洞悉了梦的伪装，但至少已经大致了解了大多数梦。你们已经采用了两种相互补充的方法：一是唤起做梦者的联想，直到帮助你们从替代物中找到其实际代表物；二是根据自己的知识提炼出其中的象征意义。稍后，我们将对这一过程中出现的一些不确定因素加以探讨。

我们现在要继续之前已经开始的工作。在研究显性梦境和隐性梦境关系的最初阶段，我们虽然掌握的方法还非常少，但至少已经建立了四种主要关系：以部分代替全体、暗喻、象征和意象。现在，我们将在更大规模上研究这一点，将显性梦境的整体和我们通过释梦解读出的隐性梦境进行比较。

我希望诸位不要又把这两者混为一谈。如果你们能区分这两者，那么可能比《梦的解析》的大部分读者了解得更多。让我们重温一下隐性梦境转化为显性梦境的过程，这个过程被称为梦的工作。相反的过程，即从隐性梦境分析出显性梦境的过程被称为释梦工作，释梦工作试图解开梦。就儿童的梦而言，伴随着欲望的满足，梦的工作也发挥了一定作用——将愿望变成了现实，一般是将思维变成图像。儿童的梦无须解释，只需回溯这一转化过程。而对于其他的梦，我们将把施加的梦的工作称为梦的伪装。通过释梦工作，伪装可以消除。

释梦工作中存在许多比较，这使我能够连贯地向诸位阐释隐性梦境材料代表了什么。不过我希望大家不要指望能够理解太多。请大家耐心听我道来。

梦的工作的第一个过程是凝缩（condensation）。凝缩意味着显性梦境的内容要小于隐性梦境，即在翻译过程中有一些省略。有时，凝缩过程也可能直接被省略掉了，但一般情况下是存在的，且凝缩程度往往很高。反过来则不成立，也就是说，显性梦境永远不可能比隐性梦境更丰富和广泛。凝缩的方法约有以下几种：一、某些隐性梦境的元素被完全省略了；二、隐性梦境的许多复杂部分只有一些碎片被带入了显性梦境之中；三、某些同性质的隐性梦境元素在显性梦境中被合并了。

如果你们愿意的话，可以用“凝缩”一词专指上面的第三类方法。毫无疑问，你们可以从自己的梦中回忆出将几个人凝缩为一个人的例子。这样一个合成的人物可能长得像 A，穿得像 B，做了一些类似 C 的事情。尽管如此，做梦者也清楚地知道这个人其实是 D。通过这种混合，四个人的共同之处便得到了突显。物件或地点也可以通过和人一样的方式进行混合，只要单个物件和地点的共同之处能够在隐性梦境中得到强调即可。这是一种不稳定的新概念，其核心是共同元素。几个部分混合之后，常常形成一张模糊的新图片，就像你在同一张底片上照了好几张照片一样。

形成这种混合对梦的工作起到了非常重要的作用，因为我们可以证明上面提到的共同元素是人为制造的，原本并不存在（例如通过选择用语言表达思维）。我们已经熟悉了这种凝缩和混合的过程，它们在口误的成因中起了重要作用。你们还记得想要“送辱”那位女士的男子吗？此外，还有一些玩笑也利用了这种凝缩技术。不过撇开所有这些不谈，我们应该也能发现梦中一些非常陌生的东西可以通过象征找到对应物，而组合成这个物体的部分在现实中是不存在的。比如半人半马、古老神话中不存在的动物或者勃克林的绘画。光凭想象其实发明不出什么新东西。象征只是把某些细节混合起来，制造出了一种异化的物体。然而梦的工作的奇特过程在于：梦的工作利用的材料包括思维，虽然有的思维具有冒犯性、无法被人接受，但却被正确地表达了出来。通过凝缩和混合，梦的工作将这些思维转化为另一种文本或语言。文字翻译对差异性十分尊重，尤其是大同小异之处；而梦的工作则正好相反，它试图像玩笑一样，凭借外表把两种不同的思维混合在一起，构成的模糊词语将两种思维连接了起来。你们不必一下子理解这个特点，但这可能是梦的工作中十分重要的一个概念。

尽管凝缩使梦变得模糊，但我们认为这不是梦的审查机制的结果。我们宁愿将其归为机械或经济原因，但审查机制也毫无疑问地起到了一定作用。

凝缩的结果可能十分出人意料。集中毫不相关的隐性思维可能混合成一个显性梦境，于是我们对梦便有了一个较充分的表面解释，而实际上却忽视了另一种可能性。

显性梦境和隐性梦境之间的关系绝不止这么简单，凝缩对两者的关系还有另一种影响。显性梦境的元素同时由几种隐性梦境混合而成，相反，一个隐性梦境可以分解为好几个显性梦境，它们相互重叠。在释梦过程中，我们可以清楚地发现，针对单一元素的联想不一定按照规则的顺序。我们常常必须等到整个梦被解析出来，这些元素才呈现出来。

因此，梦的工作用一种特殊译文表达出了梦的思想，不是逐字翻译，不是一个符号一个符号地翻译，也不是按照一套固定的标准有选择性地翻译，不可能像给出一个词的所有辅音但省略所有元音一样，也不可能像我们所说的替代一样，用一个元素来替代若干个其他元素。梦的工作是另一种复杂得多的过程。

梦经历的第二个过程叫移置（displacement）。幸运的是，我已经知道这完全是梦的审查机制的作用，并做好了分析这个过程的准备。首先，我举两个事实：第一，隐性梦境的元素不以自身的一部分为代表，而以其他较无关系的事物代表，类似于暗喻；第二，其重点由一个重要的元素移置到了另一个不重要的元素上，所以梦的中心转移到了别处，显得陌生而怪异。

我们的意识思维也常以暗喻代替原意，但两者之间存在一个区别。在意识思维中，暗喻容易理解，且代替物一定与原意有一定关系。玩笑也常常利用暗喻，将内容的联想置于一旁，而代之以不常见的外部联想，比如声音上的相似性、词语的模糊性等。不过它们仍然是可以被理解的。假使无论如何努力，都无法让暗喻回归原意的话，玩笑便失去了意义。移置的暗喻则不受上述约束，它与替代的元素之间只有遥远而外在的关系，出于这点原因无法被理解。如果我们回溯其原意，会发现它的解释类似不成功的笑话或者牵强附会的联系。因为梦的审查机制将暗喻还原为未被察觉的原意时，已经达成了目的。

假设我们的目的在于表达思想，那么重心的移置并不是一个好方法。我们在意识思维中也偶尔会利用移置达到诙谐的效果。下面这个故事可以说明这一点：一个铁匠犯了死罪，法庭判决要执行死刑。由于这个村子只有一个铁匠，但有三个裁缝。铁匠死了不行，于是找了一个裁缝替死。

从心理学的角度看，梦的工作的第三个过程最为有趣。这个过程便是将思维转化为视觉图像的过程。让我们谨记这一点，并非所有梦都经历了这种转化过程。许多思维在显性梦境中仍以思维或意识的形态出现。此外，思维也不仅仅能够转化为视觉图像，它们不过是构成梦的基础。如我们所知，在梦的工作中，这个部分具有第二强的连贯性。至于单一的梦的元素，我们之前已经了解了“可塑的语言表达”。

显然，这个过程并不简单。要明白其中的困难，你们可以设想用绘图的方式说明报纸中的一篇政治性社评，你们需要尽量将文字改成图画。文章中的人物和具体事件倒好变为图画，这点也许恰是你们的擅长之处，但如何将诸如关系词和连接词等包含思维关系的抽象词语和整个语篇变为图画呢？这就非常困难了。就抽象文字而言，你们或许将采取种种方法，比如试图将文字改写成不同的语言。这些语言可能不常听别人讲起，但其构成部分是更加具体和易于表达的。你可能由此想到一点，抽象文字原来就是具体的，只不过其具体的原意已经丧失罢了。接着，你们可能想尽办法追溯至原有的具体意思。你们会高兴地发现可以用“坐在上面”这种具体的图像来代替“占用”的意义。梦的工作也是同样的过程。在这样的环境下，你们几乎无法做到准确表达。你们也不要埋怨梦的工作比用图画表达文章困难。就像把破坏婚约表达为其他类型的破坏，比如断手或断脚一样[①]，你们可以用这种方式对想象的粗糙之处进行打磨。

有些表示思维关系的词，比如因为、所以、但是等，要想通过图画表达出来十分困难，你们别无他法，只好放弃。同样，梦的思想内容也通过梦的工作转化为物体和活动的原始材料。如果能用更精致的图像表现出本身无法在梦中表达的特定关系，你们一定会十分满意。梦的工作以大致相同的方式在显性梦境中表达出了隐性梦境的大部分内容。只不过表达得有时清楚，有时模糊，有时被拆分为几个部分。梦所分成的部分的数目一般与主题或隐性梦境思维过程的数目相当。梦在开始的短暂序幕后常常紧跟着梦境的导入或动机；梦的从属部分则表现为显性梦境中情景的改变。因此，梦的形式本身绝不是无意义的，它也对释梦工作构成了挑战。同一个晚上不同的梦常常表达了相同的意思，表示做梦者不断努力控制一种愈加紧急的动机。在单个梦境中，某个特别棘手的元素可能被不断地重复表达出来，即通过无数种象征表达出来。

通过不断将梦的思维与替代它的显性梦境做比较，我们得知了许多暂时难以被

---

①我在修改这几页时偶然在报纸上看到了这个例子，引用在此作为补充。

上帝的报应

违背婚誓而断臂

现役军人的妻子安娜·M夫人控告克莱门泰·C与自己的丈夫有染。她控诉说，C夫人在卡尔·M在前线服役时与其保持非法关系。期间，卡尔·M甚至每月送给她70克朗。C夫人从她的丈夫那里得到了一大笔钱，致使原告和孩子们忍饥挨饿，生活悲惨。原告从丈夫的朋友那里得知，C夫人曾和M同去酒吧并饮酒到深夜。被告甚至曾当着几个步兵的面问原告的丈夫是否会很快和“那个老女人”离婚，然后与自己同住。C夫人的家仆也好几次看到原告的丈夫出现在她的公寓里，一丝不挂。

昨天C夫人在利物浦斯诺特的法官面前否认与M相识，说他们之间根本不可能存在亲密关系。

但是一个叫阿伯丁·M的证人作证她看到C夫人吻了原告的丈夫，令她大为吃惊。

M在前几次开庭时被召出庭受审，他否认与被告有亲密关系。昨天法官收到了一封信，M推翻了之前的供词，承认从去年六月开始就与C夫人有染。他说因为被告在开庭前跪下求他，要他不要声张，所以他才在之前的审问中否认他们之间的关系。“今天，”M说，“我觉得必须对法官坦白，因为我折断了左臂，我认为这是上帝对我罪过的惩罚。”

法官判官如下：该案件为时已久，已过追诉期，故不能成立。原告撤诉，被告无罪释放。

接受的知识，比如荒唐和模糊的梦也有意义。没错，医学和心理学的对立在此时达到了巅峰。医学界认为梦是无意义的，因为在梦中，所有的心理活动都失去了批判性思维的能力；而根据我们的理论，梦是有意义的，梦的思维中包含了批判性思维，它希望表达出自己的意见："这太荒谬了。"你们之前了解的去剧院的梦（一个半弗洛林购买3个座位票）便是绝佳例子。其中的批判性意见是，"结婚这么早真是荒谬。"

我们在释梦时，常常发现做梦的人怀疑某个元素是否真的出现在了梦中，或者出现的是否真的是这个元素而不是别的元素。一般来说，怀疑和不确定的元素的确在隐性梦境中找不到任何对应物。它们在梦的审查机制的作用下偶尔出现，等同于未完成的压抑。

我们惊讶地发现了梦的工作在处理隐性梦境中相互抵抗的意念的方法。关于隐性梦境通过凝缩在显性梦境中得到表达的观点，我们已经达成了一致。但相反的意念也和相同的意念以同样的方式得到处理，特别是用相同的显性梦境表现出来。显性梦境的元素如果存在正反两面，则其代表的意义共有三种：一、仅代表本身；二、代表相反的意义；三、同时表达正面和反面的意义。如何选择代表的意义，我们只能通过内容决定。所以梦里并非找不到"不"的代表，只是找不到不是模棱两可的代表。

梦的工作的奇怪现象可以在语言的发展上找到类似对象。许多研究语言的学者主张，在最古老的语言中，相互对立的词，比如强弱、明暗、大小等都拥有相同的词根（原始文字的两歧之意）。在古埃及，词根ken本来有强、弱两个意思。在交流中，语气和相伴的手势可用于避免造成误解。在书写时，人们会在词的旁边加上所谓的"限定语"，即加上图画。如果ken表达的是强的意思，那么文字后面会跟着一个挺胸直立的小人；如果ken是弱的意思，那么文字后面会画上一个屈膝下跪的小人。只是后来，人们对原来的词根进行了少许改变，才出现了两个相互对立的词语。通过这种方式，ken原本同时表达强、弱两个意思，后来延伸出一个表示强的ken和一个表示弱的ken。据说，不仅原始语言在最后的发展阶段具有这种两歧之意，最近的语言，甚至是今天仍然被使用的语言也保留了这种特征。C. 阿贝尔（C. Abel）在1881年发表的著作中便有一些相关的例子。

拉丁语中仍有下面这些两歧字：

altus 同时表示高和深；sacred 既表示神圣，也表示邪恶。

同一词根变化的例子引用如下：

clamare：高呼；clam：安静地。

siccus：干燥；succus：汁液。

在德语中：

Stimme：声音；stumm：哑的。

将相近的语言加以比较可以得出丰富的例子：

英语：lock，锁。德语：Loch，洞；Lucke，裂缝。

英语：cleave，裂开。德语：kleben，黏着。

英文 without 原来兼具正反两意，现在只表示“不带有”的意思；with 不仅有“带有”的意思，还有“剥夺”之意。我们从 withdraw（取消）、withhold（阻止）等词便可以看出。德语 wieder 与这点也十分相似。

梦的工作的另一个特点也可以在语言发展上找到原型。在古埃及语和其他后来的语言中，音序的变化形成了不同的词，指代相同的基本意思。下面是我从英语和德语中找到的例子：

Topf-pot（锅）；boat-tub（桶）；hurry（匆忙）-Ruhe（休息、安静）

Balkenbeam（横梁）-Klobenclub（棍）

由拉丁语到德语：

capere（抓握）-packen（抓握）

在梦的工作中，变换单字音节的方法不一而足。我们已经了解了意义的倒置、对立词的替代，除此之外还有环境的倒置或亲属关系的倒置，因此在梦中我们仿佛置身于一个混乱的世界中。在梦里常常是兔子追逐猎人而非猎人追逐兔子。事情的先后顺序也常常倒置，因此梦里的原因常常发生在结果之后。就像在三流戏院中的戏剧一样，主演先倒地而死，然后使他丧命的枪声才从两侧射出。有时，梦里元素的整个顺序都颠倒了，因此在释梦过程中，我们必须把最后出现的元素放在最前面，把最先出现的元素放在最后面，这样才能解读出梦的意义。你们应该还记得，在梦的象征机制中，我说过落水和出水都象征着出生，而上梯和下梯的意思也相同。表达方式的自由可以使梦的伪装少受限制。

梦的工作的这一点可以被称为“原始性”。它依附于语言文字的原始表达方式，其困难程度不亚于原始语言文字，我们稍后将继续讨论。

现在我们来研究问题的其他方面。梦的工作显然是把用语言表达出来的隐性思维转化为了心理图像，主要是视觉图像。现在我们已经知道思维是由这种心理图案发展而来的，它们的最初材料和步骤就是心理印象，或者更确切地说，是我们根据心理印象绘制的“记忆图案”。语言是在后来才被附加在图像上的，与思维结合。所以梦的工作使思维有了一种逆行（regressive）作用，即回溯其发展过程之前的步骤。在逆行作用下，思维在记忆图像发展过程中得到的一切添加都消失了。

这就是梦的工作。在我们逐渐发现梦的工作奥秘的过程中，兴趣从显性梦境转移到了背景之上。由于后者确实是唯一为我们所了解的，所以我想对它做几点评论。

对我们而言，显性梦境自然已经失去了重要性。显性梦境是不是由一系列互不相连的单个意象组成的已无关紧要，我们知道的是它由伪装作用形成，与梦的内在内容关联甚少，就像一座意大利式教堂的正面外观和其结构与地基构造的关系一样。有时梦的外观少有或并无歪曲地重现了隐性思维，在这种情况下外观是有意义的。不过我们需要经过一系列解析，确定梦在多大程度上发生了伪装，才能了解这一点。如果梦中的两个元素看起关系紧密，也会令我们产生类似的怀疑。这可能是一个有价值的线索，提示我们可以把那些显性思维合并起来，与隐性梦境对应。不过有些时候，我们确信思维中的整体部分在梦中被分解为了多个部分。

我们不得以显性梦境里的这一部分来解释那一部分，好似梦相互连贯、表里一致，这点可以作为一般规律。就大多数梦而言，其结构类似于粘石（Breccian stone）。粘石由多个石片黏结融合而成，其外部接线与原本的内部构造完全不同。实际上，这是梦的工作的一个部分，被称为“润饰”（secondary treatment），功能是将梦的工作的最后产物合成一个连贯的整体。在这个过程中，石片往往排成容易误导人的次序，在必要之处交错穿插。

从另一个方面看，我们千万不要过分高估梦的工作，也不要夸大它的作用。它的作用也仅以我们总结出的四种为限：凝缩、移置、意象、润饰，此外无他。梦中所有的判断、批评、惊讶和推导演绎都不是由于梦的工作，也很少是后来对梦的回想的表示。它们一般都是通过显性梦境表现出的隐性思维，或多或少进行了修饰以适应背景。梦的工作无法构造语言。除了少数几个例子，梦中的话语都模仿和组合了做梦者在白天听到的话语，这些话语被引入了隐性思维之中，或是作为梦的材料，或是作为梦的刺激。数的计算也不属于梦的工作，显性梦境中若有数的计算，一般仅是把数字合在一起，或名不副实地估计一番，或是成为隐性梦境中问题的复本。在这种情况下，也难怪我们对梦的工作的兴趣很快就会转移到隐性梦境上，而隐性梦境是显性梦境的伪装或歪曲。不过我们在理论研究中也不应该让兴趣过分转移，以至于用隐性梦境代替梦的全部。精神分析的成果如果被人们误用，造成兴趣转移，那实在太奇怪了。“梦”只不过是梦的工作的结果，也就是说隐性梦境是梦的工作处理后的产物。

梦的工作是一种十分特殊的过程，在我们的精神生活中可谓绝无仅有。我们在精神分析研究中取得了新的发现，包括凝缩、移置、思维到图像的逆行转化，它们构成了我们的丰富收获。你们可以从与梦的工作的平行现象中发现精神分析与其他研究领域的关联，尤其是语言和思维发展的研究。将来，你们若了解了梦的结构的机制是神经症症候的一种范本，便会进一步意识到这些关联的重要性。

我也知道，到目前为止，我们尚无法评价精神分析研究做出的整个贡献。我们还想举出新的例子，证明潜意识精神活动存在，即隐性梦境思维的存在。梦的解析为理解心理生活中的潜意识带来了意料不到的丰富方法。

现在可以举出几个简短的梦来分别说明前面讲过的几点了。

第十二讲 梦例分析

我将再次选取梦的片段，而非美丽的长梦来进行分析。希望诸位不要感到失望。你们可能觉得经过这么久的准备之后，应该试试解析长梦。我们已经成功解析了这么多梦，应该早就可以收集一系列恰当的梦做例子，来证明我们对梦的工作和梦的思维的所有假设了。没错，但是阻碍你们完成愿望的困难很多。

首先，我必须坦白地告诉你们，没有人把释梦当作主业。一个人会在什么时候去解析梦呢？人们偶尔会不带有任何特殊目的地去解析朋友的梦，或者在一段时间内研究自己的梦。这只是作为精神分析工作的训练。不过我们更经常做的是研究接受精神分析治疗的神经症患者的梦。这些人的梦成了绝佳的材料，其丰富程度不亚于常人，然而解析他们的梦，主要是以治疗为目的，一旦我们从中获得了有利于治疗的材料，便不再继续分析下去了。实际上，我们在治疗时听到的梦都没有被重复分析过。这是因为它们源于潜意识材料，而我们对这些材料是未知的，所以在治疗彻底奏效之前，我们没有可能了解梦。此外，想要对诸位罗列出这些梦，必须首先将神经症的奥秘和盘托出。这是我办不到的，因为我讲梦，目的只是想为神经症研究做准备。

我倒知道你们现在很乐意放弃这种材料，宁愿听我讲一些正常人做的梦，或者来解析你们自己做的梦。但鉴于这些梦的内容，恕我无法做到。梦的解析要很彻底，便会无所顾忌，所以对自己和朋友都不行，因为梦不免带有个人最隐私的部分。除了这个由梦的材料引起的困难之外，在讲述梦时还会遇到另一种困难。你们知道连做梦的人自己也觉得梦很奇怪，更不用说旁人了。精神分析的著作里不乏精巧和详尽的梦的解析。我自己发表的文章也讲述了一些例子。也许梦的解析的最佳例子是O. 兰克发表的那则关于年轻姑娘的梦，梦的内容有整整两页，解析部分竟长达 76 页。带你们完成这样的工作需要整整一个学期的时间。如果我选择长一些或伪装程度更大的梦来讲，必定需要做很多解释，还要大量借助自由联想和回忆，同时采取多种方法，那么讲座总体上不会令人满意，也无法得出决定性结论。所以我必须给大家讲一些容易获取的梦例，从神经症患者的梦里略述几段，我们也许可以从中获得一些独立的特征。梦里的象征往往是最容易证明的，之后便是梦的表象中的某种逆行特征。我将告诉诸位下列各梦为什么值得一述。

1. 一个梦仅包含两幅简单的图："做梦者的叔叔正在吸烟，尽管当天是星期六；一个女人抚摩着他，好像把他当作小孩子。"

关于第一幅图，做梦的人（一个犹太人）说他的叔叔是一个很虔诚的教徒，从来没有，也从来不会在安息日抽烟。至于第二幅图，他通过自由联想想到那个女人可能是她的母亲。这两幅图或两种思维显然是相互联系的。联系在哪呢？因为他明白，他的叔叔绝不会做梦里的事情，所以用了"如果"这个词。"如果我的叔叔，这么一个虔诚的教徒，也能在安息日抽烟，那我也不妨接受母亲的抚爱了。"这显然是说母亲的爱抚和在安息日抽烟对一个犹太人来说都是一样被禁止的。你们应该还记得我说过，梦的工作会抹去梦的思维中的所有关系，这些关系被打碎，成了梦的原始材料，释梦工作就是要将这些已经省略的关系重新填补上。

2. 由于我发表了许多对梦的论述，在社会上几乎已经成了梦的公共顾问。许多年来，我一直不断收到来自各个方面的材料，他们把自己做的梦告诉我，希望征求我的意见。这些人能把梦的内容告诉我，供我进行解析，或自己解析，我十分感谢他们。下面是慕尼黑的一个医学生在 1910 年做的梦。我选取这则梦是想说明做梦的人若没有将他所知道的信息详尽告知，别人是很难理解他的梦的。我想你们心里一定认为翻译象征是释梦的理想方法，因而宁愿放弃自由联想法，但我却希望你们抛弃这种有害的错误想法。

"1910 年 7 月 13 日，天快亮的时候，我梦见自己正在图宾根（T ü bingen）的街上骑车。突然有只狗从后面追来，咬住了我的鞋跟。我往前几步，随后下车，坐在石阶上。因为狗紧紧咬住我的鞋跟，所以我开始打狗。（狗咬住我以及整个过程都没有让我觉得不舒服。）我的对面坐着两位老妇人，她们咧嘴笑我。于是我醒了，和以前做梦一样，在我清醒之后梦的内容也逐渐清晰起来。"

象征在这个例子中毫无用处。但是做梦者继续对我说："最近我爱上了一位姑娘，只是因为在街上看了她一眼，但却苦于无法与她相识。最好的办法是通过杜宾犬，因为我是一位动物爱好者，我知道她也是。"他还说自己曾多次拉开打架的狗，令旁人大为惊奇。因此我们得知他中意的这位姑娘经常拉着杜宾犬一同散步。但是这位姑娘在他的显性梦境中没有出现，他在梦中只能看见她的狗，也许咧嘴笑的老妇人就是姑娘的化身。不过他接着说的话不能明确地解释这一点。梦里骑自行车的片段则是他记忆中情景的直接写照，因为他每次遇见这位姑娘和狗都是在他骑自行车的时候。

3. 当我们失去了亲爱的人之后，往往在一段时间里会做一种特殊的梦，将这个人已死的事实和希望他复生的愿望相互调和。有时死者入梦复生，因为我们不知道他已经死了，好像只有知道以后，他才算真的死了。有时死者似乎半死半生，而每种情境都有特殊的迹象。我们不能简单地给这些梦贴上毫无意义的标签，因为复活在梦里和在神话里都一样可能甚至常常发生。据我分析，这些梦都有合理的解释，但是希望死者复活的愿望都有最古怪的表现。让我和你们说一个梦，这个梦看起来非常古怪荒谬，但其分析的结果可以用来说明上面理论指出的各点。这个梦是一位在许多年前失去父亲的人做的。

“父亲去世了，但又被挖了出来，他看上去很疲惫。他继续活着，而我尽力阻止他注意到一个事实。”接着他又梦到了一些其他的事情，似乎与前面的内容毫无关联。

他的父亲去世了，这点我们知道，但实际上并没有被挖出来，梦里其余的事情也不是真的。做梦的人后来又说自己送葬回来之后，有一颗牙齿开始作痛。犹太人有一句格言说：“牙痛，可以将牙齿拔掉。”他想照这句话做，于是去找牙医求诊。但牙医说，“你不能牙一疼就把牙拔了，你要有耐心。我会注射一些药剂杀死它。三天后你再来，我帮你把它拔了。”

“拔牙，”做梦的人突然说，“就是把我父亲又挖出来。”

他说得对吗？并不完全准确，只是大致如此。因为拔出来的不是牙齿，而是牙齿死去的一部分。根据我们的经验，梦的工作是可以有这种遗漏的。做梦的人似乎进行了凝缩，把去世的父亲和已死的、尚留在口腔里的牙齿合二为一。无怪显性梦境中出现了一些难以理解的结果，因为并不是所有关于牙齿的事情都符合他父亲的情况。那是什么作为中间的过渡，使这种凝缩成为可能了呢？

不过，这种解释一定有其正确性。因为做这个梦的人说他知道梦中牙齿掉落意味着家人去世。

我们知道，这种俗语的解释是不正确的，或者也只是一种歪曲。因此，我们能在梦呈现的内容背景中发现其他主题，这不免使人更加惊讶。

我们没有继续追问，做梦的人便开始讲述父亲的疾病和去世，以及他与父亲的关系。他的父亲生病很久了，养护和治疗花费了他很多钱。不过他一直忍耐着，表示毫不介意，并不希望父亲快点死去。他自诩对父亲秉承着犹太人的孝顺，而且坚守犹太人的主张。但梦里思维的矛盾之处难道不令你们感到惊讶吗？他认为牙齿代表父亲。对于牙齿，他希望根据犹太格言“尽快将其拔掉，以免引起痛苦和麻烦”；对于他的父亲，他也坚持以犹太人尊崇的方式对待，告诉自己不要在意麻烦和花费，不要对父亲有所怨恨。假设做梦者对父亲和对患病的牙齿有着相似的感情，或者换句话说，假设他希望父亲快点死去，结束这种不必要的花费和麻烦，又会怎么样呢？

我丝毫不怀疑这就是此人对久病父亲的真实态度，但我又相信，他以孝顺自诩乃是想阻止这种念头。在这种情况下，人们往往不免希望生病的父亲早点死去，但表面却要显示出善意的考虑，认为“这对父亲也是一种解脱”。但需要指出的是，我们在这里已经克服了隐性梦境中的障碍。这些思维的第一部分毫无疑问是潜意识的，但只是暂时性的，换句话说，只有当梦的工作正在进行时，才是这样的。另外，他对父亲厌倦了的感情一直存在于潜意识中，从童年时期便已经开始。这种隐性思维在他父亲生病期间，或许曾经变为一种有意识的思维，经过伪装羞答答地溜进了意识之中。对于隐性思维的其他部分，我们甚至可以更加确信其对梦的内容产生了作用。当然，梦中是不可能直接出现这些对父亲的厌倦的。但是，我们如果研究做梦者在孩提时代对父亲怨恨的起源，便可以发现，他之所以对父亲存有敌意，是因为他在儿童期和青春期手淫被父亲禁止了。与父亲的这层关系也对做梦者产生了作用，他对父亲的爱里混杂着敬畏之情，源头便是早期的性威胁。

我们可以由手淫情结来解释显性梦境中的其他部分。“他看上去很疲惫”实际上指的是牙医的另一句话：“这里没有牙就不好看了。”但同时也指年轻人在青春期过度手淫而流露出或害怕流露出的“倦容”。做梦者在显性梦境里把倦容从自己身上转移到了父亲身上，这种转移是我们熟悉的梦的工作之一。“他继续活着。”这句话一方面指希望父亲复活，另一方面符合牙医暂时不把牙拔掉的许诺。“我尽力阻止他注意，”非常巧妙地引导我们得出“他已死”的事实。但实际上有意义的结论还是指手淫情结，年轻人当然要想方设法不让父亲看到自己在手淫。最后，请记住我们一贯将所谓的牙痛的梦解读为担心手淫受到的惩罚。

由此可见，这个梦之所以难以理解，是因为以下三点：第一，引人注目且让人误入歧途的凝缩作用；第二，将隐性思维里的中心思想完全删去；第三，创造模棱两可的替代物，以代表最隐秘和遥远的思维。

4. 我们不断试图理解那些直率平凡的梦，其中丝毫没有奇怪荒诞之处，但可引起我们这样的一个疑问："我们究竟为什么要梦见这些不重要的琐事？"关于这点，我要引用一个新的例子，其中包含了三个梦，都是一个年轻女子在同一个晚上做的。

（1）"她正从自己屋内的大厅中穿过，头部忽然撞到了灯架，流血不止。"

这种事在她的现实生活中从未发生过。她给出的信息却耐人寻味："你知道我那时的头发真让人害怕。昨天母亲对我说，孩子呀，如果继续这样下去，你的头很快就要秃得像屁股了。"所以头一定代表身体的其他部位。至于灯架，不必解释，我们自然可以了解——凡是可以伸长的物件都是男性生殖器的象征。因此，梦里的流血指的是下体和阳具接触而导致的流血。这个梦还可以有其他解释，根据做梦者的进一步联想，这个梦和月经流血以及和男性交媾后流血有关。这是许多少女对性的理解。

（2）"她梦见自己在葡萄园中看见了一个深洞，她知道这个洞是把树根拔去之后留下的。"所以她说："树已经不见了。"意思是自己在梦里没有看见树。但这句话却有另一层意识，其中肯定包含了象征。这个梦涉及对性的一个幼稚的见解，认为女孩子本来长着和男孩子一样的生殖器，只是后来被阉割了（树根拔去）。

（3）"她站在书桌的抽屉前，抽屉是她熟悉的，所以她能马上知道有没有被其他人动过。"

书桌的抽屉，和其他抽屉箱盒一样，都象征女性生殖器。她知道可以从生殖器上看到有过性行为的迹象（根据她的意思，在任何接触之后都会留有痕迹），这向来是她害怕的事情。我认为这三个梦的重点都在于她对性意识的启蒙。她记得自己小时候对性的探索，而由她探索得来的知识令她深感自豪。

5. 这个例子又是关于象征作用的。但是这次我必须先陈述做梦者的心境。一个男人和一个女人同宿一夜，他说这个女人母性爆发，在发生性行为时非常希望怀上孩子。但是，他们俩幽会时，却不得不设法避孕。次日早晨醒来后，这个女人说出了她的梦：

"一个戴红帽子的军官正在街上追她。她逃走了，跑到了楼梯上。那个军官追着上来了。她气喘吁吁地跑进自己的房间，把门反锁上。那个军官来到门外，她透过锁眼看到他正坐在外面的凳子上哭泣。"

红帽军官追逐女人，女人气喘吁吁跑上楼的事情显然代表性行为。实际上，做梦者将追逐者关在门外，是梦常用的倒装手法。因为，性行为完成后抽身而退的是男人。她又用同样的方式把自己的悲伤转移到了伴侣身上，是对方在梦里哭泣。这里哭泣又代表了射精。

你们一定经常听别人说精神分析认为一切梦都有性的意义。现在你们应该知道这种批判是不准确的了。你们已经了解了梦是愿望的达成，梦满足的往往是最直白的愿望，比如饥渴、自由，又有安乐的梦、焦虑的梦、贪欲的梦和自私的梦等。伪装程度深的梦一定与性欲有关，但也有例外。

6. 带着特殊的动机，我给你们讲了许多使用了象征机制的梦。在第一讲里，我曾经说过，向你们证明精神分析的发现很困难。现在你们很可能同意这一点。不过，精神分析的各个观点是相互联系的，所以相信这一点便容易相信其他部分。对于精神分析，我们可能会说，你们若肯举起一个手指表示赞成，很快便会变成举手表示赞成了。任何相信过失分析的人很难从逻辑上不相信精神分析的其他理论。梦的象征作用也经历了这样的过程。我将向你们讲述一个已经发表的梦，是一个农妇所做的，她的丈夫是一个更夫。她从未听说过梦的象征机制和任何精神分析理论。你们可以自行判断我们由性的象征得出的解释是否是胡编乱造。

"有人破门而入，闯入她的房间，她惊恐地大呼更夫。但是更夫此时已和两个美女去了教堂。去教堂要爬很多级楼梯。教堂后面有一座小山，山顶上覆盖着茂密的树林。更夫身披全副铠甲，满脸棕色胡须。那两个美人静静地和更夫同行，她们腰下穿有围裙，其形如袋。从教堂到山上有一条小路，路的两旁长满了草木，小路越深，草木越见浓密，到了山顶则变成了浓密的树林。"

你们一定能毫不费劲地辨认出其中的象征。三个人代表男性生殖器；教堂、小山和树林的风景代表女性生殖器；沿着台阶攀登代表性交；梦中所谓的"高山"也就是解剖学上的阴阜。

7. 还有一个梦也可以用象征加以解释。做梦的人自己解释了梦中的全部象征，即便他毫无释梦的知识，这点令人瞩目。梦境很离奇，我们也不了解引起梦的情境。

"他正和父亲在维也纳主街上散步。他们看见一座圆形大厅，大厅前有一个较小的建筑物，上面拴着一个气球，不过气球看起来瘪瘪的，没什么气了。父亲问他气球有什么用，他自己虽然也很奇怪，但还是给父亲做了解释。然后他们走入一个天井，天井内铺了一大张金属薄片。他的父亲先自己撕下一大片，然后向四周张望，看看有没有被人看到。他告诉儿子，只需要告诉管理员，便可以直接撕取更多。由天井下去，经过几个石阶，便到了一个穴。穴的墙上装了软垫，好像是皮座椅似的。穴的尽头有一个长长的台子，之后又有一个穴……"

做梦的人自己这样解释："那圆形大厅是我的生殖器，前面那个没什么气的气球就是我的阴茎，因为我嫌它太软了。”更详细的解释如下：圆形大厅代表臀部（小孩子常以为臀部也属于生殖器），前面较小的建筑物便是阴囊。梦里，他的父亲问气球有什么用，也就是在问他的生殖器有什么用。这个情境，显然应该倒过来，发问的应该是儿子。实际上，现实生活中他并没有问过这个问题，我们一定要将这个梦看成一种愿望或者一种假设，“如果我问父亲一些性启蒙的问题……”我们很快会在另一个地方继续探讨这个观点。

铺有金属片的天井不是主要象征，它指的是父亲的营业场所。因为我有所顾忌，所以用“金属片”替代他父亲经营的另一种材料，同时不更改梦中的任何措辞。做梦者曾经子从父业，并对父亲用不正当的手段赚钱的行为很反感。因为这点，梦里的意思应该被表述为“如果我问他，他也会向欺骗顾客那样骗我”。至于撕取金属片，做梦者给出了另一种解释，用以代表商业上的不诚实行为。这便是手淫。我们不仅早已熟悉这个象征，也达成了一致。我们用相反的方法表达了手淫。“可以安全地公开进行。”我们的期望再次通过手淫行为得到了满足，即把此事归为他父亲所为，正如梦中第一个场景里的问题。在被问到时，他立即将地穴解释为阴道，因为它的四壁有软垫。还有另一个模棱两可之处，“上上下下”既可指入穴，又可指阴道性交。

天井下去，经过几个石阶，又有一个小穴，做梦者都根据自己的经验加以解释。他曾和女子性交，但因阴茎太软而中止，现在希望借治疗恢复性能力。

8. 下面两个梦是一个外国人做的，他有显著的一夫多妻倾向。我用这个例子证明做梦者本人会出现在每个梦中，即便是那些以显性梦境伪装的梦。梦中的皮箱都是女性的象征。

（1）“他即将去旅行，他的行李被放在马车上，准备送至车站。马车上叠放着许多箱子，其中有两个黑色的大箱子，像是商人旅行用的。他对某人宽慰地说：‘你知道那些箱子只需要送到车站。’”

在现实中，他确实曾携带许多行李旅行。但他又告诉了我许多关于女人的故事。那两个黑皮箱代表两个黑皮肤女人。这两个黑皮肤女人在他的生活中占据了主要地位。其中一个想要追随他去维也纳，但他在听取了我的建议之后，发电报阻止了她。

（2）在海关中的一幕：“一名旅行者打开皮箱，一边吸烟，一边满不在乎地说：‘里面没有什么违禁物。’海关工作人员似乎相信了他的话，但再次搜查时发现了一些严令禁止的物品。旅行家又让步说：‘这可没办法了。’”

在这个例子中，做梦者本人是这个旅行者，我是海关官员。他尽管在其他地方很坦白，但却试图向我隐瞒他和一位女士最近的关系，他认为我一定认得这位女士。他将被人识破的种种羞耻场景往一个陌生人身上一推，这样他自己便不会出现在梦中了。

9. 下面这个梦里的象征是我从前未指出过的。

“他和妹妹及另两个人相见，那两人本身也是姐妹。他和她们俩握手，但没有和自己的妹妹握手。”

梦里的幻想并没有真的发生过。他通过联想，提起自己曾一度观察某个女孩的乳房，并惊讶于为何发育如此迟缓。所以那两个姐妹代表两个乳房。如果这不是他的妹妹，便要伸手摸一摸了。

10. 下面我要讲一个出现死亡象征的梦：“他和两个人同行，他以前知道这两个人的名字，但现在忘了。醒来之后，他发现自己在一座高且陡的铁桥上。突然，那两个人消失了。他看见一个戴着小帽、身穿白衣的男子，像鬼一样。他问这名男子是不是送电报的人，那人说不是。他又问是不是马车夫，那人也说不是。梦者于是继续做梦。”即便在梦里，这个人也非常害怕。醒来之后，他幻象梦里那座铁桥突然断了，自己跌入了深渊之中。

做梦的人强调不认识梦里的那个人，或者忘记了那人的名字，一般来说这个人与做梦者的关系非常亲密。这个做梦的人有两个妹妹，如果这是真的，那么他的梦表示他希望她们死去。如果是这样的话，只有他一直怕死，事情才能说得通。关于送电报的人，他说电报一般会带来坏消息。从那人身穿的制服来看，也可能是掌灯人。他能熄灯，就像死神能够熄灭生命之火一样。关于马车夫，他想到了乌兰德[①]的咏卡尔王航行的诗，又想起湖上汹涌的波涛。他说自己是卡尔王，身边的两个人伴他航行。他由铁桥想起最近的一起意外和俗语“生命是一座吊桥”。

11. 下面也可以被视为象征死亡的梦：“一个不认识的先生留给他一张黑色的卡片。”

12. 下面这个梦有几个可能引起你们兴趣的原因，但这个梦的起因是做梦者的神经症：

“他坐火车旅行。火车停在一片开阔的空地上，他认为这意味着发生了事故，他必须自救。于是他穿过各个房间，见人便杀，包括列车员、司机等。”

---

①乌兰德（Johann Ludwig Uhland，1787—1862），德国诗人及历史家，以叙事谣曲和浪漫曲闻名。

关于这个梦，他告诉我他的一个朋友给他讲的一个故事。在意大利的某地，一个疯子被放在一个私密的小车厢里运送，但另一个旅行者也被误放进了这个车厢。这个疯子杀死了那个人。因此，做梦者以这个疯子自居，因为他常被一种“强迫观念”折磨，即他必须“杀死所有知道他过错的人”。不过他又发现了一个更好的做梦动机。前一天，他在戏院看见了一位姑娘，他本想娶她，但因产生了嫉妒，所以又将她抛弃。如果他带着这种强烈的嫉妒结婚，一定会真的疯了的。换句话说，他认为她很不可靠，他的嫉妒也许要使他杀死一切和自己竞争的人。至于穿过一系列房间，也就是梦中的车厢，我们已经知道是结婚的象征（与一夫一妻制相反）。

至于火车停在旷野及怕有意外发生，他告诉了我下面的故事：有一次他坐火车旅行，突然火车在车站外停了下来，车厢里一个年轻的女士说可能会发生撞车事故，所以最好把双腿提起。“双腿提起”使他想到了上面那个女人，他们最初在最相爱的时候曾多次到郊外旅游。所以现在又有了一个新论据来支持他的观点，即现在要娶她的话，简直就是疯了。但据我所知，我可以肯定地推断他现在还是一样疯狂地想要娶这位女士为妻。

第十三讲　梦的古老和幼稚特点

在梦的审查机制作用下，梦的工作将隐性梦境以其他形式表达出来。我们清醒时的有意识思维正是隐性梦境。这种新的表达形式纷繁多样，所以无法被我们理解。如前文所述，其中涉及智力发展的漫长阶段、图片语言和符号表征，也许还有语言思维产生前的种种状态。所以，我们将这种表达模式称为“古老的”或“退化的”。

你们或许会得出这样的结论：我们在更加深入地研究了梦的工作后，已经得出了关于智力发展最初未知阶段的有价值信息。我相信确实如此，但目前我们的工作仍未完成。梦的工作将我们带回了具有双重意义的古代：第一，个体意义的古代，即童年；第二，种系意义的古代，因为每个个体在童年时期都以某种缩短的方式重新经历了人类种系的整个发展历程。我们应区分出隐性梦境的哪个部分源于个体，辨别出古代中种系意义的哪个部分可能真实地发生过。例如，在我看来，我们有理由相信，从未被个体理解的符号关系应被视为种系的遗传特征。

然而，梦的古代特征不止于此。可能诸位都曾听说过奇怪的童年失忆症，即童年记忆的丧失。我指的是，从一岁到五六岁，甚至到八岁，经历在我们记忆中留下的印象都远不如后来深刻。的确，也有一些人鼓吹自己的记忆从最开始一直连贯地延续到了今天，但记忆出现空缺的情况要常见得多。我认为，这个事实远没有引起我们足够的重视。孩子在两岁时便能很流利地说话，他们很快会表现得可以适应最为复杂的精神状态。孩子早年说过的话常被不断提起，但他们自己却完全不记得曾说过这样的话。此外，早年记忆更易获得，因为与后来的记忆相比，早年记忆的负担较轻。我们也没有任何理由把记忆的功能看成特别困难或特别高超的精神效能。实际情况恰恰相反，记忆力好的人可能智力很低。

第二个特征与第一个特征密切相关。我必须指出的是，在大部分发展经历中，某些保存良好的记忆在童年早期的记忆空白中最为突显。但是，这也不能证明我们的假设。记忆会选择性地处理之后的材料以及我们后来在生活中获得的印象。重要的部分会被保存下来，不重要的部分会被删去。与之不同的是，保存下来的童年记忆并不一定承载了重要的童年经历，即便是从孩子的角度看显然十分重要的经历。保存下来的童年记忆常常十分平淡乏味，本质上毫无意义，以至于连我们自己也奇怪为什么这些细节没有被遗忘。我曾致力于运用精神分析破解童年失忆症以及被打断的记忆残存物之谜。我断定，儿童也只保留了记忆的重要部分，只不过这些重要的部分通过大家已经了解的凝缩，特别是变形，借助某些看似不重要的东西表现了出来。出于这个原因，我将这些童年记忆叫作“伪装的记忆”，即常常被掩盖起来的记忆。通过仔细分析，我们可以从中挖掘出所有被遗忘的信息。

在精神分析治疗中，我们常常通过回忆将童年记忆的空缺填补起来，如果治疗能够奏效，我们便能够重新唤回封存已久的童年记忆。这些印象实际上从未被忘记，它们只不过变得不可触及而已，成了潜意识的一部分。但有时这些记忆又能自然而然地显露于潜意识之外，于是便形成了梦境。可见梦的生活知道如何发现并触及这些隐形、幼稚经验的入口。精神分析文献中存在很多这样很好的例子，我自己也做过一些。我有一次梦见一个人，此人似乎有恩于我，我清楚地看见了他。他只有一只眼睛，身材短粗，头颈缩着。我从情景中推测他是医生。幸好我的母亲那时仍然在世，我询问她后得知那个人是我出生地的医生，我三岁时便离开了那里。她说那个医生只有一只眼睛，身材短粗，头颈深陷。至于这位医生给我治过什么病，她已经不记得了。这个幼年已经遗忘的经验表明了梦有一种“原始特点”。

相同信息可能对我们遇到的另一个问题也有所帮助。你们应该还记得，人们得知梦乃是由极度的恶劣和过度的性欲等刺激引起时有多么震惊。正是因为梦是由此种刺激引起的，才使梦的审查机制和伪装作用有存在的必要。我们向做梦者解释了他的梦之后，最理想的情况是他并不反驳解释本身，但总会询问这种愿望是怎么侵入内心的，因为他对此一无所知，且意识到的愿望又恰好相反。对于愿望的来源，我们不必迟疑。这些邪恶的愿望冲动来自过去——常常是并不太遥远的过去。我们曾经一度能了解和意识到这种愿望，只不过后来便不能了。有一个妇人的梦被解释为她希望七岁的女儿死去，在我们的引导下，她发现实际上自己曾经真的这样希望过。这个孩子是一段不幸婚姻的产物，她和丈夫很早便分居了。在孩子还在她肚子里的时候，她曾和丈夫发生过一次激烈的争吵，她一怒之下使劲用拳头击打腹部，想要杀死肚子里的孩子。多少现在十分喜爱甚至溺爱孩子的母亲是在不情愿的情况下怀上孩子的，她们曾经希望腹中胎儿不要再长大，甚至付诸过行动，只是没有产生严重的后果罢了。后来出现了希望亲爱的人死去的愿望，这虽然看似奇怪，但也起源于两者的早期关系。

通过解析，我们发现一位父亲的梦被解释为他希望最受宠爱的长子死去。他一定会记起，这个愿望并不陌生。这个男子并不满意自己的妻子，在幼子尚嗷嗷待哺时，他希望孩子夭折，这样自己便可以重获自由了。在大量类似的有害冲动中，我们都可以找到相似的起源。它们起源于过去的一系列记忆，曾一度在精神生活中占据一定地位。因此，你们可能会得出这样的结论：如果两者的关系没有发生改变，如果关系一往如初，便不会有这类梦了。我承认你们的想法，但仍要警告你们，在考量的时候不要仅依据梦的表面现象，还要根据解析得出的意义。可能显性梦境中希望亲爱的人死去只不过是一些吓人的伪装，真实意义截然不同，或者亲爱的人是其他人的替代。

但这一情景可引起一个更重大的问题。你们会说："即便'死'这个愿望的确曾经存在过，并且通过回忆可以被证实，但也不能成为解释梦的依据。因为这种愿望早已被克制了，现在仅存在于潜意识中，成了一种空洞而不带感情的记忆，而不是强烈的冲动。为什么梦会让人回忆起这样的愿望呢？"你们确实有理由提出这个问题。回答这个问题不免牵涉广泛，而且迫使我们必须决定对梦的研究中最重要的问题采取何种态度。但我必须限制讨论的范围，所以我们暂时不涉及这个问题，请你们原谅。现在如果能够证明这种早已克制的愿望确实是引起梦的刺激，我们也就可以满足了。让我们继续研究其他邪恶的欲望是否同样可以追溯到过去。

让我们继续研究"除去"或"死亡"的梦，这些梦常可以追溯到做梦者不受约束的自我主义上。这种愿望常常是梦的起因。假设任何一个人成为我们生活的障碍——生活中的人际关系非常复杂，所以常常不免发生此类事情——我们便立即准备在梦里将他们除去，不管这个人是母亲、父亲、兄弟还是姐妹。我们很奇怪，人类的本性中竟然存在这么多邪恶。所以如果没有进一步的证据，我们一定不愿意接受权威这样解释梦。我建议诸位从过去来寻找这种愿望的起源。我们会立即在过去发现个人的自我主义和此类愿望冲动，目标不再是陌生人，而是最亲爱的人。一个人在儿童时期最初阶段的经验常被遗忘，自我主义常常展现出最极端的形式，真实的"古代残存物"以这种形式展现出规则而清晰的倾向。因为一个孩子总是先爱自己，然后才开始学会爱别人，学会为了他人牺牲自我。即便孩子爱别人，也仅仅是因为要满足自己的需要——所以也起源于自私的动机。只是到了后来，爱人的冲动才变为独立的自我。简单地说，自我教会了孩子如何爱人。

我们最好将孩子对兄弟姐妹的态度与对父母的态度做个比较。孩子不一定爱自己的兄弟姐妹，显然，他们常常一点儿也不爱他们。毫无疑问，孩子讨厌兄弟姐妹之间的竞争，这种态度经常持续多年，到成年才消失，甚至一直到成年之后还持续存在。这种态度常被一种更加温柔的感情代替，或者说掩盖，但敌视的感情似乎总在早前表现出来。最引人注目的是两岁半到四五岁的孩子常常不欢迎弟弟妹妹的到来。他们会说："我不想要他！让白鹳把他叼走吧。"之后，他们会借每一个机会诋毁新降生的孩子。他们甚至会对弟弟妹妹做出身体上的伤害或直接攻击，这种事也屡见不鲜。假使年龄相差不大，当孩子的心理得到较为充分的发展后，他所视为竞争者的弟弟妹妹已经存在了，他也只得自己适应。如果两个孩子相差的年龄较大，新降生的孩子可能会唤起年长孩子的同情心，把他当成某种活的玩具娃娃。如果年龄差距大于八岁，年长的孩子可能会出现母爱冲动，在女孩子身上的体现尤为明显。所以老实说，如果我们在梦里发现希望母亲或姐姐死去的愿望，大可不必惊奇，因为我们常可在童年早期或接下来的几年里找到根源。

在孩子的成长中也不免发生冲突，动机也许是争夺父母的爱，也许是争夺公共资源或者空间本身。这种敌对目标，可以是哥哥姐姐，也可以是弟弟妹妹。萧伯纳曾说："一个年轻的英国小姐若怨恨一个人超过她的母亲，那这个人一定是她的姐姐了。"这句警句令我们大感惊奇。我们可以勉强理解一个人对兄弟姐妹的怨恨，但母女、父子之间的怨恨究竟为何，便令人费解了。

母女、父子之间的关系显然更加有爱，即便从孩子的角度看也是如此。这一点与我们的期望相符，如果说父母和孩子之间的爱要少于兄弟姐妹之间，就未免有些触怒我们了。后者的爱是世俗的，前者的爱则是被奉为神圣的。但是，通过日常观察，我们可以发现父母和孩子之间的感情常常并不像社会期望的理想状态那样。彼此之间，隐藏着多少敌意，假如一方不受制于孝，一方不受制于慈，那么冲突总有爆发的一天。我们知道，同性之间，比如女儿和母亲，儿子与父亲，常有相互疏远的倾向。女儿怨恨母亲限制她的自由意志，因为做母亲的常常出于社会要求限制女儿的性自由；在一些例子中，母女之间也相互争宠。父子之间也有同样的冲突，而且更为显著。儿子把父亲看成社会制约的象征，天生带有对父亲的反抗情绪；父亲阻碍了他表达自由意志和实现早期性满足，也使他不能享受家庭财产的好处。如果是继承王位，儿子常迫不及待地希望父亲死去，这可能升级为悲剧。父亲与女儿、母亲与儿子之间的关系则要缓和得多。这里只有无限慈爱，而不受自我主义的干扰。

为什么我要说这些人尽皆知而无关紧要的事情呢？因为人们总是无视这些事实的重要性，过分夸张社会理想实现的次数。但心理学是说实话的，而不是让说风凉话的人来揭露事实。在任何一个事件中，这种否认仅以现实生活为限。因为小说和诗歌艺术可以自由描写社会理想被扰乱后的情形。

许多人的梦都透露出除去父母的愿望，特别是同性的父或母，对于这一点我们大可不必感到惊奇。我们可以推断，即便在白天，这种愿望也会浮现，即便它们有时会隐藏在其他动机背后，如隐藏在例 3 中做梦者对父亲病痛的同情背后。父母和子女之间的关系很少只存在敌意，且敌意常常隐藏在温情之后，被温情所压抑，只有在梦中才单独显露出来。梦以扩大的形式向我们展示了敌意单独得势的结果，我们通过解析，可以得出它和生活的关系（萨克斯）。但我们也会发现梦里的一些愿望和生活毫无关联，成年人在清醒状态下完全无法辨认出来。究其原因，对父母，尤其是同性的父或母的敌意最为深刻，这种一致性动机在童年早期便已开始产生影响了。

我指的是爱的竞争，尤其是同性之间。即便很小的男孩开始也会对母亲产生一种特别的情愫，他把母亲当作自己的私有财产，认为父亲是竞争者，对财产是否属于个人而产生疑问。同样，小女孩会认为母亲阻碍了自己与父亲的关系，占据了原本属于自己的位置。我们通过观察得知这种感情起源极早，并将其称为俄狄浦斯情结，因为在神话里，俄狄浦斯产生了两种极端愿望——弑父和娶母——只是呈现的方式稍微有所变化而已。我不主张俄狄浦斯情结涵盖了父母与孩子之间的全部关系，两者之间的关系是更加复杂的。此外，俄狄浦斯情结有时发展得充分，有时发展得不充分，有时甚至会出现倒退，但却是儿童精神生活中非常重要和常见的因素。人们倾向于低估而非高估这一情结产生的影响。而父母本身也常刺激子女，使其产生俄狄浦斯情结。因为父母往往偏爱异性的孩子，父亲偏爱女儿，母亲偏爱儿子。或者，如果婚姻之爱已经冷淡，那么子女正好可以被视为失去了性吸引力的爱人的替身。

精神分析发现了俄狄浦斯情结，但我们不主张世界都应该对此表示感激。相反，成人对此持最激烈的抵抗。有些人并不否认这种禁忌之情的存在，但却通过虚假的解析，否认了其中的所有价值。我始终相信，这用不着否认，也不用掩饰。希腊神话已经揭示了这一点，我们应该承认这是人类的宿命。从另一方面看，俄狄浦斯情结虽然被实际生活排斥，从而被放逐，但却在神话和诗歌中得到了最自由的表达，这一点很耐人寻味。兰克经过细心研究发现，俄狄浦斯情结给诗歌和戏剧提供了许多灵感，经过无限变化、改造和伪装，以及诸如之前我们认识到的审查机制造成的歪曲，造就了许多艺术作品。有些成年后的梦虽然没有和父母发生冲突，但也表现出了俄狄浦斯情结。因此我们将与之相关的情结称作“阉割情结”（castration complex），即父亲对早年幼稚的性生活加以恫吓而引起的反应。

我们将之前的研究应用于儿童心理活动研究，期待发现其他的禁忌之梦的起源，即过度的性欲，也可以通过同样的方式得到解释。所以我们将进而研究儿童性生活的发展，并且从不同方面，发现了下面的多种来源：第一，否认儿童有性生活是错误的，我们不应该想当然地认为初次性欲在青春期性成熟时才出现。相反，儿童从一开始就有丰富的性生活，只不过和成人所认为的常态不同。成人生活中所谓“变态”的非正常性生活和常态有许多不同之处。（1）不管物种的界限（如人兽之别）；（2）对传统的伪装感情毫无知觉；（3）打破亲属的界限（即禁止从有血缘的近亲身上获得性满足）；（4）同性恋；（5）将生殖器的作用转移到身体其他器官上。在一开始，这些限制都是不存在的，后来由于发展和教育，才逐渐形成。小孩子是不受这些限制约束的。人本不知道人兽之间的区别，只是随着年龄增长，才逐渐自恃高于其他动物。一开始，小孩子对粪便没有厌恶感，只是后来通过受教育才逐渐对其产生了厌恶。他最初对于性别没有特别的认识，而是认为男女都有相同的生理构造。他对亲近的人和亲爱的人产生了性欲和好奇心，比如父母、兄弟姐妹、保姆等。最后，我们可以观察到，在恋爱的吸引力高涨时，这种现象又会再次产生。也就是说，他不仅仅从性器官获得性满足，身体的其他部位也同样敏感，因此身体的其他部分和生殖器有相同的功能。我们可以把孩子称为“多形变态”（polymorphic perverse），如果他只稍稍利用这些冲动，那也是由于一方面它们的刺激不如后来的性生活强烈，另一方面教育强有力地压抑了所有性表达。这种压抑进而发展为一种理论，也就是说成人小心地控制着孩子似的性表达，通过错误解释来伪装性本能，直到否认全部。他们通常也是那些在幼儿园痛骂儿童在性方面“顽皮”，然而坐在写字台前又开始为儿童的纯洁性辩护的人。儿童独自一人或在不良诱导下，常会表现出极为变态的性行为。老实说，成人有理由把这些事情看成“小孩子的把戏”，或者“玩闹”，因为无论从习俗还是从法律上看，儿童都不成熟，但这些事情的确存在，而且很重要。它们一方面可以作为先天倾向的证据，另一方面又可以引起后来的进一步发展。我们也可以由此洞悉儿童的性生活和人类性生活的秘密。当我们在伪装的梦中再次发现这些变态的愿望时，它们仅表示梦在这方面恢复到了婴儿的幼稚阶段。

禁忌之梦中最值得一提的是关于乱伦的梦，即想和父母、兄弟、姐妹性交的愿望。你们知道社会对此类性欲有多么反感，或者至少装作反感的样子，禁止近亲乱伦是非常严肃的事。我们做了大量努力，希望能够解释人类为何对乱伦如此恐惧。一些人认为这是源自人类进化发展的本性。近亲交配会造成种族退化，故而成为禁忌；另一些人则认为，这是因为早年与父母一同生活，性欲已经被导向了其他人。两种解释都认为乱伦禁忌是自动获得的，这种禁止如此严格，足以证明强烈愿望的存在。精神分析研究表明，儿童必先以亲属为性爱对象，然后才知道压抑这种倾向。我们也许可以在个体心理学中找到资料来源。

我们现在可以将儿童心理学如何解释梦的相关知识总结如下。我们不仅发现被遗忘的童年经历会出现在梦中，而且还了解了儿童的心理生活及其特点，包括自我主义、乱伦等，都在梦中被无意识地表达出来；同时，夜间做梦的状态将我们带回了幼稚时期。因此，我们更加确定人类的无意识生活具有幼稚特点。体现人类身上诸多邪恶的古怪表达在梦中被弱化了。骇人的邪恶只是人类精神生活中原始的幼稚状态。我们虽然可以在儿童的行为中窥见这种恶，但部分由于其维度狭小，部分由于我们对儿童的道德水平要求不高，所以没有仔细思考过。由于梦退回到了幼稚状态，所以我们身上的恶便显露了出来。但这种骇人的表面现象其实也是具有误导性的，我们并没有梦的解析中所假定的那样邪恶。

梦让我们再次像小孩子那样思考和感受，梦中的邪恶冲动仅仅是一种幼稚倾向，让我们退回到道德观念发展的最初阶段。如果是这样的话，我们理性一点，便不必对梦中的恶念感到羞愧。但人的精神生活中只有一部分是理性的，还有许多方面是非理性的，所以我们常常羞愧于做这样的梦，而这种羞愧是非理性的。我们让这些梦接受审查，假如有一个梦例外地侵入了意识当中，未经伪装，为我们所识别，那我们一定会羞愤不已。实际上，对于经过伪装的梦，如果我们理解了其中的真实含义，同样也会感到羞愧。试想那位老妇人的“爱役之梦”，虽然尚未经过分析，但她已经怒斥梦的荒谬了。问题仍未得到解决，对梦中之恶进一步研究，我们很可能会对人性做另一种估量和论断。

我们的整个调研得出了两个事实，但这只是解开新谜题、新疑问的开始。第一，梦的工作的逆行性不仅是形式的，而且是实质的。它不仅将我们的思维转化为一种原始的表达，而且重新唤醒了原始精神生活的特点——自我的古老支配权和性生活的原始冲动，甚至使我们获得了古人所有的理智财富，如果象征可以视为理智的所有物的话。第二，这些古老的幼稚特点，从前虽然独占优势，但现在只得退回到潜意识内，我们现在对它的认识发生了拓展和变化。潜意识已经不再是“隐性”的代名词，而是一个特别的领域，有着自己的愿望冲动、表达方式和独特的心理机制，但它们通常都不发生作用。但我们通过释梦得出的隐性思维并不属于这个领域。它们和我们清醒时的思维几乎相同。不过它们又的确属于潜意识范畴。我们该如何解决这个矛盾呢？我们开始发现区分的必要性。观念源自意识生活且有意识生活的特点——我将其称为白天的“遗念”——和某些来自潜意识的观念集合而成梦。梦的工作便完成于这两个区域之间。潜意识施加在遗念之上，导致了逆行性特征。在未进一步探索心理领域之前，这可视为我们对梦的本质最深刻的理解。不过我们很快会用另一名词来描述隐性梦境的无意识特征，使其有别于幼稚方面的潜意识。

当然，我们还可以发问：是什么力量在睡眠中促使精神活动发生了这种逆行性变化？为什么没有这个倒退作用，便不能对付干扰睡眠的心理刺激？心理刺激由于审查机制的作用，通过现在已无法理解的古老表达方式伪装自己，那么现在已经被克服的古老冲动、欲望和特征为什么会重新发挥作用呢？实质上和形式上的逆行性特征究竟有什么作用呢？唯一令人满意的答案是，这是梦的刺激形成的唯一方法。不过到目前为止，我们还无权给出这个回答。

第十四讲 欲望的满足

请注意，我要再次讨论之前已经涵盖的内容。在使用释梦技术时难免遇到梦的伪装，但我们决定将这个问题暂时搁置，先研究儿童的梦，以期获得关于梦的本质的决定性信息。依据调研结果，我们直接研究了梦的伪装。我相信，我们已经借助某种方式克服了这个问题。但我们必须提醒自己，通过两种方式发现的结果并不相互契合。我们现在的任务便是将这两种结果融合起来，从而得出连贯的结论。

从两种来源看，我们可以看出梦的工作主要是将思想变为幻觉体验。这个过程是如何发生的，可以说是令人惊奇的，但这是普通心理学的任务，我们不必过问。从儿童的梦中，我们得知梦的工作的目的是求得欲望的满足，以此克服干扰睡眠的刺激。关于梦的伪装，我们在不知道如何解读之前，不能做出同样的论断。不过，我们一开始就希望能够将梦的伪装和儿童的梦衔接起来。这种期待的最初满足使我们相信实际上所有的梦都和儿童的梦一样利用了幼稚的材料，而且都是以儿童的心理刺激和机制为基础的。因为我们已经了解了梦的伪装，那么必须继续研究，以弄清楚“梦的欲望的满足”这个假设是否也同样适用于伪装的梦。

我们刚才已经解释过许多梦，但完全没有讨论“梦是欲望的满足”这个问题。这个问题一定曾一次又一次地出现在你们的脑海中：“你凭什么假定梦的工作的目的是满足欲望？”这个问题很重要。实际上这就是一般的批评家常常提出的。你们知道人类生来对知识创新就有厌恶感，它表现为立即将创新缩小到不能再小的范围，如果可以的话还要冠之以一个普通的名字。“欲望的满足”便是给出的普通名称，人们用它来概括这个关于梦的新科学。普通人一听到梦是欲望的满足便会问：“梦中哪里才是欲望的满足呢？”这便是对这个观点的否认了。他们立刻想起自己的无数个梦，想起它们引起了极大的厌恶，因此认为精神分析关于梦的学说似乎很不可靠。不过普通人的这个问题是很容易答复的，在伪装的梦中，欲望的满足因无法被一眼看出而必须追寻，所以直到我们解析梦之后才能将其识别出来。你们也知道，在伪装的梦中，欲望是被禁止的。这些欲望为审查机制所不容，它们的存在正是引起伪装和审查的原因。但是，我们使一般批评家懂得这一事实并不容易，即在释梦之前，不要问这个梦满足了哪种愿望。这一点一直被人们忘记。批评家对“梦是欲望的满足”的怀疑态度只不过是审查机制作用的结果，是因为他们不愿承认替代物表达了梦的欲望。

当然，我们发现有必要解释一下为什么许多梦的内容令我们痛苦，特别是恐惧的梦。在这里，我们第一次看到了梦中的情感问题，这个问题值得单独研究，但我们却不准备在这里进行讨论。如果梦是一种欲望的达成，那么梦中就不应该出现痛苦的经历。在这点上，一般批评家显然没有说错。但这个问题之所以复杂，是因为人们往往忽略了下面的三点。

第一，梦的工作可能无法成功地创造一种欲望的满足，所以显性梦境中便出现了部分痛苦的思维。分析表明，这种感情甚至比引起梦的感情还要令人痛苦。每个例子都可以证明这一点。我们承认梦的工作并不能在真正意义上达成欲望的满足，比如梦见喝水并不能止渴。人必须醒来，然后真的去喝水，才不会感到口渴。不过梦见喝水也是真正的梦，仍体现出了梦的本质。我们会说：“虽然力量缺乏，但仍不失为欲望的实践。”其中清晰可见的意图至少是值得赞许的。梦的工作失败的例子不在少数，失败的原因部分在于梦的工作很难将感情变为内容。感情常常展现出巨大的抗力，所以在梦的工作进行时，不愉快的梦的思维转化为了欲望的满足，而不快的感情则始终不变。所以在此类梦中，感情和内容是不一致的，批判者会说梦根本不是愿望的满足，甚至无害的内容也伴有不快的感情。对于这种不高明的批评，我们可以说，梦的工作中欲望满足的倾向十分显著，因为这种倾向在梦里才会出现分离。批判之所以错误是因为他们没有意识到神经症患者总把内容和感情的关系想象得过分亲密，而无法理解内容很可能发生变化，与之相伴的感情表达却可以保持不变。

第二点更加重要，也同样为一般人忽视。一个欲望的满足可以使人产生快感，但究竟会使什么人产生快感呢？自然是有此欲望的人。但我们知道做梦者与他的欲望之间有着十分特别的关系。他将欲望置于一旁，审查欲望，直到欲望消除。经验表明，事实正好相反，这种欲望以焦虑形式呈现，尚待解释。做梦者与梦里欲望的关系就像由某些共同特质组合而成的两个人。关于这个问题，我不想进一步解释，只想告诉你们一个著名的神话故事，从这个故事中你们可以看出我之前提到的关系。一个善良的神仙向一对贫穷的夫妻许诺满足他们的三个愿望。他们大喜过望，决定小心选择三个愿望。但妻子嗅到了隔壁传来的烧香肠香味，说希望有两条香肠，于是香肠嗖一下到了他们眼前。第一个愿望用掉了，丈夫很生气，说但愿这两根香肠挂在妻子的鼻尖上。第二个愿望也实现了，香肠长在妻子的鼻尖上怎么也去不掉。不过这是丈夫的愿望，妻子只能叫苦不迭。你们应该能猜到童话故事会如何发展。因为他俩毕竟是夫妻，所以他们的第三个愿望就不得不使香肠离开妻子的鼻尖。我们也许常用这个神话故事来比喻其他事情，不过这里仅用来说明一个人愿望的满足可以使另一个人深感不快，除非这两个人的心意完全一致。

现在我们不难更好地理解焦虑的梦。我们还应该做更多观察，以便得出几个方面的共同结论。这一点就是，焦虑的梦的内容往往完全不带伪装，好像已经躲开了审查机制似的。焦虑的梦常常毫无隐藏地表达了欲望的满足，但这个欲望当然是不为做梦者所接受的，它是被摒弃的欲望。焦虑的梦便乘虚而入，代替了审查机制。儿童的梦是做梦者所承认的对欲望的公开满足，普通的伪装的梦是对被压抑欲望的隐秘满足。我们必须说，焦虑的梦是被压抑的欲望经过伪装后的满足。焦虑表明被压抑的欲望强于审查机制，尽管存在审查，欲望也得到了满足，或者大致得到了满足。因为我们站在审查者的立场上，所以被压抑的欲望得到满足只会产生不快情绪进而引起我们的抵抗。所以，梦里表现的焦虑是由于不能压抑住愿望而引起的。我们不仅可以从梦的研究中发现这种抵抗为何以焦虑的形式表达出来，还可以在其中找到研究焦虑的材料。

未经伪装的梦所建立的假说也可以用来解释那些只有轻微伪装的梦，以及其他产生不快或焦虑的梦。焦虑的梦常常使我们惊醒。由于审查机制的作用，我们习惯性地在被压抑的欲望完全得到满足之前醒来。这种情况下，梦的原有目的并未达到，但其主要性质却从未因此改变。我们喜欢把梦比喻为夜的守护者或梦的监护人，保护我们的睡眠不被打扰。守夜人在觉得自己不足以单独抵御干扰或危险时也会叫醒睡觉的人。不过，我们在因梦开始变得可疑而感到不安时，常常仍能保持睡眠状态。我们边睡边对自己说:“这只不过是一个梦。”

梦的欲望在何时才能战胜审查机制呢？这由梦的欲望和审查机制两方面决定。欲望可能会出于未知原因变得异常强大，但根据我们的印象，两者的力量平衡发生变化的原因更多时候应归咎于梦的审查机制。我们已经知道，审查机制在不同梦里的强度是不同的，对不同元素审查的严厉程度也不同。现在我们想再加上一点，审查机制极易变化，对同一情境也会施加不同的审查力度。如果审查机制感到无力对某个梦的欲望施加作用，便会丢开伪装，而采取最后的应对手段，使做梦的人因焦虑而惊醒。

这些邪恶、被排斥的欲望为何总在晚上打扰我们的睡眠呢？我们现在还不得而知。我只能基于睡眠的本质提出一个假设。在白天，审查作用对这些欲望施加了很大压力，使欲望不可能以任何方式得到表达。到了晚上，审查机制也许像精神生活的其他方面一样，因为睡眠而松弛，或者至少变得不那么重要了。审查机制松弛了下来，被禁止的欲望才得以再次抬头。有一些焦虑的人患有失眠症，他们最初认为失眠是自动的。他们不敢入睡是因为害怕做梦，也就是说，害怕审查作用松弛而引发梦。你们会发现审查机制松弛本身并无害，因为睡眠可以削弱活动的机能。因此，即便我们的邪恶意图开始抬头，充其量也只能产生一个梦境，并无实际害处。因此，做梦者可以在夜里对自己说："这只是一个梦而已，随它去吧。"然后继续睡觉。

第三，你们可还记得，和欲望斗争的做梦者被比喻为两个人的综合体，他们在某些方面紧密相连，你们便可以知道欲望的满足会通过一种方式让人觉得很不愉快，这种方式就是惩罚。前面那三个愿望的故事可以帮助我们说明问题：盘子里的烤肠是第一个人（即妻子）愿望的直接满足；鼻尖上的烤肠是第二个人（即丈夫）愿望的满足，但却是对妻子愚蠢愿望的惩罚。我们会发现神经症和这则神话故事里的第三个愿望类似。人类的神经症中有许多诸如此类的惩罚倾向，它们十分强大，可视为我们某些痛苦的梦的主要原因。也许你们现在会说欲望满足的根据所剩不多了，但仔细思考之后，你们会承认自己错了。与稍后即将讨论的梦的内容形成对比的是，解决方案（欲望的满足、焦虑的满足和惩罚的满足）的范围都十分狭窄。这就是为什么焦虑是欲望的绝对反面，而反面又很容易与正面产生联系，如我们所知，它们在潜意识中一同出现。这也是为什么惩罚不失为另一种欲望的满足，它满足的是审查者的欲望。

总体而言，虽然你们反对欲望满足理论，但我也不愿意做出让步。无论梦伪装得多深，我们注定将在每个梦中实现欲望的满足，当然也不愿意从这项工作中撤出。让我们回到之前已经解读过的梦，即关于一个半弗洛林购买三张位置不佳的戏院坐票的梦。我们已经从中得出了许多关于梦的知识，希望你们不要忘记。白天，那个女士听到丈夫说只比她小三个月的朋友爱丽丝订婚了。晚上，她梦见自己和丈夫去戏院看戏。剧场的座位有一半是空的。丈夫告诉她："爱丽丝和她的未婚夫本来也想来，但因为没有位置好的座位了，花一个半弗洛林只能买到三张位置不好的坐票，所以没有来。”她觉得这还便宜他们了。我们发现梦里的思维来源于她不满于这么早就结婚，而且实际上她对自己的丈夫也不太满意。我们也许会觉得奇怪，这种悔恨的思想是如何转化为欲望的满足的，它们的痕迹是如何在显性梦境中被发现的。现在我们了解到“太早、太匆忙”的元素由于审查机制的作用已经在显性梦境中消失了。空的座位即为这个元素的暗喻。我们了解了象征机制之后，“一个半弗洛林购买三张座位票”就不那么令人困惑了。“三”指的是丈夫，显性梦境很容易被翻译为：“以嫁妆买一个丈夫”（用我的嫁妆本可以购买十倍多的丈夫了）。去看戏显然代替的是结婚。“太早买票”直接代替了没有经过深思熟虑的婚姻。这个代替便算是欲望满足的工作。做梦者对于结婚太早虽然一直不太满意，但直到听到朋友订婚的消息后，这种不满才愈发强烈。她也曾夸耀过自己的婚姻，觉得比朋友幸福。天真的姑娘经常向朋友吐露，订婚之后很快就能观看之前被禁止的种种戏剧。好奇心的表现和看戏的欲望当然起源于性的“偷窥欲”，尤其是偷窥父母的性事，后来这种欲望成为促使年轻姑娘赶快结婚的动机。所以去戏院显然成了结婚的替代物。她现在因结婚太早深感后悔，于是想到了因这种“偷窥欲”而结婚的时候。现在她在古老欲望冲动的支配下，用看戏代替了结婚。

我们可以说刚才的例子太简单了，不能证明梦是欲望的满足。其实就任何其他伪装的梦而言，我们的解释都不得不如此曲折。我不能在此细谈，只愿告诉诸位这种观念在其他任何地方都同样适用。我愿意依据这个理论继续研究。通过经验得知，这是梦的整个理论最容易引起矛盾和误解的地方。此外，你们也许觉得我收回了之前提出的一些学说和观点。我曾说过梦既可以是欲望的满足，也可以是欲望满足的反面，如焦虑和惩罚。你们也许认为这是强迫我进一步让步的好机会。我还听到过这样的抱怨，说我将自己明白的事情陈述得太简单了，所以不太具有说服力。

你们虽然已经在释梦上研究到了现在的程度，已经在一定程度上接受了我的全部论断，但对于欲望的满足，仍不免要停下来问：“即便承认每个梦都有意义，运用精神分析技术可以发现其中的意义，那为什么要否认一切反面的证据，将意义限制在欲望满足的公式里呢？为什么夜间的思维不能像白天那样具有多面性呢？为什么梦不能在一种情况下表达欲望的满足，在另一种情况下表达欲望满足的反面，比如惊惧、决心、警告、利弊，或谴责、良心的刺痛，或是对一项预期任务的准备呢？为什么只能是一种欲望，最多不过是欲望的反面呢？”

我们也可以说有这么一点不同意见是无关紧要的，只要我们在其他方面达成一致就可以了。我们可以说发现梦的意义和了解意义的方法已经足够了，如果我们把意义限制得太死，未免失去了重要性。我们容易对梦的本质产生误解，其结果危及该项研究对神经症的理解和价值。上述方法在为人处世上也许会得到推崇，但在科学上是有害的。

梦的意义为什么不是多方面的？我的答案通常是：我不知道为什么梦的意义会是多方面的。如果梦的意义果真是多方面的，我也不反对。据我所知，这也可能是真的。不过要得到这个更为广泛和舒服的解释，只有一个小小的障碍——实际上事情并非如此。我的第二个答案将着重强调下面这个假设，即梦可代表思维和理智操作的多种形式。这个观念对我来说并不陌生。根据我的记录，一位患者连续三天做了同一个梦，然后就不再做了。我这样解释，梦与一种决定相符，决定被实施以后，便没有理由重现了。最近我又做了一个梦，与忏悔有关。现在我为什么要自相矛盾，说梦是欲望的满足呢？

我宁愿自相矛盾，也不愿意承认一个愚蠢的误解，因为这样会毁掉我们关于梦的全部劳动果实。这种误解将梦和隐性思维混为一谈，以为梦的隐性思维如此，梦也必然如此。梦的确可以代表我们刚才讲过的种种思维方式，比如决心、警告、反省、准备、解决问题的尝试等。但你们若仔细观察，便可以发现上述全部事情都是变成梦境的隐性思维。你们从梦的解释中便可以发现人的潜意识思维是由这样的决心、准备、反思等占据的，梦的工作是将它们变成梦。如果你们的兴趣不在于梦的工作，而在于人们的潜意识思维，那么可以略过梦的工作，而称梦本身可代表一种警告、决心或其他，这实际上也未尝不对。精神分析研究也常这样做。人们最多只是消灭梦的表面形式，代之以构成梦的隐性思维。

从隐性思维的评估中，我得知列举的所有复杂的心理活动都是在潜意识中进行的，这个结论相当惊人，同样也相当令人困惑。

不过话说回来，你们说梦可以代表各种思想方式，假如你们承认利用了简洁的说话方式，而不以这些思想方式作为梦的本质，那当然很对。当你们提到梦的时候，一定要么指显性梦境，即梦的工作的产物，要么指梦的工作本身，即梦的隐性思维转化为显性思维的心理过程。你们使用概念含糊的词只会引起麻烦。假使你们的话是用来指梦的隐性思维，那么请你们说明白，不要使用有缺陷的表达使问题更加晦涩。梦的工作将隐性梦境思维的材料重新加工成显性梦境。你们为什么将材料和制造材料的过程混为一谈呢？有些人仅知道梦的工作的产物，而无法解释其来源和产生过程。如果你们分不清显性梦境和隐性思维，又能比这些人好到哪里呢？

梦的理论中唯一至关重要的是影响思维材料的梦的工作。即便在某些实际情况中我们可能会没有考虑到梦的工作，但无权在理论上将其抛弃。观察和分析表明，梦的工作从来不只局限于将这些思维转化为古老或逆行性的表达方式。反之，总有一个不属于白天的隐性思维，但却使形成梦的本质动机附加其上。这是一种不可分割的元素，同时也是潜意识中的欲望，梦的内容的改造，为的就是满足这个欲望。如果你们仅考虑梦所代表的思想，那么梦就可以是能够想象得到的所有事情，比如警告、决心、准备等。梦是对未知欲望的满足，如果你们将梦视为梦的工作的结果，事情便总是如此。梦本身从来不能算作一种决定、警告，但在潜意识欲望的帮助下，必然会将一种决心转化为古老的表达方式，转化的目的在于满足这种欲望。欲望满足的特点是恒定不变的，其他的特点可能会发生变化。梦本身有时就是一种欲望，因此在潜意识欲望的帮助下，梦表达了白天清醒时没有达成的潜在欲望。

我自己十分理解这点，但我不确定是否也能让你们理解，向你们证明也存在困难。从一方面看，不仔细分析大量的梦，便无法证明这点；从另一方面看，不涉及以下问题，也无法使你们相信关于梦的重要概念。所有事物之间都有密切的联系。你们相信不仔细研究与之本质相近的事物，就可以洞悉一种事物的本质吗？由于我们对与梦紧密相关的另一现象——神经症症候——一无所知，所以对于已经取得的研究成果，总该感到满意了。我想举另一个例子来说明新的观点。

让我们再一次研究之前多次提到的梦——一个半弗洛林买三张座位票的梦。请你们别紧张，我举这个例子并没有什么预谋。你们已经十分熟悉隐性梦境思维了：做梦者在听到她的朋友刚刚订婚后，觉得十分懊恼，认为自己过早结婚太草率了。她同时也看不起自己的丈夫，觉得再等等可能会找到一个更好的。我还知道是“偷窥欲”将这些欲望构成了梦。做梦者想被允许看戏，或对婚后有何种结果存在古老的好奇心。我们都知道，小孩子会时不时好奇地窥探父母的性生活。这是儿童的一种冲动，成年后人们才被允许有性生活，而这种冲动可以追溯到婴儿时期。但做梦者前一天得到的消息并没有唤起她的好奇心，仅仅使她感到懊恼和悔恨。这个冲动最初和隐性思维无关，所以分析时不牵扯到窥探欲，也可以得出结果。不过，懊恼本身并不会产生梦。梦不可与思维割裂开来，“结婚这么早真是愚蠢”这种想法并不能产生梦，除非因为这个思想激起了从前要看婚后会发生什么的欲望。因而这个欲望才构成了梦，用去剧院看戏代替了结婚，这是一种早期欲望满足的形式：“现在我就可以去戏院，看看之前被禁止观看的东西，你可是不能的。我已经结婚了，你必须要等一等才行。”实际情况通过这种方式被转化成了反面，以前的胜利被懊悔取代了。好奇心和自夸感同时得到了满足，这种满足感决定了显性梦境的内容，使她梦见自己真的坐在戏院内，而她的朋友买不到票。梦的其余部分则表现为这个满足情景背后不易被理解的变动，其背后隐藏着隐性思维。释梦时必须将所有关于欲望满足的表现考虑在内，同时必须基于不快的隐性梦境思维重新构建。

上面的论述无非是想引起你们对隐性梦境思维的注意。我恳请诸位不要忘记：第一，做梦者对于隐性思维是一无所知的；第二，隐性思维是连贯且完全符合逻辑的，所以我们可将其视为对梦境应有的反应；第三，它们的价值与任何心理冲动或理智活动不相上下。我将给隐性思维冠以更清楚的名称“白天的遗念”。做梦者可能认可，也可能不认可。因为我可以就此在隐性思维和“遗念”间建立一种区别，凡是由释梦者发现的都可称为隐性思维，而遗念仅是隐性思维的一部分。在遗念之外，还有一种强有力的被压抑的潜意识冲动，正是这个冲动使梦成为可能。梦的冲动对遗念的影响进一步参与了梦的隐性思维，产生了清醒时无法理解的非理性梦境。

在解释遗念和潜意识欲望之间的关系时，我曾做过一个比较，现重述如下：任何企业都需要一个资本家支持费用，需要一个企业家懂得计划并指导如何实施。在梦的形成中，潜意识欲望承担了资本家的角色，给造梦提供了精神动力的必要资源。真正实施造梦计划的是遗念，它决定了如何支出。资本家本身也有计划和特殊知识，或者企业家也可能有一定资本。这个比喻简化了实际情况，却使理论更加难以理解了。在经济学中，即便同是一个人，我们也会区别其资本家和企业家的职能。有了这种区分，我们的比喻才有相当的依据。梦的形成，也有相同的变化。这留给你们自己思考。

我们可以进一步研究，你们或许早就有了一些疑问。你们会问，白天的遗念真的和构成梦不可或缺的潜意识思维一样属于潜意识范畴吗？你们的问题不错，这是整个研究的重点。两者同属于潜意识，但含义有所不同。梦的欲望属于不同的潜意识范畴，我们已经认识到了它的幼稚起源和其中的特殊机制。我们用两种不同的名称来分别称呼它们完全合适，但请等到我们熟悉了神经症症候之后再这样做。潜意识的概念已经足够令人惊奇了，现在又推断出潜意识分为两种，人们会怎么看呢？

让我们在此告一段落。你们听到的又是一些不完整的知识，但这其中难道不蕴藏着通过我们自己的努力或旁人的研究推动科学进步的希望吗？我们自己难道不也发现了许多令人惊讶的新知识吗？

第十五讲 疑问与批评

研究中出现了许多新观点和新概念，也相应产生了许多最普遍的疑问和不确定之处，在尚未触及它们之前，我们必须继续探索梦。你们在留心听了几次演讲之后，未免有如下批评：

1. 你们可能会建立起这样的印象：梦的解析工作留下了许多不确定的因素。即便我们坚持使用释梦技术，也不可能在真正意义上将显性梦境翻译为梦的隐性思维。为了支持这种观点，你们首先会指出，无法确定该从字面意义还是从象征意义来分析一个特定的元素。因为事物被用作象征之后，仍不失为原来的事物。这个问题的断定如果没有客观依据，那么梦的解析便可以由释梦者任意决定了。此外，更重要的是，由于梦的工作总包含正反两面，所以总是无法确定应该从正面还是从反面来看梦里的一个特定元素。这又给释梦者留出了一个可以任意取舍的机会。最后，梦中存在许多倒置现象，释梦者可以根据自己的理解自由假设出现了倒置。最后，你们会说无法确定释梦者得出的是对梦的唯一解释。谁都有可能忽视了其他完全可能的解释。根据以上几点，你们可以推断出释梦有很大的自由裁量余地，其结果在客观上难以信赖。或者你们认为错不在梦，而是我们根据自己的概念和假设从过失研究中得出的释梦技术不太成熟。

你们依据的材料无可指责，但我认为不能证明你们推导出的两点结论：第一，我们进行的释梦工作是由释梦者任意裁定的；第二，不确定的结果导致人们对采取的方法产生疑问。如果你们将任意性归咎为释梦者的技术、经验和理解力，我会同意你们的观点。这种个人因素自然是无法避免的，尤其是面对较为困难的任务时。这种情况也存在于科学工作中，我们无法保证一个人能比另一个人更加熟练和充分地使用一种技术。例如，象征的解释看似武断，但只要想一想梦的思维之间的彼此关系、梦境与做梦者生活的关系、发生梦的整个心理状态，便可以知道不能因其对实现目的没有帮助而无视其他解释，只选择一种有可能的解释。你们认为解释不充分是因为假设的荒谬，但你们若知道两歧性或不确定性是梦的固有特征，便会发现这样推断实在站不住脚。

你们应该还记得，我曾说过梦的工作是将梦的思维转化为和象形文字类似的原始表达。不过整个原始表达系统都具有不确定性和两歧性，但我们并不能因此否认它的用途。你们知道可以把梦的工作的正反两面类比为最古老语言中“原始语言的两歧对立性”。我们必须感谢语言学家 R. 埃布尔（R. Abel）在 1884 年提出了这一观点。他认为古人用这种双关语说话，但彼此不会误会。和语言一同使用的语调和手势使双方不会误解两歧语的意思。手势在书写中缺失，代之以图画符号加以补充说明文字的意义。比如象形文字的“ken”，附以屈膝跪地的小人，表示“弱”；附以竖直站立的小人，表示“强”。人们通过这种方式避免误解具有两歧意义的字音和字符。

我们可以在古老的表达系统中发现许多不确定因素，比如最古老语言的书写方式，而现代书写是无法忍受这些不确定因素的。多种闪米特语族文字只写出词的辅音，读者必须根据自己的知识和上下文推断出省略的元音。象形文字的书写方式和闪米特族语文字并不完全一致，但也大致类似，所以我们现在无法知晓古埃及语的读音。在埃及的圣卷中还有种种不确定的其他因素，例如，图画究竟是自左向右读，还是自右向左读，都由作者自行决定。若要阅读文字，则必须参照规则，依靠人脸、鸟等图案。不过作者在较小的物体上书写时，也可以出于美观和比例的考虑，将文字竖着写，或者进一步改变符号的顺序。也许象形文字最令人困惑的一点是文字之间没有间隔，图画以相等的距离排布在一页纸上，所以读者往往弄不清一个字母应该算作这个词的开头，还是那个词的结尾。反之，波斯的楔形文字在两词之间有一斜杠隔开。

中国的语言和文字是最古老的，别以为我一点中文也不懂。我是因为想从中文里找到一些类似的不确定性例子，才学习了一点中文知识。我没有失望，中文中有许多不确定性，足以令人震惊。你们知道中文有许多表示音节的音，或为单音，或为复音。有一种方言共有四百个音，却有约四千个字，可见每个音平均可以表达十种不同的意思。一些音表达的意思稍多，一些音表达的意思稍少。所以中文有许多避免产生歧义的方法，因为单凭上下文，人们猜不出一个音到底表达的是十个意思中的哪一个意思。其中的一个方法是将两个音合成一个词，加上四种不同的声调来发音。出于比较的目的，更有意思的一点是，这种语言实际上没有语法。我们无法确定一个词是名词、动词还是形容词，汉语的词汇也不随性、数、格、时、式而发生变化。因此，可以说这种语言包含了原始材料，这些材料省略的关系与梦的工作分割我们思维语言的方式大致相同。在汉语中，听者会根据上下文决定话语的意思。举个例子，一个中国成语“少见多怪”可以从字面上翻译为“一个人所见越少，则感到奇怪的越多”，也可以翻译为“一个见识少的人难免有许多令他感到奇怪的事情”。我们自然没有必要在两种解释中分出个对错，因为两者只在语法上有所不同。尽管存在种种不确定性，我们仍认为汉语是表达思维的最佳媒介。所以，模糊不见得会产生歧义。

现在我们必须承认梦的表达体系比古代语言文字还要模糊。毕竟语言文字是为了交流，也就是说，语言设计出来就是为了让人能懂，无论以何种方式或借助何种帮助。梦正好缺乏这一特点。梦并不希望向任何人透露任何信息，梦不是为了交流，相反，它的初衷不是让人理解。出于这个原因，如果我们在梦里发现歧义和模糊之处，也没有必要感到吃惊或不解了。通过比较研究，我们深信这一不确定性应该被视为原始语言文字的通性，而人们往往以其反驳释梦的正确性。

只有经验和实践才能决定梦在多大程度上可以被解读。我的意见是，梦在很大程度上是可以被解读的。受过正规训练的精神分析师在经过比较研究之后，证实了我的看法。普通大众，即便是对科学感兴趣的大众，也被科学研究的困难和不确定吓坏了，对我的研究工作持强烈的怀疑态度。你们也许不知道古巴比伦和亚述的碑文被译成现代文字时也有这种现象。有一段时间，公众普遍认为楔形文字的研究者都是凭幻想做出判断的，整个研究都是“骗人的”。但在 1857 年，皇家亚洲学会（Royal Asiatic Society）做了一项决定性测试。该测试检验了四位最著名的楔形文字研究者，分别是罗林逊（Rawlinson）、欣克斯（Hincks）、福克斯・塔尔博特（Fox Talbot）和奥佩尔（Oppert）。每位研究者独立翻译了最近发现的碑文，然后将译文密封在信封里递送给学会。学会比较了四份译文，发现是一致的，这足以充分证明已有研究的可信性，未来的进展也大有希望了。普通公众的嘲笑逐渐平息了下去，从那以后人们树立起了解读楔形文字文件的信心。

2. 有些人觉得精神分析的结果多是生拉硬凑，有些滑稽可笑，所以大加驳斥，想来你们也未免如此。这种评价很普遍，我随便举一些最近的例子。瑞士号称是自由的国度，但最近某寄宿学校的校长因为对精神分析产生了兴趣而被迫辞职。虽然他提出了抗议，但伯尔尼某报刊登了校董事会对此事的决议案。我在此摘抄几句有关精神分析的内容：“苏黎世大学费斯特尔教授书内所举的例子强词夺理，令人震惊……这种理论和这种理论依据竟使一个师范大学的校长深信不疑，真是出人意料。”

报道说校董事会“冷静地”做出了裁决，我倒认为这种冷静是“装出来的”。现在让我们仔细地研究这个问题，加上一点思考和知识，总不至于有损这种“冷静”吧。

一些人能够凭借第一印象，如此迅速和准确地对这个微妙的问题做出判断，让我精神为之一振。解释，在他们看来牵强附会、生搬硬造，令他们不悦，所以他们便说解释是错误的，整个精神分析研究都无足轻重。他们未曾想过这些解释之所以给人这种印象，是因为一些好理由，如果他们这样想过的话，才会进一步探究到底是一些什么好理由。

批评的原因主要和移置作用的结果有关，你们已经了解到移置作用是梦的审查机制最有利的手段。在移置作用的帮助下，梦的审查机制创造了替代物。识别出替代物并不容易，也不大容易由此追溯到它背后的隐性思维本身，因为两者之间的关联非常奇怪和不同寻常。整个问题在于把隐性思维隐藏起来，这才是审查机制的目的。我们不要期待在隐性思维平时惯常出现的场所找到它。在这个方面，边境检察官要比瑞士校董事会狡猾得多。他们在搜查文件和地图时不仅限于检查书信夹，还会想到间谍或走私犯可能把文件藏在其本不应该属于又令人难以发觉的地方，比如双层靴底之间。假使在这些地方发现文件，当然也是一种“生拉硬扯”，但却不失精巧。

如果我们承认隐性梦境的元素和其显性替代物之间可能存在最遥远、最不可思议的联系，甚至是滑稽可笑的联系，便可依据经验从例子中发现许多意义。要解释这些意义，仅靠我们自己的努力是无法办到的。神志清醒的人绝对猜不出必然联系，做梦的人自己也无法立即通过联想给出解释——由于替代物是从他的头脑里产生的，所以实际上他可以做到——或者由他提供材料，使我们不大费力便可解决问题。如果做梦者无法通过这两个途径帮到我们，那问题中的显性梦境元素便永不可知了。请允许我再讲一个最近发生的例子。在最近的治疗中，我的一位患者的父亲突然离世。她在梦里尝试了各种方法想让父亲复活。有一次她梦见父亲说：“十一点一刻了，十一点半了，十二点一刻了。”她联想到父亲喜欢看大孩子准时来吃午饭。那件事很可能和梦的元素有一些关联，但我们无法据此得出任何结论。从当时的治疗情况看，我们怀疑她在梦里表达了对父亲的批判，而她平时对父亲的态度是非常爱戴和尊敬的。她继续联想，想得有些远了，她提到前一天曾听到的关于心理学问题的讨论：“穴居人（原始人，Urmensch）在我们心里复活。”现在我弄明白了，她因此想象已去世的父亲复活了，所以在梦里父亲成了一个报时者（Uhrmensch），在中午的时候报时。

我们不可轻易放过这种双关语，做梦者的双关语常常对释梦有所帮助。此外，还有许多例子，我们不能轻易决定它是笑话还是梦。你们应该还记得，在研究口误时，我们也出现过类似的疑问。有一个人梦见自己和叔叔同坐汽车（auto）内，叔叔吻了他一下。他很快解释道，汽车意味着“自淫”（autoeroticism）（这个词源自力比多，或爱的冲动，表示不借助外物满足情欲的意思）。这个人难道是要开我们的玩笑，把双关语假托为梦吗？我认为不是，他真的做了这样的梦。梦为什么和笑话之间有如此惊人的相似之处呢？这个疑问曾一度让我走了许多弯路，现在我必须彻底研究幽默这个问题本身。通过研究，我得知幽默源于一连串潜意识思维，进而创造出幽默的效果。因为受潜意识的影响，所以也受凝缩和移置作用的影响，这与我们在梦中发现的过程相同。梦和幽默有时出现的相似性便在这里，不过无意的“梦的笑话”不能像普通的笑话那么好笑。为什么呢？深入研究幽默，你们便会懂得。“梦的笑话”是一个糟糕的笑话，它不能让我们发笑，一点儿趣味也没有。

在这一点上，我们在追溯古人释梦的脚步。他们除了留给我们一些无用的例子之外，也给我们留下了一些无法超越的绝佳梦例。下面我将讲述一个具有历史意义的梦。达尔迪斯（Daldis）的普鲁塔克（Plutarch）和阿特米多鲁斯（Artemidorous）的记载略有不同，做梦的人是亚历山大。亚历山大大帝围攻泰尔城的时候（公元前322年），城内军民进行了殊死抵抗。亚历山大梦见了正在跳舞的半人半羊之神萨提尔（satyros）。随军的释梦者阿里斯坦德罗斯（Aristandros）认为“satyros”可以分解为“sa Turos”，意味“泰尔是你的”，据此预测围城战会取得胜利。亚历山大大帝在释梦者的指导下继续围攻，最终征服了泰尔城。释梦者的解释看似牵强，但最后证明是正确的。

3. 对释梦感兴趣的精神分析学家也对梦的概念提出过异议，我想这一点一定会给诸位留下深刻印象。有这样优越的机会去犯下新的错误，实在太令人惊奇了。一方面由于未理解模糊之处，一方面由于不当的过度概括，做出的论断便和医学上定义的梦的概念一样错了。其中的一点你们已经有所了解：他们认为做梦者有意使梦适应当前所处的环境，并试图在梦里解决未来的问题。换句话说，他们认为梦具有“预知的倾向”（A. 米尔德）。我们已经知道这个错误是由于他们将梦和梦的隐性思维混淆了，同时忽视了“梦的工作存在”这个前提。假如他们用“预知的倾向”指梦的隐性思维所属的潜意识精神活动，那么由于潜意识除了为未来做准备之外，还从事许多其他的活动，所以他们的假设既无创新之处，也非全面详尽。另一个更严重的混淆是将“死亡原因”或“死亡欲望”当作每个梦的基础。我们不确定这种假设想表明什么，但我认为在这个误解背后，梦和做梦者的个性混淆了。

还有人基于较少的例子不当地概括认为，释梦只有两种方法，其一是我们说的精神分析法，其二是所谓的寓意式神秘方法。后者忽视了本能冲动，专注于解读高层次的精神功能（V. 西尔帕尔，V. Silberer）。这样的梦的确存在，但推而广之就不对了。听了这么多之后，还有一说，它认为所有梦都有两性解释，即可以解读为男性和女性两种倾向的混合（A. 阿德勒，A. Adler）。的确有一些这样的梦，但稍后你们会了解到它们都建立在歇斯底里症的基础上。我提到了种种对释梦的不当概括是为了警告你们不要误入歧途，或者至少明确我对这些概括的看法。

4. 有人认为患者会故意在梦的内容上迎合精神分析师，来支持精神分析理论，所以有些梦主要体现了性冲动，有些梦体现了权力欲，还有一些梦表达了重生的主题（W. 斯特克尔，W. Stekel）。这些人以此反对梦的研究的客观价值，这种反对意见其实不堪一击。这是因为：第一，在很久以前，人们还没有建立精神分析疗法的时候，就一直会做梦；第二，现在受治疗的患者在未接受治疗之前也做梦。这种创新发现的意义很快可以不证自明，但在理论上毫无影响力。那些白天的遗念是清醒时兴趣点的遗物。如果在精神分析中，分析师白天的评论和刺激给患者留下了重要影响，那么也可被视为与梦形成有关的心理刺激，它反映了白天的情绪变化、未完成的兴趣和思绪。这些刺激在晚上睡觉时产生心理冲动，它们的作用也和干扰睡眠的身体刺激类似。正和引起梦的其他因素一样，由精神分析师所引起的思绪也会出现在显性梦境中，或者可以追溯到隐性梦境里。我们知道实验可以引起梦，或者更确切地说，梦的材料可以通过实验植入梦中。精神分析家对患者的影响正如实验者的影响一样，例如伏耳德在实验时将被试者的四肢摆成多种不同的姿势。

我们可以影响梦的材料，但无法影响人们梦见什么。梦的工作和隐藏在梦中的潜意识思维绝非外界影响可及。我们在讨论由身体引起的刺激时已经知道了梦的特点和独立性，且可以在做梦者所受的身体刺激和精神刺激中看到。所以，如果你们还对梦的客观性存在疑问，可能又是因为把梦和梦的材料混为一谈了。

女士们、先生们，关于梦的问题我说得已经够多了。你们可能怀疑我省略了很多内容，也会发现几乎所有问题都暂无定论，这是因为梦的现象和神经症之间存在联系。我希望由梦的研究引入神经症研究，这一定比反过来操作更加正确。但是，正如梦的研究可以为神经症研究做准备一样，反过来我们只能在掌握了一定的神经症领域知识后，才能对梦做出正确的评价。

我不知道你们究竟是怎么想的，不过我确信用这么长时间讨论梦是值得的。想要如此迅速地确定精神分析研究假设的正确性，除此之外别无他法。我们需要花费数月甚至数年时间辛苦研究，才能证明神经崩溃等病症有意义和目的，并且形成于患者的自身经验。从另一方面看，只要对内容相同的梦的产物研究几个小时，就可以证明精神分析的所有假设、潜意识心理过程、其运行的特殊机制及动机的力量。假如我们记得梦的构造和神经症症的构造是如何相似，又推想做梦者是如何迅速变成一个警觉且理性的人，便可以确定神经症的发病基础是精神生活中各种力量的失衡。

第三章

神经症通论

第十六讲　精神分析和精神病学

非常欢迎诸位回来继续我们的讨论。在上次的讲座中，我谈到了过失和梦的精神分析疗法。今天我将向你们介绍神经症现象，你们将很快发现它和过失及梦之间有很多相似之处。但我必须提前告诉你们，不要带着之前对我的那种态度来听讲。此前，我每前进一步，总要征求你们的同意。我经常和你们讨论，听取你们的反对意见，简单地说，我非常尊重你们和你们的“普通的常识”。现在我不可能继续这样做了，原因很简单，过失和梦这两种现象对你们来说并不陌生，你们的经验可能和我一样丰富，你们也可以轻而易举地获得许多资料。但你们对神经症是很陌生的，你们并非医生，所以只能由我来带领你们了解神经症领域。如果对于讨论的问题一无所知，即便你们多么善于判断，又有什么用呢?

不过，不要以为有此声明，我就可以作为权威来讲课，强迫你们无条件地接受我的观点，这是严重的误解。我并不希望说服你们，只是想激起你们的兴趣，使你们摆脱偏见。由于你们不了解真实情况，所以不能进行判断，那当然也无法选择相信或谴责。请你们仔细听讲，不要抗拒我的影响。人是无法被轻易说服的，如果一个人不费吹灰之力便相信了某种说法，那这些说法一定不能自证，并会很快被证明毫无价值。我对神经症研究了多年，取得了一些新奇的发现。而你们不像我，所以没有权力表示相信。在做学问上，我们不能轻信，也不能妄加批判。你们难道不知道所谓的“一见钟情”起源于一个非常不同的领域，即感情领域吗？我也不需要患者相信精神分析并加以维护，因为如果他们真的坚信精神分析，反而看起来很可疑。我们希望他们带着善意的怀疑态度。你们不是也会试图在脑中建立精神分析的概念，让它和普通的或精神病学的概念共存吗？它们会彼此影响、相互较量，逐渐在你们的脑中建立起坚定不移的观念。

从另一方面看，你们千万不要认为我给你们讲的精神分析是一套完全依靠推测的理论。实际上，精神分析建立在经验和观察的基础上，要么是经验的总结，要么直接从观察中获得。科学的进一步发展将检验所得结论是否恰当，所用的方法是否合理。经过了二十五年的研究，我现在已经上了年纪。我可以说这些观察都十分困难、紧张且费时费力。我常常觉得，反对者不愿意考虑我们陈述的客观起源，好似他们觉得精神分析研究完全是一时兴起的主观想法，大家可以任意指摘，恕我无法理解这种敌对态度。也许医生已经习惯于不注意神经症人的叙述，不认真倾听他们说的话。他们觉得自己完全无法从与神经症患者的交流中得到任何有价值的信息，所以也不愿意去观察他们的言行。我乘机告诉你们，在演讲中我不会针对任何个人提出批评。我一直不相信"辩论是真理之父"这句话。我认为这句话源自希腊的诡辩术学派，该学派的错误之处在于过分强调了辩证法的价值。相反，对我来说，科学批判除了带有个人彩色之外，几乎一直毫无建树。从我个人的角度来说，几年前我甚至可以夸耀和一位学者（慕尼黑的洛温菲尔德，Lowenfeld）展开了一场常规的科学辩论。辩论的最后结果是我们成了朋友，友谊延续至今。不过我已经很长时间都不再与人辩论了，因为我不确定结果总会如此。

你们一定觉得我拒绝讨论显然是太固执和不虚心的缘故，或者是像科学界的俗语所言"完全出于一种个人偏见"。对此我想回答说，在经过了艰苦的研究之后，你们也会认为自己有权坚持自己的主张。进一步说，我想要强调，在研究过程中，我在一些重要问题上做出了修改，以新的观点代替了老旧的观点，并且每次我们都会公开发表陈述。但坦诚的结果是什么呢？一些人完全没有注意到我的自我修正，直到今天还在批评那些含义早已过时的假设。另外的一些人一直指责我在研究中的偏差，据此断定我的研究不可靠。屡次改变观点的人固然不可信，因为他最后的主张也可能存在谬误。与此同时，有人却把坚持已见、不愿放弃自己观点的人说成是固执和有偏见。面对这些自相矛盾的批评，除了坚持自我、坚持自己的观点之外，我还能怎么做呢？这就是我做出决定的原因，我会随着实验的进步，不断调整和修正我的理论。但我现在还不觉得有改变基本观点的必要，希望将来也是如此。

现在我要向你们介绍精神分析中关于神经症症候的理论。为了方便进行类比和比较，我自然要将它们和之前介绍过的现象联系起来。我将选取诊室里一种常见的神经症作为例子。当然，精神分析师无法在 15 分钟的时间里给予诉说多年病痛的患者太多帮助。他较为深入的知识使他无法像其他医生一样仓促给出诊断——"你没什么毛病"——并提出建议，"去水边疗养一段时间即可"。有人问我的一位同事如何处理那些看病的患者，他耸了耸肩说，要"罚他们不少钱来赔偿时间的损失"。因此，你们听说即便最忙的精神分析师也很少有病人来访时，便不会感到奇怪了。我在候诊室和诊室之间设有一门，在诊室内又有一门，还铺上了地毯。这种布置的意图是显而易见的，很多患者从候诊室进来后都会忘记关门。实际上，他们几乎都忘了关这两扇门。一旦我注意到，便会毫不客气地要求他们回去把门关上，不管对方是高雅的绅士，还是时髦的女子。这当然会给患者留下傲慢的印象。实际上，这样的要求也常常令我名誉受损，因为连门把都不愿意碰的人常常习惯于等着仆人来关门。我恳请你们在没有听完我的话之前，不要误会我的意思。因为只有当患者独自一人在候诊室的时候，他才会忘记关门。假如还有人在候诊室等待，他为了维护自己的利益，防止谈话被别人听到，从来都会小心翼翼地把门关好。

患者忘记关门不是偶然的，也不是无意的，更不是无关紧要的，因为这正表露了患者对医生的态度。他像是去面见权威人士，小心翼翼，有些怯场。也许他会事先在电话里约好时间，同时又渴望造访者云集，最好像集奶所分点前的人群一样多。现在他走进诊室，发现里面的布置非常朴素，所以感到失望。他认为医生如此失敬，所以要用不关门作为报复。他这样做是想对医生说："好吧，这里没有别人，恐怕除了我，别人不会来吧。"如果我没有立即尖锐地提醒他，恐怕他在谈话时也会流露出一种傲慢无礼的态度。

你们在这个小小的症候性动作的分析中，找不到之前没有提到的内容。也就是说，我假设这个动作的发生不是偶然，而是有动机、意义和目的的；这种动作所属的心理背景是可知的；这种小动作透露了更为重要的心理历程。最重要的一点是，做这个动作的人并没有意识到自己的心理历程，因为没有患者会承认他们不关门是为了表达对我的蔑视。一些人可能会回想起进门时微微失望的情绪，但他当然意识不到这个印象和症候性动作之间的关联。

现在，我们将这个小小的症候性动作的分析和对某位患者的观察一项一项地加以比较。我想举一个最近的例子，它相对简短。然而在叙述中，许多细节还是必不可少的。

一位请短假回家的年轻军官要我去治疗他的岳母。这位老太太的家庭非常幸福，但总有一种无聊的想法，让她和家人很是烦恼。我见到了她，她 53 岁了，保养得很好，待人简单舒适。她毫不犹豫地对我说，她婚姻幸福，和丈夫一起住在乡下，丈夫是一家大工厂的厂长。她说丈夫和她恩爱备至，不能尽述。他们从恋爱到结婚已经 30 年了，从来没有芥蒂、嫉妒或争吵。现在她的两个孩子都成家了，但丈夫出于责任还没有退休。一年前，忽然发生了一件她自己也不能理解的事情。她收到了一封匿名信，说她的丈夫和一个年轻女子有染。她立即信以为真，从此幸福的感觉不再。更详细的情况如下：她有一个女仆，并经常把隐私之事告诉女仆。另有一个年轻女子，出身与这个女仆不相上下，但生活较为顺遂，因此女仆对这个女子怀有强烈的恶意。这个女子没有从事家政服务，而是接受了商业训练，进了这家工厂工作。后来，因为男人都去服兵役了，这个女子升到了较高的职位。她住在工厂里，所有男职员都认识她并尊称她为“女士”。这位失意的女仆当然竭尽全力地讲昔日同学的坏话。一天，那位老太太和女仆正在评论一位来访的老先生。据说他没有和妻子同住，而是养了一个情妇。那老太太不明白他的妻子怎么会不知道，接着突然说道：“如果要是我听说自己的丈夫也养了一个情妇的话，那就太可怕了。”第二天，她收到了一封匿名信，笔记是伪造的，信里的内容正是她认为最可怕的事情。她断定——或许有道理——这信出自不怀好意的女仆之手，因为信内说的自己丈夫的情妇就是女仆痛恨的那个女人。我们的这位患者虽然立即看穿了其中的阴谋，而且知道在她所住的小镇里，这种匿名检举行为是不可信的，却仍因这封信而得病。她非常激动，把丈夫叫来大骂了一顿。她的丈夫觉得这事儿很可笑，予以否认后，妥善地处理了。他找来了家庭医生和工厂里的医生，尽力地安慰他的妻子。他们的第二个举动也很合理。被辞退的是那个女仆，而不是女仆记恨的那个工厂里的女子。此后，那位老太太尽管一再安慰自己匿名信不可信，但却一直不能释怀。只要听到那个女子的名字，或者在路上遇见她，都会引起这位老太太的怀疑、忧虑和指责。

那位老太太的病症就是这样。我不必掌握许多神经症学知识便可以知道她叙述自己的经历时太平心静气了，与其他精神病患者形成了鲜明的反差，所以我们说她的情况有所不同。实际上，她一直没有让自己不再相信那份匿名信的内容。

那么，一个精神病学家要对这种病症持什么态度呢？从他对不关候诊室门的患者的态度，我们不难推测，他认为这件事是偶然的，不必从心理学的角度分析，所以大可不必研究。但对这位心存嫉妒的老太太，我们不能采取同样的态度。这种症候性动作似乎无甚大碍，但症候却要予以注意。它主观上引起了痛苦，客观上可能破坏家庭，因此我们不能对其不闻不问。精神病学家做的第一个努力是通过一些显著特点来概括该病症的主要属性。折磨那位老太太的观念本身不能说是无意义的，因为年老的已婚男人确实可能和年轻女子发生暧昧，但这个观念仍有些无意义和不可解的地方。除了那封匿名信，那位老太太没有别的证据证明她温柔忠诚的丈夫也属于那种人，养情妇不能算作普遍情况。她知道这封信没有依据，也能完满地解释它的来源，因此理应可以说服自己没有理由嫉妒。她确实也想要这样，但尽管如此，她仍像真有其事一样深感痛苦。这种不合逻辑和现实的观念，我们称之为“妄想”。这位老太太患上的是“嫉妒的妄想症”，这显然是此病症的主要特点。

如果得出的第一个结论成立，那么我们对精神病的研究兴趣必将增加。一种妄想如果不能因现实而消灭，那么这种妄想必定不是源自现实。但是妄想的起源是什么呢？妄想的内容可谓千变万化。为什么上面例子中的妄想是嫉妒的妄想呢？哪种类型的人更容易患上嫉妒的妄想症？我们求教于精神病学家，但他们无法给出满意的答案。我们有许多问题，但他们只关心其中的一个。精神病学家会调查这位老太太的家族史，也许会这样回答：“妄想症患者的家族里也常发生类似或其他的精神错乱。”换句话说，如果这位老太太得了妄想症，那是因为她有引起这一妄想症的遗传倾向。这当然有一定的道理，但我只想知道这些吗？能够有效地引起精神崩溃的原因仅止于此吗？我们难道可以假定患者得妄想症是因为这些不成熟、意外且费解的理由，而不是其他原因吗？所谓遗传倾向的负面因素真的可以支配一切吗？无论她一生经历了什么，都注定会患上妄想症吗？你们想要知道为什么科学的精神病学不能给我们进一步的解释。我会这样回答：“所给的比所拥有的多，那么这个人一定是骗子。”对于这个例子，精神病学家完全不知道还有进一步解释的其他方法。尽管精神病学家有丰富的经验，但他却只满足于诊断和预测患者的病症。

精神分析能做到更多吗？当然可以！我希望告诉你们，即便再隐晦的病症，精神分析也能发现若干事实，促进进一步理解。我可以请诸位先注意一些表面看上去无关紧要的事实吗？患者实际上把匿名信当成了支持妄想的证据。就在前一天，她在与女仆谈话时就说，如果自己的丈夫也与年轻女子私通，那该有多么不幸。这么说才让女仆有了写匿名信的恶念。所以那位老太太的妄想并不是因为有匿名信才存在的，妄想先于匿名信存在于心，引起了一种恐惧。除此之外，由仅仅两个小时的分析而发现的种种细节值得我们仔细思考。患者在叙述病情时非常乐意，但之后我要求她继续说一说自己的思维、想法和回忆，她便不愿意了。她说什么也想不起来，该说的已经都说了。两个小时之后，只得停止分析，因为她自称妄想已好，不会再发生了。这次分析对她回想起自己嫉妒妄想的病因有所启发，原来她对一个年轻男子，也就是催促她来进行专业咨询的女婿有一种迷恋。她本身没有意识到这种迷恋，或者所知有限。因为他们之间的关系，这种迷恋很容易被伪装成无害的慈爱。我们根据进一步的经验，不难理解她想当好太太和好母亲的心理。这种迷恋，这种可怕的畸恋，自然不被允许入侵她的意识。但这种感情一直存在，造成了巨大压力。压力既然存在，就不得不寻求机会释放。最即时的缓解方法便是依靠嫉妒妄想的移置作用。假如不仅是她对年轻男子产生了迷恋，老先生也与年轻女子存在暧昧，那么她便不需要因不忠而受良心谴责了。幻想丈夫不忠便成了对自己伤痕的安慰剂。她从未意识到自己的感情，但妄想和有意识反应却因这种感情而起。对妄想的一切反驳自然无效，因为它们只针对反应，而未触及深埋在潜意识中的、强有力的原始力量。

让我们将这些碎片连接起来，看看简短的精神分析能对解释这个例子做出什么贡献。我们自然假设收集到的材料是真实的，这一点你们不必反驳。首先，妄想不再是无意义和不可理解的。妄想充满意义，有目的和动机，而且是患者感情经历中不可分割的一部分。其次，妄想是对另一种潜意识心理活动的必要反应，至于到底是哪种潜意识心理活动，可以由其他表示推测得知。妄想的本质是抗拒基于逻辑或事实的观点，抗拒包含了一种希望——渴望获得慰藉的希望。最后，上面这个例子的经历决定，这种妄想是嫉妒妄想而非其他妄想。你们也会发现我们所分析的症候性动作有两个重要的相似之处：症候的意义和目的、和潜意识因素的关系。

我们当然还未回答基于上述例子的所有问题。实际上，里面涉及的其他问题是我们当前无法用任何方法解答的，因为条件的局限性，我也无法回答一些其他问题。例如，为什么这位生活幸福的老太太会迷恋上女婿？而且爱情产生后，托词很多，为什么不采用其他方法，非要往自己心爱的丈夫身上推呢？我相信你们不会认为我提出这些问题是不怀好意。这位老太太到了一个关键年龄段，她的性欲经历了一个突然且不受欢迎的亢进，这一点便足够说明问题了。此外，她忠诚善良的伴侣多年以来一直性能力不足，无法满足这位保养得当的老太太。根据经验，我们知道只有这种丈夫才会对妻子特别忠诚，才会特别温柔地对待妻子，忍受她焦虑的抱怨。这种变态的迷恋竟以女儿的丈夫为目标，也是值得注意的一点。最后分析显示，这个男子对女儿的性欲转移到了她的母亲身上。这种性欲常在伪装下继续存在。我想要提醒你们的是，岳母与女婿的关系一直非常微妙，原始人给这种关系设定了强有力的禁忌。无论从积极方面还是从消极方面讲，这种关系都超越了我们文化的限制。我当然无法告诉你们在这个例子中是上述三点中的哪一点在发挥作用，是其中两点发挥作用，还是三点共同发挥作用。因为我之前说了，在两个小时的分析之外，我无法进一步得知其他信息。

女士们、先生们，说到这点，我意识到你们可能没有准备好完全结束上面的论述。

我这样做是为了将精神病学和精神分析一起比较。现在我可以向你们提一个问题吗？你们是否注意到两者之间存在矛盾之处？精神病学不采用精神分析法，同时忽视妄想内容的意义。首先，精神病学探究的不是具体的病因，而是最直接的病因，是将原因归结到遥远而普遍的因素——遗传上。这是否表明两者之间存在矛盾和冲突呢？它们是不是相互补充的呢？遗传因素有没有否认经验的重要性？是不是两者相互作用才是最有效的途径？你们必须承认，精神病学的本质中并不存在必须否定精神分析研究的部分。因此，反对精神分析的是精神分析学家本身，而非精神病学家。精神分析与精神病学的关系与细胞组织学和解剖学的关系类似。解剖学研究器官的外部形态，细胞组织学研究组织和细胞的精细结构。这两种研究互为始终，很难看出两者之间有何矛盾。你们都知道解剖学构成了现代医学的基础，但解剖人体研究其内部结构曾经像研究人类灵魂的内部构造的精神分析一样为社会所谴责。也许在不久的将来，我们会意识到不真正重视精神生活更深层次的潜意识，就不能算有科学的基础。

精神分析屡受攻击，但我现在也许在诸位当中找到了一些朋友。你们也许想看看精神分析如何在治疗方面自圆其说。你们知道精神病疗法对妄想无效，但知道精神分析可以借助对症候机制的洞见来治疗妄想吗？女士们、先生们，不能。至少到目前为止，精神分析疗法和其他治疗方法一样对妄想无能为力。我们可以了解患者身上发生了什么，却无法使患者自己明白。实际上，我曾告诉过诸位，对妄想的分析无法拓展到其他方面。你们可以因为精神分析还没有得出结果就断定其中存在异议吗？我认为不能。在没有取得立竿见影的实际作用时坚持科学研究，是我的权利，实际上更是我的义务。也许有一天，我们取得的所有零碎知识都将转化为治疗技术。虽然我们现在还不知道这一天何时到来。即便精神分析无法治愈诸如妄想等神经症和精神病，也不失为科学研究不可或缺的方法。我们尚未应用这项技术，这是毋庸置疑的。因为我们必须知道人类有按照自己的意愿生活的权利。他们要协助研究工作，就必须有一个动机，然而他们自己并没有这个动机。因此，请允许我以下面的话作为本讲的结尾：就大多数神经症来说，我们的知识的确已经转化为了治疗能力，而且这些病症在过去是不易被治疗的。现在，在某种情形之下，我们取得的成果在神经治疗领域可以算首屈一指了。

第十七讲 症候的意义

上一讲中，我向你们解释了临床精神病学很少关注症候的形态和内容，而精神分析学所涉足的正是这个领域，精神分析还认为症候是有意义且与患者的经历相关的。神经症症候的意义最早是由 J. 布劳耶（J. Breuer）在治疗和研究一位歇斯底里症（hysteria）患者时发现的，之后此病便引起了大量关注（1880—1882 年）。P. 让内（P. Janet）的独立研究得出了相同结果。实际上，是后面这位法国学者首先发表了相关论文，十几年之后（1893—1895 年）布劳耶才在与我的合作中发表了相关文章。不过，总的来说，发现应该归功于谁并不重要，因为没有任何一个成果是凭借一次研究取得的，每一个成果都需要经过不止一次的研究才能得出，而且成功也不一定和劳动成正比，譬如美洲不以哥伦布命名。伟大的精神病学家劳伊莱特（Leuret）先于布劳耶和让内提出，在还要我们懂得如何解释，即便疯子的谵妄也有意义。我可以坦白地说，在相当长的一段时间里，我对 P・让内在解释神经症病症上的贡献给予了很高的评价，因为将患者的妄想称为"无意识观念"（法语：id é es inconscientes）是由他提出的。但后来让内的表达变得十分审慎，好像仅把"无意识"作为一种说法，一种权宜的称呼，并不指代他脑海中任何确定的概念。现在我不再理解让内的思考，但我认为他已经无缘无故地丢掉了自己的名声。

神经症病症和过失与梦一样是有意义的，其意义与主体的生活有关。下面我将通过例子来解释关于这些病症本质的重要观点。由于目前还不能证明，所以我只能说无论何种神经症都是如此，亲身经历过的人自会明了。不过，出于某些原因，我不以歇斯底里症，而以其他一些具有本质关联且非常有趣的神经症为例。我希望能够带领你们了解神经症症候的意义。所谓的"强迫性神经症"不如歇斯底里症这么广为人知。或许可以说它没那么喧嚣，会隐藏为患者的心事，几乎没有身体表现，只引起了心理上的病症。强迫性神经症和歇斯底里症都属于精神分析研究中神经疾病的形式，我们的疗法也在这两种病症上收到了治疗效果。强迫性神经症的精神感受没有通过某种神秘的途径变为身体表征，所以比起歇斯底里症更容易经过精神分析而被人们理解。我们知道强迫性神经症远比歇斯底里症表现出了更为显著的神经特征。

强迫性神经症的主要表现如下：患者的思维被现实中并不感兴趣的想法占据，觉得有特异的冲动，而且被迫做一些毫无乐趣却无法抗拒的动作。思维对个体而言可能是荒谬且无关紧要的，常常显得很孩子气，可以说总是精神紧张的产物。患者因此筋疲力尽，不情愿地屈服于病症。他被迫焦虑不已、日思夜想，好像那是一个生死攸关的问题。患者感到自己体内的冲动看起来既幼稚又可笑，但却散发着可怕的诱惑，比如诱导人犯下重罪。所以患者不仅会予以否认，胆战心惊地逃避，还会通过克己或限制个人自由等种种方式加以预防。实际上，他不会把这些冲动付诸实践。预防和摆脱没有一次不获得最后的胜利。患者仅仅做了一些无害的小动作，也就是所谓的强迫行为——全是日常动作的重复和加工，致使那些普通的必要动作，比如上床、洗漱、穿衣、走路等都变成了异常艰难而难以克服的困难了。这些不正常的想法、冲动和行为在个人层面和强迫性神经症例子中的效力并不相等，其中一种表征往往成为主导因素，强迫性神经症便以此命名。不过，不同的强迫性神经症之间存在着许多共同之处，这点是不可否认的。

强迫性神经症当然伴随着强烈的痛苦。我相信如果患者不是真的每天都有这种想法，他们是绝不会说出这种最疯狂的精神幻想的。没有亲身体验过的人可能很难相信。不过，你别以为让患者转移注意力、放弃这种愚蠢的想法或者去做一些正经事儿就能帮到他们。他自己何尝不想这样，他未尝不知道自己的境地，也未尝不赞同你们对强迫性神经症的见解。他自己也会这么建议，但却无法做到，好像强迫行为的背后有一股强大的力量一样，非常态精神生活中的力量所能违抗。他只有一个办法——转移和改变。为了取代这种愚蠢的想法，他努力去想另一个稍微不怎么荒谬的想法。他可以用一种预防的方法代替原来的那种，可以用一种动作代替原来的仪式性动作。对于强迫，他可以转换，但无法终止。这种疾病的主要特点之一便是病症的不稳定性，病症可以通过转换远离原本的形式。更加值得注意的是，所有精神生活中的“极值[①]”都分化得更为显著。除了积极和消极的强迫内容，理智方面也出现了怀疑态度，甚至对最普通的事物也产生了不确信感。一切的不确定性都在稳步持续增加，能力退化、个人自由受到了限制。虽然患有强迫性神经症的人一般都精

①极值：相反的观念。

力充沛、意志力强大、智力超乎常人。他们通常具有较高的道德水准，过分诚实且无罪可言。你们可以想象，在种种充满矛盾的特点和病症中求得病因是一项多么不易的工作。我们目前的唯一目标是理解和解释这种疾病的病征。

关于之前的讨论，你们也许想知道当前的精神病学对强迫性神经症问题有何作用。短短几句话即可概括：精神病学命名了不同类别的强迫性神经症，此外没有做任何进一步阐释。相反，精神病学强调，比起其他神经症患者，比如焦虑症患者、歇斯底里症患者或其他精神疾病患者，强迫性神经症患者体现出了更多的“逆行性”。这种概括显然太宽泛了。我们在了解到公认的天赋异禀之人也会患上强迫性神经症之后，甚至会怀疑精神病学家的主张是否合理。一般来说，我们对被视为模范的伟人的本性所知甚少，这是由于其本人的审慎，加上其传记的失实。然而其中也不免狂热的真理爱好者，比如埃米尔·左拉（Emile Zola），我们知道他终身拥有许多古怪的强迫性神经症习惯。[①]

精神病学家将他们称为“退化的伟人”，作为权宜之计。这非常恰当，但由精神分析学家看来，这些古怪的强迫性神经症病症可以像没有退化的患者的其他病症一样被永久治愈。我自己也常常取得这种成绩。

下面我举两个例子来分析强迫性病症。第一个是旧例，但我还没有发现更完整的例子，第二个是最近的例子。因为叙述既要简明，又要详细，所以我只能以这两个例子为限。

一个大约30岁的女士得了严重的强迫性神经症。如果不是命运无常，摧毁了我的工作，我本来可以帮助她，其中的原因或许以后可以告诉你们。她每天都重复奇怪的强迫动作：从自己的房间跑到隔壁，在室内中央的一张桌子旁边的固定位置站定，摇铃召唤女仆过来做一件琐事，或者无事挥之而去，然后又跑回自己的房间。这当然不算是一种严重的强迫行为，但也足以引起我们的兴趣。在完全没有任何医生的帮助下，我用最简单的方法找到了问题的解释，这个解释没有人会提出反对意见。我单凭猜测，绝对无法获知这个强迫动作的意义，也绝不能给出解释。我曾多次问患者：“为什么要这样做？这样做有什么用？”她都回答：“不知道。”直到有一天，我不再怀疑她的行为存在道德问题之后，她突然灵光一闪，给出了强迫动作的来源。十几年前她嫁给了一个比她大很多的男人，新婚之夜却发现那人不举。那夜，

①参见E. 陶拉斯（E. Toulouse）的《医学心理学研究》，巴黎，1896年。

男人多次从自己的房间跑进她的房间，想试一试自己的本领，但每次都失败了。第二天早晨，他羞愤地说："这未免让铺床的女仆太瞧不起我了。"于是顺手拿来房间里的一瓶红墨水泼在床单上，但弄出来的斑迹不在正常的位置。我起初不懂这种回忆和强迫动作有什么关联，因为两者之间的相同点只有从一个房间跑到另一个房间，也许女仆的出现也算是另一个共同点。然后患者领我去看第二个房间里的桌子，并且指给我看桌布上的一个大红点。她还说明自己站在桌子旁边是想让女仆一进来就能看到上面的大红色斑点。现在，我们终于不再怀疑新婚之夜的情景和强迫动作之间的密切关联，但需要进一步探究的问题仍有不少。

首先，患者显然将自己视为丈夫，她从一个房间跑到另一个房间是在模仿丈夫的动作。我们必须承认——她为了继续扮演丈夫的角色，还以桌和桌布代替了床和床单。这一点似乎太牵强附会，但我们没有白白学习梦的象征机制。在梦里，桌子也可以被解释为床。"床和桌"合在一起代表婚姻生活，所以床和桌两者之间可以互为代表。

这些例子可以证明强迫动作是有意义的，强迫动作是对重要情景的表示和重复。不过，我们也不必被迫停留在这一点相似性上。更仔细地审视两者之间的关系后，我们应该能发现一些更重要的事情，那便是强迫动作的目的。显然，她的核心目的是召唤女仆。她向女仆展示红色斑点，恰好在驳斥丈夫的话："这未免让铺床的女仆太瞧不起我了。"因此她扮演的角色在女仆面前就没什么好感到羞耻的了，并且斑点必须在正确的位置上。我们可以看出她不仅在重复场景，而且在放大场景，并予以修正，使得场景没有可以指摘的地方。不过，她同时也在修正另外一些事情——必须用红墨水来掩饰的那夜令人尴尬的事情——性无能。因此强迫行为其实是在表达："不，不是真的，他在女仆面前没什么好感到羞耻的，他又不是性无能。"她通过梦将欲望的满足表现在了外在行动上，目的是帮助丈夫掩盖那不幸的事实。

我可以从这个例子的其他方面找到更加具体的线索，以支持上面的论断，关于这名患者的所有其他事实都足以强化我们对上述强迫行为的解释。这名女子已经和丈夫分居多年，正在努力诉讼离婚。但她仍没有脱离丈夫的控制，仍然强迫自己对丈夫忠贞。她不愿与外界接触，以此来抵抗诱惑。她通过想象给丈夫找借口，把丈夫理想化。其疾病中隐藏得最深的秘密是使丈夫不受恶意诽谤，使自己和丈夫的分居变得合理，保证彼此分开后仍可以舒适地生活。我们通过分析无害的强迫行为理解了事件的核心，同时又推测出了一般性强迫性神经症的特征。我希望你们可以对这个例子多加研究，因为它同时囊括了其他例子无法涵盖的种种情形。患者自己灵光一闪，发现了病症的解释，分析师并没有给出建议或予以干预。解释基于过往经历，不同的是，这段经历不属于已被淡忘的童年，而是属于成熟年龄阶段。批评家对病症解释的反对意见通常基于这点。当然，我们可不总是这么不走运。

还有另外一件事！这一无害的强迫行为竟直接牵涉患者最隐秘的生活？对于一个女人来说，没有什么比初夜更隐私的事情了。难道是我们碰巧涉及了她性生活中的隐秘部分，没有什么更深的意义吗？这当然和我所选择的例子有关。请别这么快做出判断，将注意力转移到第二个事例上吧。这个例子的类型完全不同，是一个经常发生的普通例子——每天上床前的仪式。

一个19岁的少女，发育良好、头脑灵活，是家里的独女。她的教育水平和智力发展都超过了父母。她小时候活泼好动、调皮捣蛋，但近些年却无缘无故地异常焦虑。她时常对母亲动怒、抑郁不满、怀疑犹豫，最后竟说不能单独走过广场和宽阔的大街了。关于她复杂的病症，我不想详述，从她的病症来看，至少可以有两种诊断——广场恐惧症（agoraphobia）和强迫性神经症。还有一点值得注意的是，这名少女在上床前有种种特定的仪式，让她的父母感到极为不适。我们都明白，正常人也可能有某种睡前仪式，换句话说，有的人会坚持营造某种环境，否则就不能入睡。从清醒过渡到睡眠状态往往会形成一定的方式，每天都重复上演。但正常人入眠的条件是可以理解的。最重要的外部环境需要出现必要的改变，才能使人容易入睡而不浪费时间。但病态的仪式是一成不变的，往往要做出很大的牺牲以维持其无聊的形式。病态仪式还常以合理的动机作为伪装，与正常的入眠条件不同的是病态仪式过分谨小慎微，其意图也和合理的动机背道而驰。这位患者要求夜里的环境一定要十分安静才能入睡，因此她极力消除各种噪声。为了保持安静，她做了两件事：停掉了房内的大闹钟，移走了其他所有的钟，甚至连床边桌上放置的小手表也不例外。花盆和花瓶都被谨慎地安放在床头柜上，保证它们晚上不会掉下来摔碎，打扰她睡觉。她自己也知道，为了保持安静如此大费周章大可不必。小手表即便放在床头柜上，晚上也听不到它的嘀嗒声。此外，我们都知道闹钟有规律的声响与其说是对睡眠的干扰，不如说是一种诱导。她自己也承认，花盆和花瓶晚上不会好端端地自己掉到地上。相反，她似乎有意想听到一种噪声来源，进而坚决要求她的房间和父母卧室之间的门半开着。为了保证门是开着的，她还把各种物件放在门前防止门自己关上。最重要的现象在于床的本身，床头的大枕头不能碰到床的木架，小枕头必须叠跨在大枕头上成一个菱形。她必须把头准确地放在菱形对角线的交叉点上。盖上鸭绒被之前，她必须抖动鸭绒被，使羽毛下降，然后又必须把被子压平，重新调整被子的厚薄。

关于仪式的其他细节，请允许我略去不谈。因为这些细节既不能给我们提供新的材料，又未免离题太远。不过，请不要忽略，这些琐事并非都进行得非常顺利，这位少女不停地焦虑事情没有恰当地做好，于是不得不反复检查。她不停地怀疑这儿没做好，那儿没处理妥当。结果一两个小时就这么过去了，犯愁的父母也只得等着。

这些痛苦不像之前患者的强迫行为那样易于分析。在解释其行为的过程中，我想对这位少女提一些建议，而她却以坚决否认或讪笑、怀疑作为回应。在最初的否认之后，她也顿了顿，思考了一会儿建议的可能性，注意了引起的联想，回忆了所有可能的关系。最后她通过自己的努力，接受了全部解析。她放弃了所有的强迫性规则，甚至在整个治疗结束前就停止了全部仪式行为。你们一定知道，今天我的分析工作绝不持续集中于一个单独的症候，直到意义完全明了为止。我们需要抛开正在研究的主题，之后在另外一个方面再次拾起。我现在想要告诉你们，症候的解释是由许多结果综合而来的。因为其他方面的打断，注定需要几周或几个月才能汇编出对症候的解释。

我们的患者逐渐认识到她之所以在晚上把挂钟和闹钟都拿出房间，是因为钟是女性生殖器的象征。钟具有周期性运动和规律间隔的特点，所以才被赋予了女性生殖器的意义。妇女可能会自夸月经像闹钟一样准时，但这位患者的担心之处在于钟的嘀嗒声会干扰睡眠。钟的嘀嗒声可以被比作性兴奋时的阴蒂勃起。实际上，她常常因性兴奋而惊醒，进而担心阴蒂勃起，所以在晚上移除了所有的挂钟和闹钟。花盆和花瓶等器皿都是女性的象征，担心它们晚上跌落摔碎也是有意义的。我们知道大家普遍喜欢在订婚时打碎碗碟作为庆祝。在场宾客各取一片碎片，表示放弃占有新娘。我们推断这种声明基于一夫一妻制。关于这种睡前仪式，我们的患者又说了一些回忆和联想。她小的时候曾失手打碎过一个玻璃杯或瓷杯，碎片割伤了手指，血流不止。她长大后知道了一些关于性交的事情，担心自己在新婚之夜不会流血，被认为不是处女。她担心花盆、花瓶跌落摔碎反映了对处女情结的抗拒，包括与第一次性交会流血相关的事情。她既抗拒对流血的恐惧，又抗拒对不流血的恐惧，显得自相矛盾。实际上，她如此小心翼翼，和噪声完全没有关系。

一天，她突然明白了不让枕头碰到床架的意义，然后猜出了睡前仪式的关键意义。她一直把枕头想象成女性，把竖直的床架想象成男性。她好像用一种魔术的形式，将男人和他的妻子隔开。其实她想隔开的是自己的父母，防止他们交媾。在尚未有此仪式的多年前，她也曾采用更为直接的方法希望达到相同目的。她假装胆怯害怕，以此让父母或保姆不要关闭卧室的房门。现在的这种仪式性动作重现了这个要求，这样会让她有机会偷听父母的动静，偷听的过程让她好几个月都睡不着。她这样打扰自己的父母还不满足，甚至有时还睡在父亲和母亲之间。因此，“枕头”和“木架”便真的不能接触了。她后来长大了，不能再睡在父母之间，因此她假装胆怯，和母亲交换位置，好让自己和父亲同睡。毫无疑问该情境是幻想的起点，至于后效如何，我们可以从她的仪式中看出。

如果枕头代表女人的话，那么抖动鸭绒被直到被子一端的羽毛隆起也一定自有其意义——这个动作代表了妻子怀孕。不过，仪式还包含了把鸭绒被压扁，这毫无疑问代表了怀孕终止。实际上，我们的患者许多年来一直担心父母会生出另外一个孩子，成为她的竞争者。既然大枕头代表女人，那么小枕头肯定代表女儿。为什么小枕头要叠跨在大枕头上形成一个菱形呢？为什么这个少女一定要把头不偏不倚地枕在菱形中央呢？患者很容易就想到了原因，菱形符号被用来代表张开的女性生殖器。她自己扮演了男人，即父亲的角色，她的头代替了男性生殖器（正如砍头代表阉割一样）。

一个处女的脑子里竟有如此疯狂的想法。我承认这种想法很疯狂，但不要忘了，这些想法不是我创造的，而是由解析得出的。此类的睡前仪式非常奇怪，你们无法否认仪式和我们解读出的幻想之间存在某种联系。我认为更重要的是，你们应该记住，仪式不是一个单独的幻想，而是若干种幻想的混合物——若干幻想总在某个结点汇集。你们还要记住，仪式的细节与性欲有积极和消极两种关系，一部分是性欲的表示，一部分是对性欲的反抗。

再举几个患者的其他病症也许能更好地分析仪式行为，但我们不能离题太远。有足够的理由让我认为这个少女在童年的最初阶段对父亲产生了一种“性欲依恋”，这也许便是她对母亲态度不友好的原因。我们也无法回避这样的事实——对病症的分析再次指向患者的性生活。我们越是探究神经症的意义和目的，便越会发现一切不足为怪了。

通过上述两个例子，我向你们表明了神经症和过失、梦一样也有意义，神经症同时还与患者的经历密切相关。可是我能期待你们因这两个例子的力量就相信我的话的价值吗？不能。不过，我可以进一步阐释直到你们相信我的话吗？这也是不可能的，因为考虑到我对个例研究的细致程度，解释神经症理论的一个观点便需要一个星期讲五讲，一个学期才能讲完。因此，我不得不以这两个例子作为论述的证明。你们可以参阅关于这个问题的文献，比如布洛伊尔对于他的第一个歇斯底里症的经典解释，荣格（C.G.Jung）对于所谓精神分裂症（dementia praecox）病症的含混分类。那时，学者仍满足于做一名精神分析家而非先知。你们还可以参考后来杂志上所发布的种种论文，这一类研究非常丰富。分析、解释和神经症的翻译对精神分析家有着巨大的吸引力，于是神经症的其他问题便被暂时忽视了。

你们当中的任何人如果不怕麻烦，愿意对这个问题进行足够的研究，那么必定会感到证明材料极为丰富。但也会遇到一些困难。我们知道病症的意义是与患者的经历相关的。病症越是个人化，我们便有望更快与患者经历建立起联系。因此，我们的工作就是要为每一个无聊的观念和每一个无用的动作找到合理的动机和行动的目的。我们的患者跑到桌子前召唤女仆便是强迫性神经症的一个绝佳例子，但与之完全不同的症候也屡见不鲜。比如一些典型症候，它们大致彼此类似，个人差异性极大地消失，以至于很难与患者的特殊经历和过去的特定情境联系在一起。让我们再一次将注意力转移到强迫性神经症上。第二位患者的睡前仪式已经非常典型了，但是它也表现出了足够多的个人特点，可以被称为一种“历史性”解释。然而所有强迫性神经症患者都倾向于不断重复动作，将仪式性行动和其他行动孤立起来，不断地做出有规律的排演。大多数强迫性神经症患者都会过分频繁地洗手。广场恐惧症不再和强迫性神经症归为一类，现在被称为焦虑性歇斯底里症，并不可避免地表现出同样的病态特征。它总是重复同一个单调的特点，令患者筋疲力尽。患者恐惧围绕起来的空地、空旷的广场、长而笔直的道路和林荫大道。如果有熟人陪伴他们，或是驱车紧随其后，他们便觉得受到了保护似的。但除了这些基本的共同点之外，患者之间的个人差异呈现叠加态势。我们可能会把这些差异归结为情绪的变化，在不同例子中所呈现出差异的明显不同。有人只怕窄巷，有人只怕宽衢；有人只敢在人少的时候出去，有人只敢在人多的时候出去散步。歇斯底里症除丰富的个人特征之外，还有一个明显的典型共同症候，看似不以个人历史为诊断依据。但别忘了，我们只有依靠这些症候才能做出诊断。比如歇斯底里症，我们可能会将一种典型症候归结到一段经历或一系列相似的经历上。例如一种歇斯底里症的呕吐来源于一连串恶心的印象，现在如果发现另一种呕吐的病症似乎起因于完全不同的经验，那就不免令人困惑了。患者的呕吐似乎一定有某种未知的原因，分析师发现的历史因素也许只是患者为满足内心更深层需求的目的而捏造的一些托词。

因此，我们会很快得出让人有些沮丧的结论。尽管我们可以通过联系个人经验来较为完满地解释个体神经症的症候，但精神分析作为一项科学无法解释更为频发的典型症候。此外，你们应该还记得，我不会详细说明在寻找症候的历史性解释过程中遇到的所有困难。尽管我对你们毫无保留，希望还原所有现象的本真，但也不想详述细节。目前我们的研究才刚刚开始，我不想让你们感到困惑或丧失信心。当然，我们才刚刚了解症候的解释，但也希望坚持已有的知识，逐步征服未知的困难。因此，我试图鼓励你们：这个症候和那个症候之间，几乎难以假定存在根本区别。个体症候明显取决于患者的经历，那么典型症候便有可能追溯到全体人类的共同经历。神经症所有的常见特征，比如强迫性神经症的重复和怀疑，也许只是一些普遍的反应，由于患者的病态变化而变本加厉而已。简单地说，我们的确没有灰心丧气的理由，而是应该关注未来可能取得的成果。

在梦的研究中，我们也遇到了类似的困难，但在之前对梦的讨论中未能涉及。显性梦境内容复杂、因人而异，我在此之前已经详细讲述了可以从中分析出的结果。但与此同时，还有一些典型的梦境是所有人共有的。其内容一致，所以分析起来也同样困难。比如梦见跌落、飞行、浮水、游泳、被围住、裸露身体，以及其他焦虑的梦。这些梦在各个患者身上的解释不尽相同，至于为何被所有人所共有，还没有任何说明。在这些梦里，我们注意到在基本成分之外，还点缀着一些每个人不同的特质。也许基于其他梦所建立的梦的理论也可以应用在此类梦上——不过不是通过曲解，而是通过逐渐扩充我们原有的观点。

第十八讲 创伤的固着——潜意识

我在上一讲中已经说过，我们的研究工作会基于之前的结果继续进行下去，而不会从疑问的视角出发。我们从上一讲中的两个例子推导出了两个结论，虽然有趣，但尚未开始讨论。

首先，我们发现这两位患者都"执着"于过去一些非常具体的事件。她们不知道如何从过去解脱出来，进而完全脱离了现在和未来。她们现在好像借病遁世似的，类似早些时候人们选择出家，在寺院里度过余生。第一位患者实际上早已结束了的婚姻决定了她的命运，症候导致她和丈夫继续纠缠不清。我们似乎还能听见她替前夫辩护的声音，她宽恕他、赞美他、为他惋惜。尽管她还年轻，还可以吸引其他男人，但却借种种真实或想象的（富有魔术色彩的）理由为前夫守贞。于是她不见陌生人，不在乎容貌，甚至坐下就不想站起来。最后在欲望的驱使下，她不愿意将自己的任何东西馈赠他人，从来都不送别人礼物。

在第二个例子中，那位年轻女子在青春期前对父亲产生了性的依恋，此时这种依恋开始作祟。她自认为有病，便不能和他人结婚。我们进而怀疑她为了不结婚才患上此病，这样就能一直和父亲住在一起。

有一个无法回避的问题：一个人究竟出于何种目的和以何种方式要对生活采取这种徒劳无益的特异态度呢？我们假设，这种态度是神经症的通性，而不是这两个患者所特有的。实际上它的确是每例神经症极为重要的特征。布洛伊尔的第一位歇斯底里症患者也是在照顾病父时表现出了同样的"执着"行为。她虽然已经康复，但从那时起，便不能应付生活的某些方面。尽管她健康能干，却不能承担一个女人的本分职责。通过分析我们发现，每位患者的症候和结果总是足以使他执着于过去生活的某一时期。在大多数的例子中，患者都会退回到生命的早期，有时是童年阶段，有时甚至是还要喝奶的时期。这听起来有点好笑，是吧。

和神经症患者的状况最为类似的要数近来由战争所造成的频发病症——所谓的"创伤性神经症"。战争爆发前，这种病症也时有发生，比如在交通事故或其他一些危及生命的可怕事件发生之后。从根本上说，创伤性神经症与我们常分析和治疗的偶发性神经症不同。此外，我们还没有成功将其纳入假说之中。我希望向你们说明研究的局限性。不过，我们可以在这里强调，两种神经症之间存在着一致性。创伤性神经症显然基于对灾难时刻的固着，患者经常在梦中一遍一遍地重复灾难发生时的场景。就那些可分析的歇斯底里症而言，发病似乎就是将创伤性情景召回。患者好像还不能应付创伤性情景，现在他们似乎还未完成这个任务。我们要严肃地看待这一点，因为我们可以由此明白精神过程中的经济学含义。“创伤”这种表达方式不过是一种经济学上的意义，它造成的紊乱持续地干扰着对可用能量的管理。一种经历如果在很短的时间内使心灵受到高度刺激，通过正常方式已无法对其进行同化或加工，我们便称之为创伤性经历。

根据这个类比，我们也可以把这些创伤性经历归类为执着的神经症。因此，我们有可能已经发现了神经症的一个简单的决定性因素。它可以与创伤性疾病类比，一个人如果不能应付某种情绪体验，便会患上神经症。在 1893 年至 1895 年间，布洛伊尔和我因为要把我们观察的新事物归结为理论，所以确立了第一个公式。我们的第一位患者，那位与丈夫分居的少妇，能够很好地解释这一概念。她无法放下有名无实的婚姻，一直无法从创伤中走出来。但我们的第二个患者，那位依恋父亲的少女，则表明了这一公式仍有欠缺。从一方面看，小女孩崇拜父亲是极为平常的，通常随着年龄的增长，这种崇拜会逐渐减弱，所以“创伤性”一词便失去了意义；从另一方面看，患者的个人经历表现出，最开始的爱欲固着在那时完全是无害的。这种爱欲的固着在她表现出强迫性神经症症候的多年前一直隐而不发，所以说神经症的成因非常复杂多变。但我认为关于创伤性成因的这一观点不应被视为错误而放弃，相反它在不同背景下可以帮助我们解释病因。

这里我们又不得不放弃原先的途径。这种研究方法现在已经走不通了，我们必须先去研究许多其他问题，然后再来寻找出路。但在离开“创伤的固着”这一问题之前，我们应该注意该现象在神经症领域之外也随处可见。每种神经症都包含了这样的固着，但并不是每种固着都会导致神经症，或与神经症归为同类，或创造了神经症的发病条件。悲伤可被视为对过去的情绪固着，可以使人与现在和未来完全失去关联。但悲伤和神经症截然不同，虽然有些神经症则可以被定义为病态的悲伤。

创伤性经历的确可能使人走进死胡同，完全动摇其生活结构的基础，导致他完全丧失对现在和未来的兴趣，沉浸于对过去的追溯中。但这些不快乐的人并不一定是神经症患者。我们一定不要高估这一特点在诊断神经症上的作用，虽然这个特点是常见且重要的。

现在让我们讨论由分析引出的第二个结论，其实完全没有限制这个结论的必要。我们已经探讨了第一位患者身上无意义的强迫行为，以及由此引出的相应的私密回忆。后来，我们还调研了经验和症候之间的关联，并从中发现了隐藏在强迫行为背后的目的。但我们完全忽视了值得注意的一点：只要患者还在重复强迫行为，她便不会意识到强迫行为与问题中的经验的关联。两者之间的关系隐藏在背后，她会真诚地回答她不知道何种冲动迫使她这样做。后来因受治疗的影响，她才能完全说出两者之间的关联，然后告诉我们。但她仍不知道强迫行为的目的在于修正过去的痛苦，以抬高其亲爱的丈夫的身价。她花了很长时间，做了很大的努力，才理解并承认这种动机正是强迫动作的动力。

不快的新婚之夜和患者对丈夫的柔情，两者构成了我们所说的强迫行为的意义。但只要强迫行为仍在持续，她就不能理解“来源”和“原因”两个方面。她的内心一直在进行着某种精神活动，强迫动作则是一种表达。她在正常的思维框架下可以观察到结果，但对此结果之前的精神历程则一无所知。伯恩海姆曾做了一个催眠测试，命令被试者在醒来后的五分钟内打开一把雨伞，被试者醒后照做了，但无法给出行为的动机。这位患者的行为可与之类比。我们所说的潜意识心理过程，指的正是这种状态。如果世界上有人能够用更为确切的科学方法描述这一事实，我们将很乐意撤回全部假设。不过，在这之前我们应该继续采纳这一假设。如果有人想要对潜意识提出反对意见，说它在科学上不过是一种权宜之计，有名无实，那么我们不得不遗憾地驳斥他的话难以理解。这些非实在的东西居然能够产生像强迫动作那样实在且显而易见的行为呢！

我们在第二位患者身上看到了根本上相同的东西。她定下了一条必须遵守的规定：枕头不能触碰床头。但她不知道规定的缘由、意义和赋予其力量的动机。对于这个规定，无论她是泰然处之还是极力反抗，是决心克服还是大发雷霆，都不重要，因为无论如何她都会遵守这个规定并执行，尽管她会问自己为什么，但也徒劳无益。我们必须承认强迫性神经症的症候提供了心理活动特定领域最清楚的证明，且该领域与其他领域界限清晰。强迫性神经症的这些症候、观念和冲动，既无人知晓其来源，又对正常的心理生活产生了极大干扰。患者自己感到它们像来自异世界的超能客人，是一种混迹于平凡事物中的不朽存在。毫无疑问，神经症症候使我们相信潜意识心理的存在。临床精神病学只承认意识心理，正是出于这个原因，它将潜意识描述为一种特定的逆行性病症。当然，强迫意象和冲动本身并不属于潜意识——除非强迫行为没有被意识观察到。它们如果没有入侵到意识中，便不会表现为症候。但由分析得出的先行性心理和通过解释而发觉的联想则属于潜意识，至少在我通过分析使患者知道之前的情况是这样的。

此外，现在请大家考虑以下几点：一、多种神经症的各个症候都足以证明这两个例子的所有事实；二、无论何时何地，患者都不知道症候的意义；三、分析无一例外地表明这些症候源自潜意识经验，在某些有利的条件下变为意识。你们会明白，我们在精神分析中无法离开潜意识部分，还习惯于将潜意识当作实体的东西加以处理。也许你还会理解为何那些从未了解过潜意识观念，从未分析和解读过梦，并且从未探究过神经症症候的意义和目的的人们对这些问题简直没有表示反对的资格。让我再强调一次自己的观点：我们可以借助分析得出神经症症候的意义，潜意识心理过程毫无疑问是存在的。如果你愿意换一种说法的话，至少证明我们有做此假设的必要。

但还有另一层。多亏了布洛伊尔的第二个发现——这是他一个人的功绩，在我看来具有更加深远的意义——我们才能更多地了解潜意识和神经症症候之间的关系。原来不仅症候的意义总隐藏在潜意识中，症候本身的存在也受其与潜意识关系的约束。你们很快就会理解我的话。我和布洛伊尔有相同的主张：我们每遇到一个症候，便可断定患者心中存在某种潜意识活动，其中包含症候的意义。反过来说，为了使症候发生，这个意义必须先于潜意识存在。症候不会产生于意识的过程，只要问题中的潜意识过程一成为意识，症候就会消失。你们会立即知道这就是治疗神经症和消除症候的方法。布洛伊尔实际上已经使用这个方法治好了患者的症候，他发明了一项技术，将带有症候意义的潜意识经历引入意识，症候便消失了。

布洛伊尔的这个发现不是推测出来的结果，而是与患者通力合作，由恰当的观察得出的。因此，你们不要勉强将此事和你们知道的事情相互比较，而应当承认这基本上是一种新的事实，且应用范围更加广泛。为此我还要以一种不同的方式仔细检查此事。

症候的形成实为仍处于压抑状态的他物的替代。有些精神经验在正常状况下本可以发展到使患者在意识中清楚地知道，但这个过程由于被干扰打断而没有完成，这些心理经验便被桎梏在潜意识当中，症候便由此产生了。也就是说，症候就是一种替代物。假使我们能用精神疗法成功地还原这一替代过程，那么便可以解决神经症症候的问题。

因此，布洛伊尔的发现仍是精神分析疗法的基础。所有后续研究都支持这一假设，潜意识关联变为意识之后，症候就会消失。不过，在实际操作中，我们会遇到许多更为复杂的奇特状况。通过将潜意识内容变为意识内容，我们的疗法开始发挥作用。只有在这个变化发生之后，我们的工作才可奏效。

现在，我要再说几句题外话，免得你们误以为治疗效果完成得太容易了。据我们目前所知，神经症是一种无知的结果，即患者没有认识到我们应该了解的心理过程，这很接近苏格拉底所说的“罪恶源于无知”。经验丰富的医生能够较轻易地探明患者潜意识中的冲动。相应地，医生告诉患者这个知识，免除他的无知，疾病便被治愈了。这个方法至少适用于症候潜意识意义的一方面，虽然另一方面——患者的生活经验与症候的关系——不容易由此推测出来。当然，面对这些经验，精神分析师一定不能完全了解，肯定会有遗漏，所以只能等着患者自己说出来。但在许多例子中，这一困难可以被轻易地克服。我们可以就这些经历询问患者的亲戚，他们一般能够指出患者的创伤性经历。他们甚至可以告诉分析师患者自己都不知道的经历，比如在患者很小的时候发生的事情。分析师将这些细节连接起来，便能在短时间内消除患者无知的根源。

要是这样就好了！但我们却碰到了没有料到的问题。知与知是不同的，心理学的各种“知道”之间不能相互比较。正如莫里哀所说，“人各有不同”，医生的知道和患者的知道是不同的，产生的结果也不同。医生将自己知道的事情告诉患者，也不一定能取得效果。这样说也许不对，因为尽管单纯的告诉不能消除症候，却可以启动分析，第一个结果往往是坚决的否认。患者虽然已经知道了前所未知的知识，即症候的意义，但他所知仍非常有限。所以我们发现无知不止一种，还需要深化心理学知识，厘清多种无知之间的差异。但我们仍坚持之前的假设——了解症候的意义便可使症候消失。唯一的限制条件在于，这个知识必须以患者内心的改变为基础，只有通过精神治疗才能达成这种改变。我们再次遇到了许多问题，这些问题很快将引导我们仔细分析症候动力学的形成。

我必须停下来问一问诸位，我刚才所讲的内容是不是太复杂、太模糊了？我如此经常性地回顾说过的话并加以限制，先引出一连串思想，然后又驳回，是不是让你们感到无比困惑？假如果真如此，那我应该感到非常抱歉了。不过，我不愿意为求简单而牺牲真理，我宁愿让你们觉得这个学科是如此多面和复杂。我认为，即使你们一时不能领会我的话也无妨。我知道每位听众和读者都会用自己的方式思考听到的话，并加以缩短、简化和浓缩，只留下希望接受的部分。的确，以这种特定的方式，我们听得越多，收获便越多。我希望除了一些题外话之外，你们已经清楚地掌握了关于潜意识和症候的意义，以及两者关系等各个要点了。你们也许还懂得了我们此后的努力将朝着两个方向进行：第一是临床问题——发现患者如何患病，以及为何对生活采取一种神经症的态度；第二是精神动力学问题——从神经症出发得出神经症症候的演化。这两个问题之间必定有一个相互交叉的点。

今天我不想再继续讨论了，但还剩下一些时间，我希望你们将注意力转移到上述两个病例的另一个特点上，即记忆缺失，或者说健忘症。我们稍后才能完全明白其重要性。你们已经知道精神分析治疗的目的可以表达为如下公式：所有病态的潜意识经历一定都可以被转化为意识。这个公式又可以用另外一个公式代替：患者的所有记忆缺失都必须被加以补充，健忘症必须被消灭。你们听到这些话时，难免会感到奇怪。实际上它们表达了一个意思，即我们必须承认症候的发展和健忘症之间有一种重要的关系。不过，第一个例子的分析很难说明健忘症的价值。患者并没有忘记强迫性神经症产生的情境，反而清楚地记得。那些症候形成的过程中也没有其他被遗忘的因素在发挥作用。第二位患者的情境相比较而言可能不那么清晰，但记忆也是相同的。那位有着强迫意识行为的少女并没有真的忘记小时候的事情——她坚决要求父母卧室和自己卧室之间的门虚掩着，还不让母亲睡在父亲的床上。她能够清楚地回忆起这些事，尽管态度犹豫且不情愿。在第一个例子中，只有一个因素引人注目。患者虽然无数次实践强迫动作，但从未有一次意识到它和新婚之夜的情景有相似之处；在被直接要求探究其行为动机时，她也难以想起这些记忆。同样，第二个例子中的少女也是如此，她不仅每夜照例重复睡前仪式，而且让引发仪式的情景不断上演。两个例子实际上都不包含健忘症，或记忆缺失，只不过是理应存在且可用于引起记忆的线索都断裂了。

这种紊乱足以引发强迫性神经症。不过，歇斯底里症的情况却不大相同，因为它通常包含更大程度上的健忘症。一般来说，对歇斯底里症的每一个单独症候的分析，都可以引起整个印象的线索。这些印象在被修复之前，可以说被真正地遗忘了。从一方面来说，这条线索可以追溯到幼年的生活，因此歇斯底里症中的健忘可被视为婴儿期健忘的直接延续。我们之所以不明白精神生活的最早印象，就是由于婴儿期的遗忘。从另一方面说，我们惊奇地发现患者最近的经历也因为记忆丧失而变得模糊起来——尤其是致病或使病情加重的诱因，若不是完全被遗忘，也至少是部分变模糊了。重要的细节无一例外地从最近的记忆图景中缺失，或者被假象替换。一般来说，那些新近经验的回忆总设法躲开分析者的注意，而使患者的整个经验留下显著的缺口，直到分析要结束之前，新近经验的回忆才突然浮现出来。

我们已经指出，回忆能力的缺陷是歇斯底里症的一大特点。歇斯底里症的症候（即歇斯底里症的侵袭）虽已发生，却不一定在记忆中留有痕迹。如果这些现象不发生于强迫性神经症中，你们便有理由断定健忘症体现了歇斯底里症患者心理特点的变化，并不是神经症的普遍特质。这种不同的重要性可以被更加严格地限制在下列观察中。我们将“来源”和“趋势”或“原因”合并成为症候的意义，这样做是为了说明症候产生的印象和经历，以及症候的目的。症候的“来源”可追溯至种种印象，这些印象都来自外界，当初一定是意识的，后来因为遗忘而变成了潜意识。症候的“原因”或“趋势”则常为内心的经历，它们从一开始便停留在潜意识状态内，既可以属于意识，也可以永远不属于意识。所以症候的来源或它基于的经验是否已被遗忘并不那么重要，就像歇斯底里症一样，这也就是为什么症候的“趋势”会基于潜意识而存在。实际上，强迫性神经症中的此类例子不比歇斯底里症少。在两种症候中，“来源”都可以从一开始就是潜意识的。

我们既然如此看重精神生活中的潜意识，便不免引起人们对精神分析最恶意的批判。请不要大惊失色，也别以为反对意见只把矛头指向潜意识概念的困难或表达潜意识相对而言不易触及的经历。我认为批判源自另一层面。人类的自尊心曾先后受到了两次科学带来的重创：第一次是人类发现地球不是宇宙的中心，而仅仅是无穷大的宇宙中一个不起眼的小斑点。这个发现归功于哥白尼，虽然亚历山大学派曾传播过相同的观点。第二次是生物学研究剥夺了人类异于万物的创生特权，使人类沦为动物界的物种之一，而同时代的查尔斯·达尔文、华莱士及其前人的重新评估也无不面临着强烈的反对意见。现在，人类的自尊心将受到现代心理学的第三次重创。现代心理学证明“我”即便在自己的屋内也不能成为主宰，而只能依赖于心理学生活中的潜意识历程的信息。我们精神分析学家既不是首先也不是唯一告诫人类要观察内心的一批人。但是，似乎注定我们将最为坚定地表达这一观点，并且通过对每个个体都极为重要的实证经验来加以证实。这便是为什么我们的科学会遭遇如此广泛的抨击，甚至不顾学术界以严谨态度和带有偏见的逻辑来进行制约。此外，我们在另一方面又被迫扰乱了世界的宁静，这一点你们不久便可以知道。

第十九讲　抗拒与压抑

为了推进对神经症的理解，我们需要更多的材料。我将另举两例，这两个例子都十分引人注目，一开始发现的时候不免觉得非常惊讶。当然，经过上个学期的讲座，我想你们已经做好了进一步讨论的准备。

首先，我们受任治疗一位患者，免除他的病苦，但他在整个治疗过程中都持续产生强烈、固执的抗拒。这种情形非常奇怪，简直令人难以置信。最好不要向患者的亲戚提到这一点，因为他们总以为这是托词，是我们想掩饰治疗耗时之长和失败的结果。此外，患者表示出种种抗拒，却没有意识到其实质：抗拒其实非常有利于引导患者理解我们的概念。试想患者因症候遭受了巨大痛苦，也使周围的人饱受折磨。此外，他宁愿在时间、金钱和精神上做出如此重大的牺牲，以求得解脱，却因症候而抗拒帮助他的人。这个假设听起来太不合情理了！但事实却是如此，假如你们责备我不近情理，那么我只需举一个类似的例子便可以做出答复：一个人因牙痛难以忍受而去求医，却在牙医拿钳子夹去他的坏牙时，用力推开了牙医的手。

患者表现出的抗拒形形色色，无比微妙，常常难以识别，医生必须小心鉴别。我的意思是医生必须保持怀疑的态度，一直审视患者的所作所为。正如你们所知，我们在精神分析中使用的技术和释梦类似。我们会告诉患者，不要进一步反思，而应该设法使自己处于一种冷静的自我观察状态，然后将内心所察觉到的一切，如感情、思想、记忆等，依照它们浮现在心中的顺序一一报告出来。与此同时，我们警告患者不要对观点加以取舍。无论觉得观念“太讨厌”或“太无聊”，还是“太不重要”“无关系”或“无意义”，都要一一报告。我们告诉他只需注意浮现在意识表面上的观念，放弃任何方式的抵抗。我们最后会告诉他，治疗的结果，尤其是治疗时间的长短，取决于他是否遵守分析技术的基本规则。实际上，我们从释梦技术中了解到所有随机产生的观念和引起疑问的想法无一例外都属于可用来发现潜意识的材料。

这个规则设定之后，随之发生的第一件事就是患者全力抗拒它。患者试图用各种方法逃避这个规则，一开始会宣称自己什么也想不起来，然后会说想到的东西太多，以至无从选择。我们会发现他屈从于或这或那的批判性反对意见，因为他背弃了之前的承诺，在报告思维之前停顿了很长时间。接着，他才承认说不出那些让自己感到羞愧的事情，这种动机使他没有遵守承诺。他可能会说，想到的东西与其他人有关，出于隐私原因不便透露。或者他仅仅说想到的东西太琐碎、愚蠢和荒谬了，所以以为我绝对不至于要他报告这种思想。他找了种种借口不愿透露，我们则继续劝说，“说出一切”表示要把想到的所有东西都说出来。

无论哪一个患者，都会想方设法将思想的一部分隐藏起来，不让分析者入侵。有一位患者平时非常聪明，他一度向我隐瞒了一段亲密的恋爱关系长达数周之久。当被问到为何没有遵守之前的规定时，他说这件事属于个人隐私，所以不应该透露。精神分析疗法自然不允许患者有这种庇护权，因为如果允许这样做的话，无异于一面设法逮捕罪犯，一面又允许在维也纳城内设立一个特区，比如禁止在市场或圣斯蒂芬广场逮捕人，罪犯自然只会隐藏在这些庇护所内。我曾经允许过一位患者有此特权，他因为工作的关系不能将一些内容透露给别人。老实说，他对治疗结果很满意，但我却不满意。从此，我便决心不再在这样的条件下实施治疗了。

强迫性神经症患者经常因为多虑或怀疑等原因使这项技术的规则无用武之地。焦虑性歇斯底里症患者有时会将规则变得荒谬，因为他们的联想往往风马牛不相及，对分析毫无助益。但我的意图并不是想告诉你们精神分析治疗法将遇到哪些困难。我通过解释和不断主张，的确成功地制止了患者不遵守治疗技术的基本规则。你们只要知道这点便足够了。一面想要抗拒，一面又想尝试，这种心理以其他方式作祟，比如患者会进行理智的抵抗，它利用未经培训的普通人一定会在精神分析理论中发现困难和不可能之处来据理力争。我们在科学文献中也能听到同样的批评和反对之声。因此，圈外人的批评并不能给我们带来任何新的洞见。情况就像茶壶肚子里的暴风雨一样。但患者仍然可以辩解，他急切地希望我们能够指导他，教授他，甚至提供若干参考书，使他有进一步的了解。只要分析不涉及他自己，患者便很乐意成为精神分析的拥护者。但我们将这种好奇心视为一种抗拒，偏离了我们的特定目标，我们应该采取相应的应对策略。在强迫性神经症患者中，我们会发现抗拒策略以不同形式表现出来。患者常会允许分析进行，以使问题愈发明晰。但我们最后觉得很奇怪，为什么理清问题并没有带来任何进展，症候一点儿消失的迹象都没有呢？接着，我们会发现抗拒巩固了对强迫性神经症本身的怀疑，成功地抵消了我们的努力。

患者会对自己说类似的话："这很有意思，我很乐意治疗继续进行下去。如果这是真的，一定能极大地帮助我康复。"所以一个人想要改变他的观点，可能需要很长时间，接着决定性的战役才会打响。

人们经常听说，理智的抵抗不是最糟糕的。但患者总会在分析的限制内加以抵抗，所以克服这些抵抗乃是精神分析法中最艰苦的工作。患者不回忆过往生活中的态度和感情，而是通过移情作用（transference）抗拒分析师的治疗。如果患者是男性，他常借助于和父亲的关系，用分析师代替自己的父亲。他力争个人独立和思想独立以示反抗，或者出于野心想要与父亲齐头并进甚至超越父亲，或者不愿意再次感恩图报而抗拒。有时我们觉得患者想找医生的茬，使他感到无助，从而击败他，然后完全摧毁医生希望治愈患者的良好愿望。女性则擅长利用夹杂性欲的柔情对医生施加移情作用，目的仍是抗拒。当这种倾向变得足够强烈时，对治疗情况的实际兴趣和承担治疗任务的责任感会全部消失。随之而来的嫉妒以及受到不可避免的拒绝所产生的尴尬一定会破坏患者与医生之间的相互理解，从而使分析丧失了一种最强大的推动力。

我们不应该片面地谴责这种抗拒，因为这些抗拒包含了患者以往生活中许多最重要的材料，使其以一种使人信服的方式再现了。如果我们技术熟练，能够将其导向正确方向的话，这些材料能够对分析产生巨大帮助。引人注目的是这种材料最初总是被用于抗拒，成为一种治疗的障碍。我们还可以说患者用以反抗治疗的就是他的性格特点和个人态度。我们因此可以获知这些特征是如何在神经症的条件和要求下产生的，也观察到了一些平常不轻易显露的材料。你们一定不要以为我们将这些抗拒视为威胁治疗的意外危险。相反，我们知道这些抗拒必然会出现。只有当我们不能充分向患者展现抗拒时，才会感到不满。因此，我们最后明白克服这些抗拒是分析的必要任务，也是治疗初见成效的明证。

你们还必须考虑的一点是，治疗过程中出现的任何意外都会被患者当作一种干扰——如分散注意力的事物、朋辈中权威人士对精神分析的反对言论，以及任何使神经症复杂化的症候改变或机体感受，他甚至会将病情的每一次改善都视作抗拒治疗的动机。你们现在尽管还没有掌握完整的状况，但已经大致了解了抗拒的形式和方法，因为你们在每次分析的过程中都会遇到抗拒。我之所以如此详尽地讲述抗拒，是因为神经症的动力学概念正是基于所有患者对自己症候抗拒的治疗经验。布洛伊尔和我首次共同以催眠疗法作为心理治疗的途径。布洛伊尔的第一例患者完全是在催眠状态下接受治疗的，我起初也效仿了他的方法。我承认治疗工作当时进展得比较顺利，所花的时间也较少，但治疗过程容易反复，且效果不持久，因此最后我放弃了催眠疗法。那时我才意识到，只要催眠疗法仍被使用，我们便无法识破引起疾病的动力。催眠击退了患者的抗拒，为分析开辟了一定的自由空间，但与人们对强迫性神经症的怀疑类似，催眠疗法使抗拒聚集在两个领域的分界线上，以致无法被攻破。这就是为什么我说只有抛弃催眠疗法，真正的精神分析才会开始。

但如果抗拒的形成因此变得十分重要，那么我们当然必须万分谨慎，不能轻易相信任何对假设存在的怀疑。也许真的有一些神经症因为其他原因而使得联想停滞，也许我们真的应该多加考虑反对我们假设的论据，而不应该将所有对分析的理智批评一概视为抗拒。的确，女士们，先生们，我们确实不好这么轻易做出判断。我们有机会从患者最初表现出抗拒的迹象入手，一直观察到抗拒消失。在治疗过程中，抗拒的强度一直不停变化。我们每涉及一个新的主题，抗拒便增强一层，且在探究新的主题时达到顶峰，放弃主题后又开始减弱。此外，除非我们犯了一些罕见的尴尬错误，不然永远不会遭到患者的全力抗拒。我们因此相信患者在分析的过程中无数次拾起和放弃他的批判态度。一旦我们将一些特别令他痛苦的潜意识材料引入其意识当中，患者便会立即拾起极端批判态度。即使他之前了解和接受了不少精神分析知识，但现在所有的进步似乎一下子都被抹去了。他在不惜一切代价进行抗拒的过程中暴露了自身的情绪低能。如果我们帮助他成功克服新的抗拒，患者又会重新树立起观点并重获理解能力。他们不能独立行使自己的批评能力，而只是情绪的奴隶，受情绪支配。但凡针对不喜欢的事情，他便很巧妙地加以驳斥和批评。若某个观点符合他的口味，他便轻易相信。也许我们莫不如此。一个受分析的人的理智显然受到感情生活的支配，这是因为他在分析时会感到非常强大的压迫。

我们应该如何解释患者如此强烈地抗拒症候的解除以及心理历程恢复常态这一事实呢？我们告诉自己，一股强大的力量阻碍了情况的改变。此外，这些阻力和产生症候的力量实为一种。一定有某个过程在症候形成的过程中发挥了作用，我们现在可以根据经验重构这一过程，从而了解症候的意义。从布洛伊尔的观察中，我们已经了解到症候存在的前提是某种精神历程在常态时没有进行到底，以致不能引起意识。症候就是这种未完成状态下的代替物。我们现在知道我们怀疑的这些存在施力于何处。一定有一股强大的力量阻止问题中的精神历程达到意识状态，所以这些精神历程才一直处在潜意识当中，而潜意识思维有可能引起病症。在精神分析治疗的过程中，同样的斗争阻止我们进一步努力，将潜意识思维引入意识当中，我们将此过程称为抗拒。抗拒将这种我们称之为压抑（repression）的病态过程展露无遗。

我们现在已经准备好了更加准确地叙述压抑的过程。压抑是症候形成的第一个条件，但它与其他历程不同。以冲动为例，即力图转化为行动的心理过程。我们知道它可能会屈服于所谓的“拒绝”和“谴责”，在这种争斗过程中，所有力量因退缩而减弱，但仍能存留在记忆里，整个决断过程是为自我所充分认识的。假如同样的冲动受到压抑，情况便会大不相同。在这种情况下，冲动的力量仍然存在，记忆却完全消失。此外，即便没有自我认识，压抑历程仍可完成。不过，通过这个比较，我们对压抑本质的理解又深了一层。

现在我要从理论上更加准确地叙述压抑的概念。首先，我们有必要从“潜意识”的单纯描述性意义出发，探究其系统性意义。也就是说，我们现在只描述了精神历程中意识或潜意识的一个特征，这个特征也不一定是明确的。假如这种历程是潜意识的，那么其不能入侵意识也许仅是它所遭遇的命运的一个信号，而不一定就是它最后的命运。为了更加清楚地说明这点，让我们先假设所有精神历程——除一种之外，我会稍后再讲——一开始都处于潜意识状态，之后才进入意识之中。这像极了照相的过程，开始是黑白底片，然后才被冲印出来变成照片。但正如每一张底片不一定都会被冲印成照片一样，每一种潜意识心理过程也不一定都会演变为意识过程。这种表述可能更易理解：任何特定的精神历程最开始都属于潜意识的精神系统。在某种条件下，它会发展进入意识系统。关于这个系统最粗略最便捷的概念是一种空间表征。我们可以将无意识系统比作一间大前室，各种心理冲动拥挤于其中，作为独立存在相互斗争。另有一间较小的房间与前室毗邻，类似接待室，意识居于其中。但两个房间相连的门口有一个看守人，他负责审查各种精神冲动，不经过他的许可，任何冲动都无法进入接待室。你们会立即明白，看守究竟是在门口驱逐冲动，还是等到冲动进入接待室之后再将其去除，并不太重要。唯一值得关注的是看守的严厉程度和判断所需的时间。我们根据这个比喻，继续阐释该术语。前室内的潜意识冲动无法被意识看到，因为意识处在另一个房间，因此它们只能保持潜意识状态。它们一旦靠近门口，就被看守送回，理由是它们不适宜出现在意识当中，这便是我们所说的“压抑”。不过，被看守允许走过门口的冲动也不一定会变成意识，它们只有成功吸引意识的注意，被意识看到之后，才会变成意识。因此，我们将第二个房间里的思维称为“前意识”。我们通过这种方式单纯地从描述意义上阐释了冲动变为意识的历程。压抑意味着不让个人冲动通过看守的检查，进而从潜意识系统过渡到前意识系统。我们对看守这一概念早有了解，在试图通过分析治疗并解放压抑时，我们就已经遇到了这种抗力的阻碍。

现在，我知道你们会说，这些概念粗略不堪，奇异古怪，不是科学讨论所能允许的。我知道它们很粗略，也承认其中不乏错误。但除非我错了，否则我不知道可以用哪个更好的概念来代替它们。我不确定你们是否还会觉得这些概念非常古怪。就现在来说，它们至少是有用的概念，就像小矮人安培（Ampère）在电流里游泳。只要它对我们理解所观察到的现象有益，就不应该被轻视。我可以向你们保证，这些粗略的假说大致反映了实际情况——两个房间、门口的看守、第二个房间一端的旁观者。我希望你们承认，我们的潜意识、前意识和意识观念，比起其他学者提出和使用的下意识、交互意识和并存意识等概念，存在较少偏见，也更容易自圆其说。

你们或许会警告我，譬如说我之前在解释强迫性神经症中假定的心理系统假说，要在被普遍应用和正常运转的情况下才能被学界接受。你们的警告当然没错，我也知道这非常重要。这一点我目前不能保证，但假如病态心理学研究有望找到并打开之前十分隐秘的普通心理世界的大门，那么我们对神经症症候发展的研究兴趣也将大增。

你们也许已经意识到是什么支持我们做出两套系统及其与意识关系的假设。潜意识和前意识之间的看守无外乎是控制显性梦境是否能够显露的审查者。白天经历的残余物是刺激做梦的材料，它们在夜间变为前意识材料，在睡眠时受潜意识影响并压抑欲望。在欲望能量的推动下，这种冲动可以形成隐性梦境。这种材料在潜意识系统的控制下，经过正常精神生活或前意识系统中如压缩作用和移置作用的加工，要么完全不被察觉，要么不被患者承认。在我们看来，两种系统功能的区别背叛了它们各自的特点。前意识和意识之间的依存关系对我们来说只表明了这种材料一定属于其中一个系统。梦绝不是一种病态现象，每个健康的人在睡觉时都会做梦。同时涉及梦和神经症症候发展方面心理机制的假设也可应用于常态的心理生活理论。

关于压抑，我们已经说了很多了。但压抑只是症候发展的先决条件，我们知道症候是被压抑驱回的精神过程的代替物，然而填补压抑和替代物发展之间的空隙并非易事。首先，我们需要针对压抑和替代的其他几个方面问一些问题：怎样的精神冲动是以压抑为基础的？其动力和目的又各是什么？关于这些问题，我们只在一点上略有所知。通过研究，我们知道抗拒源自“自我”的力量，换句话说，源自明显的或潜伏的性格特征。压抑也是从相同的特质中获得了支持，只不过这些特质在压抑的发展中产生了作用。但我们现在知道的仅此而已。

我要叙述的第二种观察现在可以帮助我们。通过分析，我们可以发现神经症症候背后的目的。这对你们来说当然并不陌生，在之前的两例神经症例子中，我已经向你们展示了这点。但那两个例子到底有什么意义呢？你们有权要求我用无数个例子加以说明，但我不能这样做。你们必须借助自己的经验或观点去探究意义。至于这种观点，则可以以精神分析者的一致意见作为基础。

你们应该还记得，我们在调查中发现，这两个例子中的症候都指向患者最隐秘的性生活。此外，在第一个例子中，我们通过调查发现症候的目的和趋势特别显著。也许第二个例子还涉及了一些其他方面的信息——我们稍后再做考虑。我们在这两个例子中看到的现象在所有其他被分析的例子中也会出现。经过分析，我们发现它们都导向患者的性欲望和性经历，每次我们都可以推断出症候有着相同的目的——满足性欲。对患者来说，症候起到了满足性欲的作用，代替了他们在现实生活中缺失的一种满足。

请回忆一下我们的第一位患者的强迫动作。这个女人不得不和心爱的丈夫分居，因为丈夫的缺陷不能与之共同生活。但她又感到有义务对丈夫忠诚，不能用其他人代替丈夫的位置。她的强迫症症候正好满足了她的私欲，她可因此抬高丈夫，否认并纠正他的缺点——性无能。从本质上说，症候和梦相同，都是一种欲望的满足，更确切地说，是一种性欲的满足。在第二个病例中，你们已经了解患者仪式动作的主要目的是阻止父母性交，从而避免他们再生一个孩子。你们也许会猜测她其实是想借此仪式代替母亲的角色。因此，这个症候的目的也在于排除障碍，然后满足个人性欲。我们很快便可以描述第二个病例的复杂之处。

上述论述并不普遍适用，所以我希望你们注意我所说的压抑、症候的发展和症候的阐释都是从三种神经症中得出的，包括焦虑性歇斯底里症（anxiety hysteria）、转变性歇斯底里症（conversion hysteria）和强迫性神经症，目前为止只与这些疾病有关。这三类疾病又可以归结到“移情神经症”（transference neuroses）这一大类里，同时也都属于精神分析可治疗的范围。精神分析尚未充分研究其他类型的神经症——实际上，这是因为其他类别的神经症没有受治疗方法影响的可能。但别忘了，精神分析是一门十分年轻的学科，尚需一些时间和准备才能取得进展，而且在不久之前，这门学科尚处在摇篮之中。不过我们将在各个观点上对非移情神经症的症状建立较深刻的了解。我希望能够告诉你们，假说和结果如何因适应这种新材料而有所发展。同时向你们展示，进一步研究不但不会产生矛盾，反而会促使结果实现更大程度的统一。因此，前面说过的一切仅适用于这三种移情神经症，请允许我再加上一点关于症候评估的新信息。对疾病成因的比较研究得出的结果可以被归纳为一个公式：当现实阻止患者满足性欲时，他们会因为克己而发病。你们将会看到这两个结果是如何相互补充的。我们必须将症候理解为生活中缺失的替代性满足。

当然，对于神经症症候是性欲满足的替代这个论断，你们可以提出各种各样的反对意见。今天我只准备讨论其中的两种。如果你们曾经分析过数量相当的神经症患者，则可能会严肃地告诉我这个论断在一类情况下完全不适用，症候似乎有着截然相反的目的——去除性欲或阻断性欲。我不会否认你们解释的正确之处。精神分析的内容往往比我们设想的要更复杂一些，如果症候如此简单，那么我们就不需要通过精神分析来理解它了。实际上，第二位患者的睡前仪式有着某种苦行僧般的禁欲特征——阻止性欲的满足。例如，她将时钟移开以防止夜间阴蒂勃起，又如防止器皿摔碎，象征着保持自己的贞洁。关于床上的仪式，我可以分析出更加明显的与性欲满足相反的特点，整个仪式包含反对性联想和性诱惑的保护性规则。从另一方面看，我们常在精神分析中发现，相反并不意味着矛盾。我们可以拓展之前的假设：症候的目的要么是满足性欲，要么是禁止满足性欲；歇斯底里症以满足欲望为要点，强迫性神经症以禁欲为目的。我们还没有谈到症候的机制层面，即它的两面性，或称两极性。这种机制使得症候能够服务于双重目的。正如我们所见，症候乃是两种相反倾向相融合的结果，它们不仅代表了被压抑的力量，还代表压抑其他倾向的力量，后者成为引起症候的主要力量。这两种力量必定有一个在症候中占据优势，而另一种力量也不会完全失去影响力。这两种力量最常在歇斯底里症的同一症候中相互碰撞。在强迫性神经症中，这两个部分被分割得清清楚楚。症候便有了双重意义，包含两种动作，一种动作紧随另一种动作，一种动作释放了另一种动作。

我们的更多顾虑很难被打消。如果你们查看过大量对症候的解释，便可能不假思索地得出判断：替代性满足的概念必须被极大地拓展。你们会毫不迟疑地强调这些症候无法提供任何实际性的满足，它们只能再生一个感官刺激或由某种性情结引起的幻想。此外，你们还会说表面上的性满足常常展现出幼稚和无价值的特点，也许和自慰行为类似，或者让人想起早在儿童时期就被禁止的恶习。最后，你们还会感到惊奇，竟有人将只可被描述为恐怖、恶心或不自然的行为当作性满足。关于这些观点，我们只有在全面调研人类性生活，查明性欲的合理定义之后，才能达成一致。

第二十讲　人类的性生活

你们可能理所当然地认为自己理解“性”的意义。性当然是不雅的，绝对不能堂而皇之地谈论。我听说一位著名精神病学家的学生曾大费周章，才让他的老师相信歇斯底里症的症候常表现出与性相关的问题。为了让老师相信这一点，学生们带他来到一名歇斯底里症女患者的病床旁，这个女人的症候显然是模仿生孩子的动作。但那位老师丢下一句评论：“生孩子不一定和性有关啊。”当然，生孩子不一定就是不雅的。

我知道你们不赞成以说笑的态度来谈论这个严肃的问题，但这也不完全是笑话。严肃地说，“性”的概念很难定义。也许所有与两性差异相关的事宜都可定义为“性”，但这个定义又是那么空泛而不确定。如果你们将性行为作为中心因素，那么可能会认为，从身体尤其是异性的性器官获得性快感可以统称为“性”。狭义地说，性指生殖器的交合和性动作的完成。但照这么说，你们几乎把“性”等同于“下流”了，那么生孩子便不属于“性”的范畴。但如果你们把生殖功能作为性的要义，便可能会将许多目的不在于生殖但确实与性有关的概念排除在外，比如自慰，甚至接吻。但我们早有心理准备，下定义总会遇到困难，这里就不必再做这种尝试了。我们或许能怀疑“性”这个概念不一定有完善的定义。但总的来说，“性”的概念又是大家都知道的。

下面这些“性”的概念所包含的因素足以代表普通人的理解：两性的不同、获得性快感、生殖功能、不雅观而必须隐藏的概念。但这些概念不能令科学家满意，因为通过艰苦的研究，当然这种研究只有通过被试者的牺牲和无私奉献才能取得，我们发现了一系列与普通人异常不同的性生活。其中一类被称为“性倒错”，这些人似乎跨越了两性的差异，只有同性才能引发他们的性欲。异性，甚至是他们的性器官，不再能引起他们的性欲。甚至在极端的例子中，反而变成了恶心的东西。他们当然也不会参与生殖活动。我们将此类人称为同性恋或性倒错者。他们在其他方面的心理发展，无论是理智还是伦理，往往具备无可指摘的高尚标准，只因有此特点而异于常人。科学家称他们是一类特殊的人群，即“第三性”，呼吁他们应享有和其他两性平等的权利。也许我们有机会批判性地审视他们的言论。当然，他们并非总如宣称的那样，是人类的“精英”。他们可能仅仅像拥有不同性结构的人群一样，构成了无价值的次等人类群体。

不管怎样，这类性倒错人群也和普通人一样试图满足性欲。但他们当中有许多种变态的人，其性行为和一般人所感兴趣的相去甚远。他们人数众多，行为怪异，也许只能以P. 勃鲁盖尔（P. Breughel）所画的“圣·安东尼的诱惑”（the Temptation of St Anthony），或福楼拜所描写的在虔诚的忏悔者面前走过的一长队衰老的神像和崇拜者作比。如果我们没有被这一大堆乱七八糟的东西迷惑，便应该对其分类。一方面我们首先按照其性欲对象的不同来划分，正如同性恋；另一方面，我们可以按照性的目的不同来划分。第一类人放弃了两性生殖器的交合，而以对方的其他器官或部位代替生殖器。他们以这种方式克服了器官机构的局限性，并且避免引起恶心感。第二类人虽然仍以生殖器为对象，但并不是因为它们的性功能，而是因为解剖学功能或其他相近的功能。儿童时期的教育将排泄视为不雅和不洁，而在这些个体身上，排泄仍完全具备引起性欲的能力。还有一些人完全不以生殖器为对象，但身体的其他部位，如女人的胸、足、毛发等，都被当成了性欲对象。还有一些人有恋物癖，身体在他们眼中什么也不是，却对衣服、白色亚麻布或鞋子产生了性欲。最后还有一类人大体上虽然也需要对象，但却采取了一种特殊的方式，甚至求之于毫无反抗能力的死尸，他们受犯罪的驱使满足性欲。真是太可怕了。

第二类性倒错者最重要的行为是仅将普通人的性目的当作一种前戏。他们通过眼和手来满足性欲，观看或试图观看其他人正在进行的最私密的事情；有些人则暴露身体的隐私部位，模糊地希望对方也报之以类似的动作。还有一些令人费解的施虐狂，他们的性目的无外乎通过羞辱或用最严酷的身体虐待等种种方式引起对方的痛苦和愤怒。与之相对的还有受虐狂，他们只能通过遭受性对象施加的种种象征性或真实的羞辱和折磨来获得性满足。还有一些人兼具这两种病态心理。此外，在这两类人当中，一部分人追求真实的性满足，另一部分只需要在想象中获得满足便够了。后者不需要有真实的对象，只需一个创造出的幻象。

毫无疑问，这些荒谬、怪异、骇人听闻的活动确实构成了这类个体的性行为。不仅他们自己认为这些行为具有代替性质，而且我们也认为这些行为和普通的正常性行为起到了相同的作用，为此，他们付出了相同甚至更大的牺牲。我们完全可以通过主线及细节来分析这些非正常性行为在哪些方面遵照了正常性行为的准则，又在哪些方面有所不同。你们还要知道性活动所有不雅的性质在这些方式里仍然存在，有时其强度甚至增加到令人厌恶的程度。

女士们、先生们，我们对这些不同寻常的性满足方式应该采取什么态度呢？仅仅嗤之以鼻，显示出个人厌恶，或者保证我们自己没有这些癖好，这显然没有任何作用，因为我们的关注点不在于此。这种现象和其他现象正好类似。如果你们以这些人很罕见和奇怪为由来回避问题，那理由很容易被驳回，因为这些现象是非常频繁和广泛地发生的。不过，如果有人告诉我们，因为这些性行为是异常的，所以不应该让它们影响到正常的性生活，那我们就得严肃地回答了。如果我们不能理解这些异常性行为的表征，也无法将其与正常性生活联系起来，那么便没有办法理解它们。简单地说，我们不可回避的任务在于从理论上描述这些性倒错行为的可能性，并且解释它们与所谓的正常性行为之间的关系。

伊凡·布洛赫（Iwan Bloch）极具洞见的观点及其两项创新性实验的结果将帮助我们完成这项任务。布洛赫认为，将性倒错归类为“一种退行性迹象”并不可靠；在各个时代，无论是原始人还是高度文明的现代人，性本能的目的及性欲对象的变态都时常得到容忍和普遍接受。他在对神经症进行精神分析研究的过程中得出了这两项实验结果。毫无疑问，这两项结果对我们的性倒错理论产生了决定性影响。

我们已经表明神经症症候是一种替代性的性满足，也说过要从对症候的分析来证明这句话不免会遇到许多困难。只有我们将所谓的性倒错目的也包括在“性满足”术语中，上面的论述才合理。因为我们发现，只有根据它们的活动才能解释症候，这种情况频繁得令人惊讶。同性恋群体声称自身是稀有的。我们发现每一个神经症患者都有同性恋倾向，而大部分症候都是这种潜在倾向的表现。知道这点之后，他们的言论便不攻自破了。那些公然自称为同性恋的人意识到了自己身上明显的同性恋倾向，而比起潜在的同性恋，他们的数量微乎其微。我们被迫将对同性的性欲视为一种普遍的偏差，从而低估了这一现象的重要性。当然，显性同性恋和正常态度之间的区别是无法被抹去的。它们具备实际价值，但理论价值却大打折扣。妄想症（paranoia）是精神错乱的一种，不属于移情神经症。我们假设它是由企图抑制强大的同性恋倾向而引起的。也许你们还记得我们的一位患者在强迫性神经症的作用下部分扮演了男性角色，即与她分居的丈夫的角色。模仿男性行为等症候在患有神经症的女性身上很常见。尽管我们不能直接认定患者有同性恋倾向，但这与同性恋的起源有着极为密切的关系。

你们也许已经了解了歇斯底里症可能会在整个机体系统里显露症候，进而扰乱所有功能，使其无法正常运转。分析表明，这些症候表达了各种被称之为“倒错”的倾向。患者以其他器官代替生殖器。通过对歇斯底里症的研究，我们断定除了功能性的活动，机体也具有性意义。如果我们对其中的性因素过于重视，机体功能便会出现紊乱。歇斯底里症的症候包括无数次对显然与性无关的机体产生感官刺激和神经兴奋，进而通过移情作用，将性本能转移至其他器官上来满足变态的性欲。这些症候让我们在很大程度上了解了为何进食和排泄的器官也可以引起性兴奋。这里不断重现了性倒错公开呈现的错误图景。不过，解释歇斯底里症症候却大费周章，其中性倒错的倾向必须归因于个人生活的意识而非潜意识部分。

在强迫性神经症显示出的诸多症候中，过于强大的施虐倾向所产生的症候最为重要，即具有变态目的的性倾向。依据强迫性神经症的结构，这些症候的主要目的是抗拒欲望，或表达满足和拒绝之间的斗争。在斗争中，满足从未被过分限制，它用一种迂回的方式通过患者的行为达到目的，使他宁愿自讨苦吃。其他以极度焦虑为特点的神经症表现出了过度性欲化的行为，而这些行为在一般人身上只是性满足的准备活动，比如窥视、抚摸和探索的欲望。这就解释了为什么这种病以恐惧接触和强迫洗手为重要表征。以重复和修正形式伪装的强迫行为所占比例之大，可能令人难以置信。我们可以将这些强迫行为追溯到手淫上，而手淫则可以被视为各种性幻想的唯一基本动作。

将性倒错和神经症的关系更加紧密地交织在一起并不太费力，但我觉得目前所说的已经足以达到目的了。在解释症候时，我们一定要避免过分高估性倒错倾向的频率和强度。你们曾经听说过，否认正常的性满足可能引起神经症。实际上由于这种缺乏的结果，性的需求被迫以不正常的性兴奋发作。稍后你们会更清楚地了解发生了什么。你们一定明白，有了这样“附属的”阻碍，倒错倾向一定会比没有实际障碍阻碍、得到满足的正常性欲更加强大。实际上，我们可能会在显性倒错行为中识别出类似的影响。在许多例子中，由于暂时的环境原因或长期的社会体制原因，正常的性满足遭遇了太多困难，以至于引起或推动了性倒错行为的产生。当然，在另外的一些例子中，性倒错倾向完全独立于环境，因为在这些例子中，个人的性生活是完全正常的。

经过这番解释，你们也许会觉得常态性生活和倒错性生活的关系不但没有更清晰，反而更加令人困惑了。但你们要记得下面这点：假如正常性满足的实际障碍或缺乏真的能使正常人表现出倒错倾向，那么我们不得不断定这些人本来就易招致性倒错症候。或者换句话说，他们体内本来就潜伏着性倒错倾向。这一假设延伸出了我的第二个实验结论，即精神分析调研有必要关注儿童的性生活，因为在对症候的分析中，我们发现回忆和观念能够追溯到童年早期。我们由此获得的发现近来都一一为对儿童的直接观察所证实。结果表明一切倒错倾向都起源于儿童期，儿童拥有一切倒错的倾向，并用一种幼稚的方式加以实践。简单地说，倒错的性生活也就是婴儿的性生活，只不过将其放大并分割为独立的倾向了而已。

现在你们一定知道如何从另一个角度来看待这些性倒错了，也不再忽视它们与人类性生活的关系了。但我相信这些骇人听闻的新发现定会引起你们的不快，让你们震惊不已。你们一开始一定会否认这一切——否认儿童也有所谓的性生活，否认儿童的行为和后来被视为倒错并加以批判的行为之间有任何联系。请允许我先来说明你们不情愿的动机，然后再简述我们观察到的事实。从生物学上说，假定儿童没有性生活不仅不可能，更是荒谬。儿童怎么可能没有性兴奋、性欲和某种性满足，而在十二到十四岁之间突然具备了这些特质呢？从生物学角度看，这和说儿童生来没有生殖器，直到青春期才突然长出来一样不可能。青春期产生的是生殖功能，这个功能呈现之后，才用身体和精神中的已有材料达到其原有目的。你们犯下了将性和生殖混为一谈的错误，进而阻碍了理解性和倒错及神经症的道路。奇怪得很，这个错误的起因在于你们都曾经是孩子，而且做孩子时都受过教育的影响。教育的一大社会任务是控制，在性本能违背生殖目的时加以限制。性本能必须屈从于社会需求。相应地，社会为了自身利益，要使儿童的充分发展暂时延缓，等到他理智相当成熟之后才继续，因为教育实际上是随性本能的完全发动而停止的。如若不然，性本能会冲破一切束缚，苦心建设而成的文化组织将被弄得支离破碎。约束性本能绝非易事，有时非常成功，有时则非常糟糕。人类社会的基本动力是属于经济的；因为社会的各个分子如果不做好本职工作，社会便无法维持他们的基本生活，所以社会不工作的人数必须得到限制，他们的精力也要从性活动转移到劳动上来。这个从原始时代就存在的永久生存竞争仍见于今日。

教育家根据经验得出，我们必须从儿童早期，即青春期开始之前，就对新一代施加影响，才能引导他们的性意识，而不应该等到风暴般的青春期来临之后。因此，所有婴儿期的性活动都是被禁止的，或者使他们感到不快。教育的理想状态就是要使儿童的生活“无性化”，实际上连科学也坚信儿童没有性生活了。为了不违背我们的信念和意图，我们忽视了儿童的性活动——这可不是件小事儿——或者满意于将其做他种解释。孩子应该纯洁而天真，谁敢说一个“不”字，谁就是人类柔情和神圣的无耻亵渎者。

儿童是唯一不会参与执行这些惯例的人，他们顺其自然地暴露自己的动物性，可见所谓的“纯洁”实际上是习得的。奇怪的是，那些否认儿童有性生活的人们，在看到他们坚持认为不存在的现象出现时，却用最严厉的教育措施对孩子们施加惩罚，斥责他们太顽皮了。从理论上看，五到六岁这一儿童时期提供了反驳儿童“无性论”这一偏见的最佳证据，这一点非常有趣。而五六岁时发生的事情常因遗忘而被抹去，只有通过科学调研才能重现。我们之前说过，这段时期的经历也有成为梦的可能。

现在我要向你们展示儿童性生活中最显而易见的现象了。首先，出于便利的考虑，让我先向你们解释“力比多”的概念。力比多与饥饿类似，是一种力量，其本质是性本能（就像人在饥饿时本能地要进食一样）。其他概念，比如性的兴奋和性的满足，则不需要太多解释。你们很容易理解为何解释对揭示吸奶中的性意味起到了最重要的作用。实际上，你们可能会就这一点提出反对意见。分析调研可追溯至某一症候，我们基于此调研得出了解释。吸奶解释了与生活其他必要功能相关的第一个性冲动。正如你们所知，吸奶的主要兴趣直接指向获取食物。婴儿伏在母亲的胸脯上安然入睡，那舒服的神情和日后性高潮之后的满足神情类似。当然，这一点实在不足以作为结论的依据。但我们观察到婴儿实际上在不需要获得更多食物时，也会重复吸奶的动作，这时他并未受到饥饿的驱使。我们称这种动作为吮吸的享乐，吸奶的动作本身便会带来满足。而婴儿不先吮吸一番乳头，便无法入睡。布达佩斯的资深儿科医生林德纳（Lindner）最先主张这个动作带有性意味。照顾孩子的人虽然不谈理论，但对这种为吮吸而吮吸的动作也持类似的态度。他们毫不怀疑其目的就是为了获得快感，说它是一种“淘气”的行为，还迫使孩子违背意愿戒断这种吸奶行为。如果发现他不能自己戒断，便对其采用痛苦的惩罚措施。因此，我们得知除了获得感官愉悦，这种吸奶行为没有别的目的。我们认为，这种快感最初是在进食中体验到的，但婴儿很快发现离开进食条件也能体会到这种快感。我们只能将这种快感归因为口唇的兴奋，因此将涉及的身体部位称为“性敏感区域”（erogenous zones），源自吮吸的快感自然是具有性意味的。也许我们应该讨论这个名词的合理性。

如果婴儿能表达自己的思想，他一定会承认在母亲怀里吮吸乳头是生活中最重要的事情。他这么认为没错，因为这个小动作满足了生活中的两大需求。由精神分析的研究我们又不无惊讶地知道，这种行为对身体的重要性是如何保留一生的。吸奶是所有性生活的出发点，是后来性快感的雏形。在需要的时候，人们往往借助想象自慰。母亲的乳房是性本能的第一个对象，我几乎无法详述这个对象在对后来生活中各种性对象的选择上如何重要，以及它通过发展和替代对精神生活最遥远的领域产生了怎样的影响。不过，吸奶行为会很快消失，代之以吮吸自己身体的部位。孩子会吮吸自己的大拇指或舌头。通过这种方式，他便能独立于外部世界而获得性快感了，此外还将兴奋扩大到了身体的第二个区域，但性敏感带的强度是不相等的。正如林德纳医生所说的，孩子通过抚触自己的身体引起生殖器兴奋是一种重要的经历，孩子也正是通过这种吮吸的方式实现自慰的。

通过对吸乳动作的评价，我们熟悉了婴儿性生活的两个决定性特征。它的产生与强大的机体需求的满足，即自慰行为有关。也就是说，在自己身体的部位寻求并发现性对象。营养吸收可以最明显地看出这一点，排泄也不例外。我们断定婴儿能在大小便中体验到快感，他们不久便会故意这样做，以保证性敏感区尽可能地获得兴奋。卢・安德烈亚斯（Lou Andreas）敏锐地指出，外部世界最初作为一种阻碍干涉婴儿实现性满足——于是婴儿才第一次模糊地体验到了内外世界的冲突。他不能按照自己的时间来排泄，只能听成人安排。为了使儿童放弃从这一来源获得性满足，所有与排泄功能相关的行为都被谴责为“不文雅的”而必须回避。婴儿这才第一次为了社会尊严放弃快感。他本人并不厌恶排泄，把排泄物看成自己身体的一部分而不愿放弃，还将排泄物作为最初的礼物馈赠给尤其尊重的人。甚至在教育成功使其放弃这些倾向之后，他依旧视粪便为“礼物”和“黄金”。从另一方面来说，撒尿也似乎是一件特别值得骄傲的事情。

我知道你们早就等着打断我，大声说：“别再胡说八道了！排泄竟然能被喝奶的婴儿作为满足性快感的根源！粪便竟然能被视为有价值的东西！肛门竟然可以被当成生殖器！我们无法相信，但能理解为什么儿科医生和幼儿教师要如此坚定地反对精神分析学家及其研究结果。”不，你们只是忘记了是我告诉你们将婴儿的性生活和性倒错联系在一起。你们难道没有听说过在许多成年人身上，无论是异性恋还是同性恋，性交的中心都从正常器官转移到了肛门上吗？难道没有许多人坦言，他们终生都保留着排泄的快感吗？孩子长大一点，能够表达自己的体会之后，会说他们对排泄和观看他人排泄有兴趣。当然，如果儿童以前一直遭到恐吓，他们会懂得最明智的做法是默不作声。还有另外一些你们不愿意相信的事情。从分析和直接观察儿童的结果中，你们会意识到我们很难不注意到这一点，也很难对这一现象做他种解读。我甚至不反对直接挑明婴儿性生活和性倒错之间的关系。如果婴儿有性生活，那一定是倒错的，因为除了一些模糊的幻想，他们根本不知道性会带来生殖结果。从另一方面来说，所有性倒错的共同特征是抛弃了生殖的目的。我们称放弃了生殖这一目的，而只追求快感的性活动为“性倒错”。因此，我们意识到性生活发展的转折点是它克制住了繁殖的目的。转折点之后的所有行为放弃了生殖目的，仅追求快感，一定会被人们视为“倒错”并遭到蔑视。

因此，请允许我继续简单地介绍婴儿的性生活。我们也可以讨论其他器官，来补充说明对前面器官的叙述。婴儿的性生活全在于种种本能，其中一些在自己身上求得满足，另一些从他人或外部对象身上求得满足。在这些器官中，生殖器自然占据优势。一些人不借助其他人的生殖器或器具的帮助，仅靠自身实现性满足，比如吮吸自慰、青春期必要的自慰，甚至远远超过这些。我们已经花了很多时间研究自慰问题了，它给我们提供了多种观察的材料。

尽管我有意缩短主题，但仍不得不略加叙述儿童对性好奇一事。对性的好奇是儿童性生活的一大特点，对研究强迫性神经症也非常重要。儿童很早就开始对性产生好奇，甚至在三岁以前。性好奇与性别无关，在小孩子眼中男女没有区别，小男孩以为男女都长着一样的男性生殖器。小男孩第一次发现女性生殖器的结构时，会否认看到的是真的，因为他想象不出和他一样的人竟然没有这个重要器官。后来，他知道了事情确是如此，但大为恐惧，之前感到的关于这个小器官的所有威胁，又随之而来了。他受到阉割情结的主宰。阉割情结在一个健康男孩的性格发展过程中发挥了重要作用：他若得病，这个情结便是成因了；如果他接受分析治疗，这个情结就是他反抗的原因了。我们知道，小女孩因为身体上缺少硕大可见的阴茎而感到受伤，嫉妒男孩，进而产生了想要成为男性的欲望。后来如果她不能很好地行使女性的职责，这个欲望便会发展为神经症。在儿童时期，女孩的阴蒂等同于男孩的阴茎。阴蒂也是一个特别容易兴奋的区域，女孩可以通过刺激阴蒂自慰。在向成年女性过渡的过程中，最重要的步骤是感受性器官由阴蒂转变为阴道口。在患有所谓的“性感觉缺失症”的女性人群中，阴蒂仍然保留着性兴奋作用。

儿童的性兴趣最初聚焦在生育的奥秘上——斯芬克斯的谜语正是基于这个问题。由于自私而担心小弟弟、小妹妹出生是产生这个好奇心的主要原因。保姆常常这样回答这个问题：小孩是白鹳衔来的。但儿童对这个答案的怀疑程度常远超过我们的想象。他们长大后知道了真相，常感觉受到了欺骗。这种受骗感极大地催生了孤独感，也促进了他们的独立发展。但没有外界帮助，儿童无法解决这个问题。儿童的性结构尚未发展完全，这阻碍了他们理解这个问题。起初他们以为小孩子是由食物中的某种特殊的物质创造的，而并不知道只有女人才能生小孩。后来，他们知道儿童成于食物的观点是不对的，于是便放弃了——虽然神话中仍然保留着这种假设。儿童长大之后很快发现父亲在生育中起到了作用，但究竟是什么作用，他无从猜测。如果他偶然窥见父母性交，以为这是男人试图制服女人，或者认为这是一场打斗，便会误以为性交是虐待和被虐待，而不会立即将性交与生孩子联系起来。他在床单或母亲的衣服上发现血点后，便会将其视为父亲伤害母亲的证明。在童年后期，他通过想象，认为男性的性器官对生孩子产生了重要作用，但仍不知道这个器官还有排尿之外的其他功能。

他们一开始认为孩子是通过肛门生出来的，所以小孩本来是一团粪便。直到儿童在对肛门区的兴趣完全消退之后，他们才放弃了这一理论，而代之以另一理论，认为肚脐或双乳之间是孩子出生的区域。儿童凭借好奇心逐渐了解了性生活的一些方面，但由于自己的无知，还是无法了解事情的真相。在青春期之前，他逐渐获得了一些分散、不完整的解释，而这常发展为后来发病的创伤性原因。

你们可能听说，精神分析学家为了印证他们的假说，不适当地拓展了“性”的概念——所有神经症的起因都与性有关，症候的意义也与性有关。你们可以自行判断这样的拓展究竟有无道理。我们把性的概念加以扩充，目的只是为了将婴儿和性倒错人群的性生活纳入其中。也就是说，我们重建了性的恰当范围。在精神分析领域之外，性的范围是非常有限的：以生殖为目的的正常性生活。

第二十一讲 力比多的发展与性的组织

我觉得你们目前还不相信倒错在性的概念中具有重要意义，因此我希望尽可能地澄清和补充。

性倒错引发了激烈的反对意见，它的存在使我们的性概念有了改变的必要。不仅如此，对婴儿性生活的研究也推动了性概念的改变，婴儿性生活与性倒错的密切联系对我们的研究起了决定性作用。在之后几年的儿童期，婴儿性生活的表现虽然仍很明显，但起源却逐渐模糊，无从寻找。假如你们没有注意到进化的历史和分析的连贯性，便会在性因素的影响力上与我产生分歧，并且推断它只有一些模糊不定的属性了。请别忘记，除了可以根据是否和生殖有关来定义性之外，我们现在还没有确定性本质的公认标准。但我们又嫌与生殖有关的定义太狭隘了。W. 弗里斯（W. Fliess）所提出的二十三天或二十八天的周期性绝对不应该被设定为生物学标准。我们假定性行为具备的特殊化学本质尚有待证实。而从另一方面看，成年人的性倒错行为却明白无疑、切实可见。正如人们普遍接受的术语所示，这些行为毫无疑问具有性的本质。无论我们是否将其视为退化的迹象，都没有人敢将其排除在性现象之外。仅仅这一点便证明了性绝不完全等同于生殖，因为性倒错行为显然都违背了生殖目的。

这给我提供了一个有趣的类比。尽管“意识”普遍被等同为“心理”，但我们必须扩充心理概念的范围，将一些非意识部分也囊括在心理范畴当中。类似地，人们普遍认为“性”完全等同于“与生殖相关”（或简称“生殖”），精神分析学家不得不指出“性”不一定与“生殖”有关，性也可以完全无关于生殖。虽然这两者之间只是形式上的类比，但也不无深刻的意义。但是，如果性倒错的存在成为这一问题的有力理由，那为什么早前没有人来完成这个工作、解决问题呢？我实在无法回答。也许性倒错研究已经成了一个特殊的禁区，甚至在理论研究中也是如此，进而阻碍了科学调研。似乎没有人会忘记性倒错不仅令人厌恶，而且被认为是不自然和危险的。性倒错行为好似散发着一种诱惑力，人们普遍对那些乐在其中的人怀着一种隐秘的嫉妒感。正如著名歌剧《唐怀瑟》[①](*Tannhäuser*)中表示谴责的伯爵的自供一样：

在爱神山上，荣耀就这样被淡忘！
奇怪，这种事情从来与我们无关。

坦白地说，性倒错者其实是可怜的魔鬼，他们痛苦地费尽心思寻求满足。

虽然性倒错的对象千奇百怪，但性倒错行为毫无疑问属于性行为，原因在于它通常伴随着重复的性高潮，并以射精为终止。当然，这只会发生在成年人身上，儿童几乎不可能达到性高潮和射精。他们虽有一种类似的替代性动作，但这种替代性动作又不能被确定为性。

为了充分了解性倒错，我还要补充几点。尽管性倒错行为与常态性行为对比鲜明，受到强烈谴责，但我们通过简单的观察便可以发现常态性行为无法完全不涉及倒错。甚至连接吻也可以被视为一种性倒错行为，因为口唇的接触代替了生殖器的接触。但没有人认为接吻属于性倒错；相反，在戏剧表演中，接吻被当成一种经过美化的性行为。只有当接吻带来异常强烈的性感受，并立即引起射精和性高潮反应时，我们才将其视为一种性倒错行为。因为接吻引起射精和性高潮实在太不正常了。此外，我们都知道抚触和凝视是获得性快感的必要前戏。人们在性快感最强烈的时候还会抓挠和口咬对方，可见最强的性快感不一定是由生殖器引起的，也可由身体的其他部位刺激产生。但凭借单独几个非常态现象，我们完全没有理由将这些人纳入性倒错人群当中。相反，我们越来越意识到，必要的倒错行为既不会影响性目的的实现，也不会取代生殖器的功能。性倒错的实质不在于对象的变换，而仅仅在于以变态现象为满足，而完全排斥以生殖为目的的性交。如果倒错行为的目的是为常态性行为做准备，或者用来推动常态性行为，那么它们便不算真正的性倒错。实际上，上述事实在正常和非常态性行为之间架起了一座桥梁，使两者之间得以联系起来。我们自然可以推断出，正常性行为是由婴儿性生活演化而来的，材料的某些部分被删减，另外的一些部分得到整合，最后实现了新的目标——生殖。

在将性倒错的知识用在婴儿性生活研究这一全新领域之前，我必须强调一下两

---

①《唐怀瑟》，全名为《唐怀瑟与瓦特堡歌唱大赛》(*Tannhäuser und der Söngerkrieg auf Wartburg*)，是德国作曲家理查·瓦格纳的一部歌剧。

者之间的重要区别。性倒错遵循高度集中的规则，其全部行为指向唯一一个目的。本能的一部分占据上风，这部分本能要么得到体现，要么被导向其他目的。就这点而言，倒错的性生活其实和正常的性生活一致，只是占据优势的部分本能和性目标不同而已。两者各自构成了一个有组织的系统，只不过占统治地位的势力不同而已。从另一方面看，婴儿的性生活则不具备这种集中性和组织性，但其构成的冲动具有同样的强度，只不过每一个独立冲动的唯一目标是追求快感。集中性和组织性的缺乏很好地说明了倒错性行为和正常性行为都源自婴儿时期。还有一些性倒错与婴儿的性生活有更多的相似之处，婴儿性生活的冲动是相互独立的，它们当中有许多构成本能大行其道，坚决要求实现各自的目的，甚至试图永远得到保存。不过就这些现象而言，与其称之为性生活的倒错，不如称之为性生活的幼稚病。

有了上述准备，我们便可以讨论迟早要面对的问题了。人们会说：为什么你们一定要将儿童的种种表现归为性生活？这些行为虽然稍后会发展为性行为，但你们自己也承认其起源的不明确性。为什么你们不满足于单纯的生理描述，而坚持认为即便是尚在吸奶的婴儿，吮吸物体或舍不得粪便等行为都表现了他在追求性快感呢？如果你们满足于做生理描述，便可以避免异化婴儿性生活的概念，进而避免引起反感了。我并没有对性快感提出任何反对意见，我知道最强烈的性快感只能来源于生殖器的结合。但你们能否告诉我，这种原本无足轻重的快感是何时获得后期发展中应有的性意味的呢？比起性，你们是不是对“身体快感”有更多了解？你们会回答，当生殖器开始发挥作用时，性意味便产生了；性意味着生殖器。你们可能会这样反驳我：即便在程度最深的性倒错行为中，动作也以达到生殖器高潮为目的，即便采取的方式不是生殖器的交合。你们会以此来回避性倒错这个障碍。假如你们由于倒错现象存在的结果而否认生殖与性的关系，同时强调生殖的器官，可能会站在较为有利的立场上。这么一来，我们的观点便相去不远了，生殖器不过取代了其他器官。在实践中，可以代替生殖器以求得性满足的行为很多，如正常的接吻、荒淫的享乐生活或有歇斯底里症的症候。在这些神经症中，位于生殖器的刺激、感受和神经兴奋常转移到身体的其他器官上，因此你们眼中的性的主要特征便都不存在了。你们不得不下决心依照我的例子，将“性”一词拓展到童年早期对身体快感的追求上。

现在，轮到我为自己辩护了，希望再你们给我点儿时间说另外两点。如你们所知，我们把童年早期可疑和未定性的快感活动称为“性”，因为通过对症候的分析可以得出，姑且假定这些材料本身不一定是“性”，但它们毫无疑问都与性有关。请让我借用一个类比吧：假设有两种双子叶植物，比如苹果树和豆科植物，其种子的成熟过程，我们确实无法观察到。假设这两种植物的进化过程都可以由充分发育的植物逆溯得出，一直追溯到双子叶植物的第一颗种子，那么，那时这两种植物的双子叶看起来一定完全一样、无法区分。既然如此，我可以从中推断出它们其实是一种植物，苹果树和豆科植物是直到植物发展后期才出现了分化吗？或者，我们能否从生物学角度说明这两种植物在种子状态就有区别，尽管它们种子中的双子叶看起来毫无区别呢？我们将婴儿寻求快感的行为称之为“性”，也就是这个道理。是否每种机体快感都可以被称为性，或者除了“性”的快感之外，还有其他不能称之为“性”的快感，我在这里无法讨论。我对身体快感及其条件所知甚少，所以根据逆溯分析的结果，只能导出概括性的因素，这不足为怪。

此外还有一点。即便你们可以让我相信最好不要将婴儿的活动称为性生活，但你们急切主张的“婴儿无性生活”之说不能给我们带来任何助益。从三岁起，儿童便毫无疑问地表现出了性行为。生殖器从那时起开始活跃，换句话说，生殖器明显增大。儿童也开始习得关于性生活的心理和社会表达方式。即便是没有接触过精神分析的普通人，如果能不带偏见地仔细观察，也会发现儿童在对象的选择上会独爱某人，或偏爱某一性别，同时表现出嫉妒之情。你们可能会说，这只不过是感情的早期觉醒而已，你却只从性的角度解读。三到八岁的儿童已经学会了隐藏这些感情，但如果你们细心观察，总能找到足够的证据来支持这些感情具有“性”目的。至于你们注意不到的各点，也可以通过调研获得。这个阶段的性目的与上面说过的性理论有着极为密切的关系。其中一些目的的倒错本质源自儿童结构发育的不成熟，他们还没有理解交配行为的目的是什么。

儿童由六岁或八岁起，性的发展便呈现出一种停滞或退化趋势。这是一种达到高度文明标准的现象，可以被称为潜伏期。潜伏期也可能完全没有表现，性活动和性兴趣不一定会被打断。潜伏期之前的大多数经历和冲动都因婴儿的健忘而被淡忘了。这种健忘我们之前已经讨论过，它笼罩在我们的童年早期，使得那段经历变得陌生而模糊。在精神分析中，我们无一例外肩负着唤醒被遗忘记忆的责任。我们无法不假设童年早期涉及的性生活提供了遗忘的动机，也就是说遗忘是压抑的结果。

三岁起，儿童的性生活便显示出许多和成人性生活的相似之处。我们已经知道，两者之间的显著区别在于儿童缺乏稳定的生殖结构，不可避免地呈现出倒错的特点，同时冲动的强度远低于成人。在这个阶段之前，性发展，即力比多发展的各个阶段，是理论上最有趣的部分。发展的各个阶段一闪而过，也许我们永远不可能直接观察到这些稍纵即逝的图景。神经症的精神分析研究首次使得人们能够追溯到力比多发展的初期阶段并明确其性质。这些推断原来仅仅是理论上的，但如果你们采用精神分析法，便会发现它们自有其必要性和价值。你将很快明白为什么症候研究能帮助我们发现在正常对象身上忽略的东西。

现在，我们可以表明在生殖器发育完全之前儿童的性生活以何种形式呈现了。性生活的重要性首先体现在潜伏期之前的婴儿阶段，从青春期开始，性生活的重要性不断增强。性生活在早期仅具备松散的组织，我们称之为“前生殖期”（pre-genital）。此时占据优势地位的性本能不来自生殖器，而来自“虐待狂”和“肛门”的本能。雄性和雌性之间的差别还不明显，只有主动和被动之分，我们可以称之为“两极性”的前身。后来，两极相互融合。从之后才出现的生殖器期的角度看，雄性在活动中表现出支配本能，且有时易转化为施虐行为。具有被动目的的冲动则依赖于肛门的性敏感区。这一时期最重要的特征是强烈的性好奇和窥视欲。生殖器仅掌握排尿功能。此时部分冲动也不无对象，但这些对象不必仅为一物。虐待——肛门组织属于生殖区统治前的一个阶段。根据较深入的研究，我们还知道这个组织在后来和最后的形式中保留了多少，而这些部分本能又是被迫以何种方式在新的生殖组织中占据一定地位的。在力比多发展的肛门虐待期之后，我们还发现了一个更早、更原始的组织阶段，其中口部区域起到了主导作用。你们可以猜得出吮吸动作属于这个时期。在古埃及人对儿童和荷鲁斯神[①]的描述中，他们的手指都放在嘴里，这点也许会令你们觉得奇怪。亚伯拉罕最近发表了资料，认为这种原始口唇阶段的痕迹在后来的性生活中依然保留着。

我可以推测，性组织的这些细节给你们带来的负担要多过于信息，或许我又过于关注细节了。但请耐心一些，你们听到的话到后来会更加有用。请记住，我们称之为力比多机能的性生活并不是一个完整的系统，也不是按照最初形式发展而来的，其形成相继经过了一系列各不相同阶段。实际上，性生活是一个发展序列，和毛毛虫变成蝴蝶的过程类似。发展的转折点是原来占从属地位的部分性本能发展为占主导地位的生殖本能，同时又使性生活从属于生殖机能。性生活原来只是一些分散的序列，其中包含了若干单个部分本能，这些部分的独立活动各自追求快感。这种混

①荷鲁斯神：古代埃及神话中法老的守护神，鹰头人身。

乱状态因受到前生殖期组织的调节而有所缓和，前生殖期首先经历了虐待——肛门阶段，接着经历了口唇阶段，后者也许是最原始的。除此之外还有多种不同的历程，我们所知有限，种种历程促使组织发展到更为高级的下一个阶段。力比多漫长的进化过程经历了多个时期，了解这些对理解神经症非常重要，我们稍后再做讨论。

今天我将从另一个视角看待这个发展，即部分本能与对象的关系。为了节约时间来研究稍后出现的产物，我们需要快速研究这一发展过程。性本能的一些元素从一开始就有对象，而且对象一直保持不变，比如支配本能（施虐狂）和窥视欲。有些冲动和身体的某一特殊区域密切相关，只有在开始依赖那些属于性以外的机能时，才有了一个对象，等到脱离了这些性以外的机能后，便放弃了原先的对象。性本能的口唇部分的第一个对象是母亲的乳房，因为乳房可以满足婴儿的饥饿需求。在吸奶时，性爱的成分也可以得到满足。但在为吮吸而吮吸的动作里，性爱的成分宣告独立，放弃了体外的对象，代之以自身身体的某个部分。口唇的冲动成了一种自淫（auto-erotic），和肛门及其他性觉冲动开始时的状态一样。简单地说，此后的发展有两个目标：第一，放弃自淫，用自身身体的部分代替外部客体作为对象；第二，整合不同对象为单一冲动，以单一对象替代。当然，只有当单一对象本身完整，即和自身类似时，这个过程才可能实现。如果自淫的冲动不放弃其若干无用的部分，这一过程也无法完成。

关于其中涉及的寻找对象的过程，我们还没有完全了解。为了达到我们的目的，必须强调这一事实：当这个过程在童年潜伏期之前的某一阶段暂停时，找到的对象似乎和从其与口唇快感冲动的关系中衍生出的第一个对象一模一样。这个对象如果不是母亲的乳房，便是母亲本身。我们将母亲视为第一个爱的对象。因为当我们强调性冲动的精神层面，并且不顾或暂时希望忘记本能的身体或“感官”的基本需求时，实际上是在谈论爱。母亲成为爱的对象后，儿童开始受压抑作用的影响，已经忘掉了自己性目标的某一部分。选择母亲为爱的对象被我们称为“俄狄浦斯情结”（Oedipus complex）。俄狄浦斯情结对从精神分析视角解读神经症非常重要，但也招致了许多人的批评。

第一次世界大战时，有一经历可附述于此。在波兰境内的德国前线上，有一位信奉精神分析的勇敢医生。他常对患者有意外的影响，因而引起了同事的注意。被问及时，他承认自己采用了精神分析疗法，最后被劝说将相关知识传授给同事。每天晚上，军营里的医生、同事和上级官员都会聚集起来，聆听他讲述最深刻的秘密。

开始时教学进行得很顺利，可在医生把俄狄浦斯情结告诉听众之后，一位上级官员起身表示他无法相信，并认为传播这样的知识是可耻的。这些为祖国而战、为家庭而战的英勇战士怎么可能有“俄狄浦斯情结”呢？于是，他被禁止继续演讲。故事便就此终止了。

现在，请耐心听我讲述俄狄浦斯情结的内容。正如其名所示，我们都知道希腊神话中的俄狄浦斯王，算命人说他命中注定弑父娶母。于是他极力避免神谕所言的命运，却在不知不觉中犯下了这两项罪行，自刺双目以自罚。索福克勒斯根据这个故事创作了悲剧，我想你们一定深受感动。根据这位雅典诗人的描述，俄狄浦斯在犯下罪行很久之后，通过长时间的精巧调查不断向观众揭示新的证据，这个过程类似精神分析研究。在对话的过程中，其母伊俄卡斯忒（Jocasta）对俄狄浦斯产生了迷恋，反对调查继续。她说许多人都曾梦见娶母为妻，然而梦是无关紧要的。在我们看来，梦非常重要，至少对那些许多男性所做的典型的梦而言。我们也毫不怀疑伊俄卡斯忒提到的梦与神话古怪、骇人的内容有着密切的关系。

索福克勒斯的悲剧并未引起观众的怒骂和强烈反对，这点很令人惊讶。观众怒骂和反对这则悲剧的理由甚至比不满于单纯的军医更加合理。因为从根本上说，这是一出不道德的戏剧，它没有承担起人类的道德责任，描写了神力规定某人应犯某罪，展现了人类道德冲动在罪行面前的无助。我们很容易做出这样的推断，作者借这个神话故事表达了对命运和神的控诉，在非难神的欧里庇得斯手里，可能确实有这种控诉。但在虔诚的索福克勒斯的作品中，绝不至于有控诉之意。这位虔诚的诡辩家认为最高的道德是屈从于神的旨意，即便神规定我们应犯某罪，这样才能克服困难。我认为道德教育并不是此剧的目的，而且也不足以减弱剧本产生的影响。观众对道德教育无动于衷，而对神话本身的隐义和内容有所反应。他们似乎通过自我分析，发觉自己内心也有俄狄浦斯情结，同时揭露了神的旨意和神谕都是其自身潜意识的伪装。他们好似记起了自己弑父娶母的欲望，而又不得不憎恶这个念头。他们同时又好像听懂了诗人的话：“你纵然反抗命运，自称曾抵制过这些念头，都不免徒劳无功。尽管你费尽心力，仍不能无罪，因为你绝不能打消这些犯罪的念头，它们一直存在于你的潜意识当中。”这确实是心理学的真理。一个人虽然已经把邪恶的冲动压抑在潜意识当中，自以为不再有这些邪念，但尽管他无法追溯其源头，也仍有负罪感。

毫无疑问，常困扰神经症患者的负罪感的重要来源之一便是俄狄浦斯情结。此外，1913 年，我在自己的《图腾与禁忌》(*Totem and Taboo*) 一书中，研究了人类宗教和道德的起源。那时我就怀疑人类作为一个整体，有史以来便因俄狄浦斯情结而怀有一种负罪感，这种负罪感进而成为宗教和道德的起源。我本想多说一点，但也许最好暂时到此为止。我已经开始讲这个问题了，现在放下未免有些困难，但我们还是必须回归到个体心理学上。

儿童在潜伏期之前选择对象的时候，我们可以直接观察到哪些说明俄狄浦斯情结存在的现象呢？我们很容易发现，小男孩将母亲视为自己独有，认为父亲的出现打扰了自己；在父亲对母亲表现出柔情时，小男孩会发怒；父亲外出或旅行时，小男孩会觉得满意。小男孩常常用语言直接表达这一点，许诺将来会娶母亲为妻。可能有人觉得这没法和俄狄浦斯情结相比，但实际上这些表现已经足够了，两种情况在本质上是相同的。有时同一儿童也会对父亲表现出好感，这常使我们迷惑不解。这种矛盾性，或称两极性 (ambivalent) 的感情在成人身上也会引起冲突，但在儿童时期却可以长期并存，就像后来永远存在于潜意识中一样。你们也许会提出抗议，儿童的这种行为受自我动机的驱动，不足以成为俄狄浦斯情结的证据。母亲提供了儿童所需的一切，因此儿童为了自己的利益，不允许母亲分心。这么说也对，但在类似的情境中，自我的兴趣只提供了爱欲冲动的机会。如果小孩子毫不伪装地表现出对性的好奇，比如晚上想和母亲同睡，或者坚持要看母亲换衣服，或者试图抚摸母亲，母亲常常一笑而过，则其对母亲的依恋便明显表现出性爱的意味了。我们一定不要忘记，母亲也同样照顾女儿，但不会引起相同的效果。父亲也常常同样照顾儿子，却无法赢得同样的重要地位。简言之，无论如何批判，都不足以打消这个情境中的所有性爱成分。由儿童的利益来看，他只允许一个人而不许两个人照顾自己，不是太愚蠢了吗？

正如你们所见，我只描述了男孩与父母的关系。至于女孩，过程大致相同，只需做出必要的改变。对父亲的柔情、希望抛开母亲、取代母亲位置的欲望在成年后可以演变为撒娇。我们或许只是觉得可爱，却忽略了这种情境可能产生的严重后果。我们还需补充一点，父母的某些做法也唤醒了孩子的俄狄浦斯情结，比如有多个孩子时，他们会根据性别来宠爱孩子。父亲毫无疑问会偏爱女儿，母亲则对儿子最为关心。但连这个因素也无法完全决定孩子自发产生俄狄浦斯情结。在弟弟妹妹出生后，俄狄浦斯情结扩大为家庭情结。个体的受伤感成为一种动力，导致孩子对弟弟妹妹产生厌恶，希望除之而后快。大致来说，这种怨恨的感情比起和父亲情结有关的感情更无所隐藏地流露出来。如果这样的欲望得到满足，那后来出生的孩子必然会死去，不久之后我们将通过分析发现死亡对年长的孩子来说是一个重大事件，即便他们表示不记得。弟弟妹妹出生之后，年长的孩子被迫退居二线，第一次在实际上与母亲分离，且不愿意原谅母亲。我们可以在成年人身上发现这段极为痛苦的回忆，这常演变为一种永远的疏离感。我们已经提到，对性的好奇及其所有后果通常来自于儿童的这些经历。随着弟弟妹妹的长大，儿童与他们的关系会发生一种重要的变化。男孩可能将妹妹视为爱的对象，以代替那不忠实的母亲。假使几个哥哥争夺一个小妹妹的爱，那么在后来的生活中，占据重要地位的情敌之争便会出现在育儿室内。当父亲不再像之前那么温柔地对待女儿时，小女孩会把哥哥视为父亲的替代。或者她会把小妹妹想象成自己和父亲生的孩子。

上述情况的特点大致类似，我们可以通过对儿童的直接观察或思索儿时记忆得出，而不受分析影响。你们可以推断出一点，孩子的出生顺序对此后的整个人生影响很大，凡作传记的时候都应该考虑这个因素。面对这样随手可得的解释，我们想到科学中禁止乱伦的规定，不免哑然失笑了。多么有创意啊！同一家庭的异性成员因为从小便共同居住，所以他们之间不再有性吸引力，又因为反对近亲交配的生物学倾向，所以在心理上才有了对乱伦的禁忌。真理却恰恰相反！人类最初选择的性对象往往是乱伦的，男性会选择母亲或姊妹。所以人们才制定了最为严厉的法律，防止这种婴儿时期的倾向变为现实。在原始民族当中，对乱伦的禁止最为严厉。赖克（Reik）最近发表了一篇睿智的文章，说野蛮人以青春期为“重生”的标志，青春期举行的仪式意思是男孩已经摆脱了对母亲的依恋，恢复了对父亲的正常感情。

神话传说告诉我们，虽然人类如此恐惧乱伦，神却不费吹灰之力地有此权利。从古代历史中，我们知道与妹妹结婚的乱伦婚娶乃是帝王们的神圣义务（例如埃及和秘鲁国王），这是普通人所不能享受的权利。

俄狄浦斯所犯的一大罪是娶母，另一大罪是弑父。人类的第一个社会——宗教制度便是图腾制度，而图腾制度极度憎恶此二罪。让我们从对儿童的直接观察转移到对成年人神经症的分析研究上。分析的结果对俄狄浦斯情结的知识有何贡献呢？这很容易看出，从患者身上发现的情结与从神话中发现的情结一致。结果表明每个神经症患者面对这一情结时本身就是俄狄浦斯或哈姆雷特。他不再隐藏自己对父亲的憎恨，以及对母亲的关爱和娶母为妻的目的。我们真的敢把这些骇人的极端感情归结到童年时期吗？抑或分析引入了一些新元素，蒙蔽了我们？我们不难发现答案。

无论历史学家记录了怎样的过去事件，我们必须考虑到他难免篡改过去的事实，混入一些现代观点，以至于整个历史图景变成了伪造的。在神经症的例子中，这种篡改是无意的还是有意为之尚不能确定，我们稍后将学习它的动机，说明"追溯"遥远过去的合理性。我们还能轻易发现，在以后的时间和环境中，还有无数其他动机强化了对父亲的憎恶，而对母亲的性欲望已经转化为儿童陌生的形式了。而以"追溯"过去的方式解释整个俄狄浦斯情结只会徒劳无益。这个情结虽然后来难免加入了新的成分，但其婴儿时期的根基仍然存在，这可通过对儿童的直接观察加以证实。

由分析俄狄浦斯情结所得的临床事实，实际上变得极为重要了。我们知道在青春期性本能最开始达到顶峰时，对古老而熟悉的乱伦对象的性本能再一次因新的力比多而寻求满足。婴儿对于对象的选择似乎只是儿戏，然而却奠定了青春期选择对象的方向。在青春期时，非常强烈的感情经历被导向俄狄浦斯情结，或者被用在对其的反应上。然而，由于它们的前提已经坍塌，所以它们大部分处在意识之外。从此以后，人类个体必须独立于父母而生活，只有当他脱离了父母的管控之后，才不再是孩子，而成为社会的一分子。儿子面临着两个任务，其一是克服对母亲的力比多欲望；其二是利用这一欲望在外部寻求爱的对象。同时，他必须与父亲达成和解。否则，如果他继续与父亲保持孩子般的对立，继续对父亲存有敌意，便会受制于父亲。因此，他必须释放这种压力。每个人都面对这样的任务。值得注意的是，这个问题很少会得到完满的解决，也就是说，解决方案很少可以顾全心理和社会两个方面。然而，神经症患者完全无法解决这个问题。儿子一生都处在父亲的权威之下，无法将力比多转移到外界对象上。女儿的命运也一样，只不过在关系上略有差异。从这个意义上说，俄狄浦斯情结确实可以被视为神经症的主因。

你们可以想象关于俄狄浦斯情结，还有许多实际上和理论上的重要事实，我只能略作叙述。至于其他种种变式或可能的反转，我就不再一一详述了。关于其他与其关系较远的方面，我只想说一说俄狄浦斯情结对文学作品的影响。在一本极具价值的书中，奥拓·兰克曾说，各个时代的剧作家都主要从俄狄浦斯情结和乱伦情结中获得了创作素材，稍作改变和伪装。此外，别忘了在精神分析学说出现的很久之前，我们便可以在不受约束的冲动中发现俄狄浦斯的两个罪恶欲望。在百科全书派狄德罗的文章《拉摩的侄儿》（*The Nephew of Ramau*）中有一段著名的对话，只有大诗人歌德才能将其译为恰当的德文。你们可以读到下面这几句著名的话："假如任小野蛮人胡作非为，他会把而立之年男子的激情和襁褓中婴儿的无理联合起来。他不免扭断父亲的脖子，然后和母亲同睡。”

还有一点我不得不提。俄狄浦斯的母亲兼妻子的梦可用作释梦分析。你们还记得分析梦的结果吗？入梦的愿望常有倒错或乱伦的本质，或者表达了对亲爱的人意料之外的仇恨。那时我们并未追溯这些邪恶冲动的来源。现在你们自己总可以明白了吧。它们代表了婴儿早期的力比多倾向，其对象早在意识中被放弃，而在晚上的梦中仍然在一定程度上活跃着。但不止神经症患者，因为几乎所有人都会做这种倒错、乱伦和谋杀的梦，所以我们推断即便正常人也经历了同样的发展过程，也一定有过性倒错倾向和俄狄浦斯情结。这是正常的发展过程，只不过在神经症患者身上变本加厉了而已。其大致展示了分析正常人的梦的结果。这也是我们要把梦的研究作为神经症症候研究线索的原因之一。

第二十二讲　发展与退化的病理学理论

力比多只有服务于生殖，才被视为正常。我们已经了解到力比多要经过多方面的发展，才能达到这点。现在，我想指出这个事实对研究神经症起因的重要性。

我相信我们在普通病理学教学上已经达成一致，这一发展涉及两大危险：停滞（inhibition）和退化（regression）。换句话说，生物的历程本身有变异的趋势，所以并非每种特定功能都会完整地经历相同的准备阶段。某一功能的特定成分也许永远停留在早期发展阶段，完整的发展也相应延迟了。

我们还可以用其他方面的事实来比拟这些历程。假如一个民族要全部离开原来居住的地方，寻找新的家园，他们必然不能全部到达新的目的地。该事件在人类早期历史上经常发生。除了因不可抗力而死亡的人口，这些移民总有一小部分停滞在途中，定居下来，其他人则继续前进。或者举一个更加恰当的例子：你们都知道在进化程度最高的哺乳动物中，精液腺原本深埋于腹部，在子宫发育的某一阶段开始运动，直到转移到盆骨顶端的皮肤之下。在许多雄性哺乳动物个体身上，双侧精液腺中的一侧经过了该运动可能仍位于腹腔内，或者永久滞留于其所必经的腹股沟管之内，又或腹股沟管在精液腺通过之后本应闭塞但未闭塞。当我还是年轻学生的时候，在冯·布鲁克（von Brü cke）的指导下首次进行了科学研究，研究对象是一种古老小鱼脊柱的背部神经根的起源。我发现这些神经根的神经纤维由脊柱灰质的大细胞产生，这个情形不再发生于其他脊椎动物身上。但我很快发现整个后根的脊髓神经节上的灰质外都有类似的神经细胞。胚胎学研究也能得出同样结果。不过，在小鱼身上，我们能够通过细胞追寻到整个过程的痕迹。通过更仔细的观察，我们很容易解释这些对比存在哪些缺陷。因此，简单地说，就单个性行动而言，其若干成分可能在发展的较早阶段受阻，而其他成分则继续发育完整。可见每一冲动都可被视为一条河流，由生命之初开始不停地流动，我们可以把它设想为多个单独向前的运动。你们认为这些概念需要进一步加以澄清，此话不错。不过，在继续之前，我们先姑且将早期发展阶段的部分冲动称为本能的固着（fixation）。

这种分阶段的发展中出现的第二种危险是退化。那些已经向前发展的成分也可能退化到较早阶段。已经达到更高形式的冲动，在行使功能时遇到巨大的外部困难而被迫退化，因此无法达到希望满足的目标。显然，我们可以推断固着和退化不是相互独立的。在发展道路上固着越强烈，其机能也越容易发生退化。换句话说，越是新近发展的技能，越不能抵御发展路上的外部困难。记住，如果一个民族在迁移途中，一大批人滞留在了某地，那么那些继续前进的人在被打败或遭遇劲敌时，也自然会退回到该地点。并且前进时停在途中的人数越多，剩下的人越有战败的危险。

为了理解神经症，你们必须谨记固着与退化之间的关系，然后才有可能可靠地研究神经症的起因，即神经症的病理学。我们很快将会探讨这一方面。

现在我们仍旧讨论退化的多个方面。你们已经了解了力比多功能发展的知识，可以推知退化分为两种：一、退回到力比多的第一种对象，我们已知其常有乱伦的性质；二、整个性的组织退回到发展初期。这两种情况都发生在移情神经症中，并且在它的机制中发挥重要作用，其中第一种情况在神经症人身上尤其常见。假如我们把另一类神经症——自恋型神经症也考虑在内，那么力比多退化将有更多值得讨论之处。但我们暂时不这样做。这些条件给我们研究力比多功能的其他发展阶段提供了线索。此前我从未提及这些线索，但它们可向我们表明与这些发展阶段相关的新的退化方式。我认为目前最重要的任务是分清退化和压抑的区别，并且帮助你们看清这两个历程之间的关系。如你们所知，一种心理动作本可成为意识的，也就是说，它本属于前意识系统，但因压抑而降落到了潜意识系统。类似地，当潜意识心理动作从未进入相邻的前意识系统，而因审查机制的作用被滞留在阈值门口时，我们便称之为压抑。所以，压抑这个概念不一定和性有关。它只单纯地表示一种心理历程，甚至可以视为有位置性的历程。所谓位置性，是指精神内部的位置关系。或者不用这种粗陋的隐喻，它指的是精神系统里的一种心理装置的结构。

刚才的这些比较表明，我们到目前为止采用的都是狭义而非广义的退化。假如我们采用广义的用法，用来指从较高级发展阶段降低为较低级发展阶段的历程，你们一定会将退化的一种形式囊括进压抑当中，因为压抑也可以被描述为退回到心理动作发展的较早和较低的阶段。压抑不一定涉及退化的趋势，因为当心理行为在无意识早期受阻时，我们也可以称之为动态的压抑作用。压抑是一个具有位置性的动态概念，退化则是单纯描述性质的。到目前为止，我们视为与固着有关的退化仅指力比多退回到之前的发展阶段。后一个概念的本质十分独特，完全独立于压抑。我们无法称力比多的退化是一种单纯的心理过程，也不了解退化作用在精神机制中的位置究竟如何。即便力比多对精神生活施加了极其强大的影响，其中机体的因素仍然最为显著。

先生们，这类讨论肯定免不了枯燥乏味。为了讲述得更加生动，更有吸引力，让我们再来举几个临床上的例子。在歇斯底里症中，力比多通常会退回到最初的乱伦对象上，但退化很少返回到性组织的前一个阶段。在歇斯底里症的机制中，压抑起到了主要作用。在此，请允许我提出一个建设性意见，用以补充之前我们在神经症上的已有知识，我可以将情形描述如下：在生殖器的主导作用下，部分本能完成了结合，结果却遭遇了与意识相关联的前意识系统的阻力。因此，生殖器组织可能能够代表潜意识，但无法代表前意识。前意识抗拒生殖器，从而产生了类似于生殖器占优势前的状态。到目前为止，在这两种力比多的退化中，退化至性组织的前一个阶段更加引人注目。因为这一种退化作用不见于歇斯底里症，而我们对神经症整个概念的理解又过分受当前关于歇斯底里症研究的影响，所以我们在理清压抑的意义后的很长时间里才对力比多退化的意义有了更清晰的了解。

与之形成鲜明对比的是，在强迫性神经症中，力比多退化到较早的虐待——肛门组织阶段，成为该症候最重要的因素，这一点十分引人注目。爱的冲动在这种情况下一定会伪装成虐待冲动。因此我们必须重新解读强迫观念。“我要杀了你”这个强迫思想在离开了某个并非偶然、不可或缺的附加因素后，变成了“我要享受你的爱”。与此同时，对象也发生了退化，冲动总是导向最亲近和最重要的人。你们可以想象，患者本人会觉得强迫观念是何等恐怖，而这些观念又是那么与意识格格不入。压抑也在这些神经症的机制中获得了重要地位，流于表面的讨论不足以解释这一现象。没有压抑，力比多的退化将永远不会导致神经症，而会最终引发倒错。由此，你们显然可以看出，压抑是神经症最具特点的过程，它最精准地表达了其典型特质。也许未来我还有机会向你们介绍倒错机制的相关知识，那时你们便会知道这些现象并没有我们理解的那样简单。

如果你们将固着和退化视为神经症病理学调研的前期铺垫，便可立即接受我们对固着和退化的说明。对于这一点，我只陈述一个简单的事实：当满足力比多的可能被剥夺之后，人们才会患上神经症。他们因“剥夺”而患病，其症候乃是对失去的满足的替代。当然，对力比多满足的剥夺并非每次都会引起神经症，而在所有已知的神经症例中，都可以追寻到剥夺的痕迹，因此这种推论不可倒置。我相信你们可以理解，以上陈述的目的不在于解开神经症病理学的全部秘密，而仅在于强调不可或缺的重要条件。

我们目前还不知道在未来的讨论中，是否会强调剥夺的本质或受其影响的个体。剥夺极少包罗一切绝对可致病的因素，若要致病，则被剥夺的必须恰好是那人所渴望的，并可能是唯一的满足方式。总体来说，我们有许多方式承受力比多快感的剥夺而不至于患上神经症。毕竟我们认识这样一些人，他们能够承受剥夺而不使自身受伤。他们在这种情况下也会不开心，也会充满渴求，但不会得病。此外，我们必须考虑到的是性本能冲动的可塑性极强，假使我们可以用可塑性这个词的话。一种冲动可以替代另一种冲动；一种冲动可以设定另一种冲动的强度；如果现实无法满足一种快感，另一种快感会获得补偿性的满足。性冲动之间的关系好似一组装满水的水管，相互连通形成网状，虽然它们都受生殖器的控制。我知道把这两种观点联合在同一概念里很困难。性本能的成分以及整体性欲有显著的改变对象的能力，它们彼此交换对象，比如都换到一种容易求得的对象上。这种移置作用和迅速接受代替物的能力一定会对剥夺的病态效果产生强有力的反向影响。在诸多抵抗剥夺病态影响的历程中，有一种历程明显得赢得了文化影响力。性冲动要么放弃了以欲望的部分快感为目标，要么放弃了生殖目的，转而对准了其他目标。新目标与被放弃的目标存在遗传关系，新目标不再被视为“性的”，而被视为“社会的”。这一历程被称为“升华”（sublimation），因为有了这一转变的历程，我们才将社会性目的置于自私的性欲之上，这成了一般标准。实际上，升华只是性欲望与非性欲望之间关系的一个特例。关于两者的关系，我们稍后再说。

现在，你们可能觉得既然有这么多方法承受剥夺之苦，那剥夺一定是一种不重要的因素。但情况并非如此，它仍保持着致病的能力。补救措施通常不起作用，一般人所能承受的力比多不满足的程度毕竟有限。个体之间的力比多运动在可塑性和自由度上绝不一致，更不必说许多人的升华能力都微乎其微了，即使有升华作用也只能发泄力比多的一部分。最重要的限制显然在于力比多的可适应性，因为个人快感所求得的目标和对象的数量非常有限。好好回忆一下，你们会记起，力比多因发展不完全而在性组织和寻找对象的早期阶段遗留了大量的广泛固着，力比多在这些阶段通常无法获得真正的满足。由此，你们可以发现，力比多的固着可以算作第二大致病因素，它和禁欲一道构成了引起神经症的原因。我可以大致这样概括，力比多的固着代表了内部致病因素，禁欲构成了神经症病理学的偶然性外部因素。

我借此机会警告各位，不要着急在这场最没有必要的冲突中站队。在科学研究中，经常有人只强调整个真理中的部分真理，以此反对其他观点。而部分真理只是一种碎片，因而已经丧失了客观真实性。各种不同的碎片以这种方式从精神分析研究中脱离，有的人只认可自我冲动而否认性欲，而有的人肯定了客观生活的影响而忽略了个人过去生活的作用。关于类似的对立和争论，我可举一例：外源性和内源性神经症，它们是某种有害的（创伤性）印象所造成的不可避免的结果。具体地说，它们是由力比多固着（以及随之而来的性的成分）引起，还是由克己的压力引起的呢？在我看来，这个两难问题并不比我要说的另一个例子高明多少：孩子是由父亲的生殖动作还是由母亲怀孕产生的呢？你们一定能给出恰当的答案，两方面都同样重要。神经症的致病过程即便不完全一致，也与之十分类似。为了研究神经症的病因，我们可以设置一系列神经症案例，其中两项重要因素此消彼长。这两项因素可以是性的成分和经历，或者如果你们愿意的话，也可以是力比多的固着和克己。极端情况位于这一系列例子的一端，你们可以肯定地说，处在这个位置的人因为力比多发展的特殊性一定会患神经症，无论他们经历了什么，也无论他们的生活是多么顺遂。另一端情况相反，如果生活没有发生特定情形，他们一定不会患上神经症。在中间的过渡位置，性成分中的易感因素和生活的破坏性要求相互结合。如果当事人没有遭遇某种经历，它们的性成分便不会导致神经症。如果力比多没有朝着致病的方向发展，那么经历便不会给当事人留下创伤。在这一系列例子中，我想强调易感性因素的优势地位，但这也取决于你们希望将焦虑设定在何种界限内。

请允许我将这一系列称为互补系（complementary series）。我们以后还有机会讲述此类其他例子。

力比多执着于某个倾向或对象的韧性被称为力比多的“附着性”（adhesiveness）。这种附着性似乎是一种独立因素，因人而异，我们对它的决定因素一无所知，但其在神经症病理学中的地位却不可低估。与此同时，我们一定不要高估两者相互关系的密切程度。正常人在不同情形下，受未知因素的影响，其力比多会产生类似的附着性，进而成为倒错的重要因素，某种程度上与焦虑症相反。在精神分析诞生之前，比奈（Binet）研究发现，性倒错患者的回忆常追溯至早期的印象——本能倾向或对象选择上出现的反常性——后来力比多便附着于此，终生不能摆脱。我们经常很难说出这种印象为何能够如此强烈地吸引力比多。我给你们讲一个观察到的例子：有一个男子，对女性生殖器和性刺激无感，只有以某种特定形式穿鞋子的脚才能让他产生不可阻挡的性欲。他经过回忆，想起了一段六岁时的经历。事实证明，这段经历对他力比多的固着起着决定性作用。那时，他正坐在保姆身旁的椅子上，保姆教他英文。保姆是一个相貌平平的老妇人，满脸皱纹，眼睛是水洗蓝色，鼻梁塌陷。那天，保姆因为脚受伤，穿了一只丝绒拖鞋，把脚放在软垫上，脚部很端庄地藏而不露。在青春期时，他偷偷尝试了正常的性行为，于是这样一只精瘦的脚便成了他唯一的性欲对象。由于固着，该男子虽然未成为神经症患者，但却出现了倒错倾向，有了恋足癖。从中，你们可以看出，虽然力比多过早出现过度固着是引起神经症不可或缺的原因之一，但其行动的范围大大超过了神经症的限制。就其本身而言，该情况并不比剥夺更具决定性。

神经症病因的问题似乎变得更复杂了。事实上，精神分析研究发现了一个新因素，该因素从未被我们考虑在病理学系列之中。在一些病例中，恒久的幸福感突然被神经症打断。这些个体通常表现出欲望的矛盾，或者是我们常说的心理冲突。他们人格的一部分代表某种欲望，另一部分则反抗和抵制这种欲望。这点看上去或许显得不那么重要。因此某种条件一定会存在，进而造成病态冲突。我们想要知道这些条件是什么，何种精神力量形成了这些病态冲突的背景，这些冲突与致病原因之间存在什么关系。

我希望能够给出这些问题的满意答案，即便只能大致简单说明。克己产生了冲突，因为力比多被剥夺了快感之后，被迫寻找其他发泄途径和出口。在其他途径和出口引起部分人格厌恶时，病态冲突便产生了。人格行使否决权，导致满足快感的新形式无法继续存在。症候由此开始发展，我们稍后再研究症候的发展过程。被拒绝的力比多欲望找到了自己的发泄方法——一种迂回的方法，而且要打破这个阻力还得采用种种伪装的方式。症候构成了新的替代性满足，克己成为必要的条件。

我们可以用其他方式表明心理冲突的意义：外界的剥夺要想发展为病症，必须补充以内在的剥夺。外在剥夺去除了实现快感的可能，内在剥夺想要排除其他可能性，正是内在剥夺成了冲突发生的中心因素。我宁愿以这种形式说明心理冲突的意义，因为它包含了一种用意，即内在障碍在人类发展的初期原本是由现实的外部障碍引起的。

然而禁止性欲的力量或致病的另一组矛盾究竟来自哪里呢？广义地说，它们是一种非性的本能。我可以将其概括为“本能冲动”。移情神经症的精神分析未能给我们开辟未来研究之路，但我们学会了通过其提供的抗力进行分析。自我冲动和性冲动之间发生了病态冲突。在一系列例子中，冲突似乎可以存在于单纯的性欲之间。但这实际上是一回事，因为冲突涉及两种性欲，一种总被当成自我，另一种的自我则可被剥夺，所以自我和性欲之间仍然存在冲突。

精神分析学家一再声称心理事件是性冲动的结果，心理生活中出现了性之外的冲动和兴趣，愤怒的抗议便会由此产生，从性欲中便不会产生任何东西。好吧，很高兴分享你们的反对意见。精神分析学家从未忘记非性欲冲动仍然存在。精神分析本身就建立在性本能和自我本能的严格区别之上，面对反对意见，我所坚持的并非神经症源自于性，而是神经症源自性与自我的冲突。精神分析学家完全没有合理的动机来否认自我冲动的存在和重要性，即便他们研究了性冲动在疾病和生活中发挥的作用。不同的是，性本能不是精神分析学家研究的第一要务，因为这些本能在移情神经症中最易研究，而且精神分析必须研究他人所忽略的事件。

我们也不能说精神分析学家完全不研究人格中所有的非性部分。自我与性的区别最为清晰地体现了自我冲动也会经历重要的发展，这一过程绝非完全独立于力比多的发展，而且对于力比多的发展也不无影响。当然，比起对力比多发展的了解，我们对自我的进化还所知甚少，因为到目前为止，只有自恋型神经症对自我结构的研究有所启发。费伦齐（Ferenczi）做了著名的尝试，从理论上构建了自我发展的几个阶段，此外我们已经得出了两个固着点，发展的历程由此出发。我们绝不会认为一个人的力比多的兴趣一开始便与自我保存的兴趣相冲突。其实，自我在每个阶段都努力与性组织的相同阶段相互调和适应。力比多发展的各期的持续或许有一个预定的程序，但我们无法否认该程序受自我影响。我们还可以假定自我发展和力比多发展的各期之间有一种平行的关系。这种关系如被打破，则可能形成一种病理因素。尤其重要的是下面这个问题：力比多在发展中强烈地执着于较早的一个阶段，自我采取的态度本质是什么呢？它可能支持这种固着并相应地被保存了下来，或者发展为幼稚现象。它或许不愿意力比多有这种固着，结果是力比多若有一种固着，自我便经历了压抑。

我们通过这种方式推断神经症的第三个致病因素是冲突倾向，自我和力比多的发展都取决于这个因素。我们对神经症病因的见解也扩大了。首先是最普遍的因素自我剥夺；其次是力比多的固着，它迫使神经症进入特殊的途径；最后是自我发展中的冲突倾向，它拒绝了此类性冲动。我们在解释的过程中可以想象事情并不那么复杂和令人困惑了。当然，我们也发现这方面的工作尚未完成。我们必须补充一个新因素来继续目前的讨论。

为了向你们展示冲突形成过程中自我发展的影响，也为了说明神经症的病因，我想引用一个例子，虽然这个例子是想象出来的，但完全有可能发生。我可以借用内斯特罗（Nestroy）滑稽剧的名字把这个例子叫作“楼上和楼下”（On the ground floor and in the first story）。看门人住在一楼，房子的主人——一位富有的杰出人士住在二楼。两人都有孩子，可以假设房子的主人允许他的小女儿和看门人的女儿玩耍并不加监控。游戏很容易就往“淘气”的方向发展了，她们玩起了具有性意味的游戏——扮演“爸爸和妈妈”，相互窥视大小便或更衣的动作，然后相互刺激生殖器。看门人的女儿，尽管只有五六岁，但已经偶然看过成人的性生活，也许她扮演了诱惑者的角色。这段经历尽管短暂，但已足够推动两个孩子性冲动的发展。在这种孩子间的普通游戏结束后的若干年里，性冲动逐渐发展为手淫行为。她们的经历虽然相同，结果却不大一样。看门人的女儿将继续手淫行为，或许直到月经初潮，那时停止手淫行为当无太大困难。许多年以后，她也许会找到一个爱人，或许会生一个孩子。她或许会成为一名流行艺术家，最后变成了一个贵族。也许她的结局不那么引人注目，但至少她会平安过完一生，远离神经症的困扰，年幼时的性活动对她没有丝毫伤害。而另一个孩子受到的影响则大大不同，尽管她那时很小，却隐隐约约觉得做了错事。不久之后，也许在一些激烈的斗争之后，她极力摆脱了手淫带来的快感，但内心总有失落之感。直到童年早期偶然知道性事之后，她又会产生不可遏制的手淫冲动，不过她不愿意告诉别人，一直假装自己很纯洁。当她遇到心爱的男性时，神经症会突然发作，使她失去婚姻和生活的乐趣。假如我们通过精神分析而了解了神经症的经过，就会发现出身良好、聪明、有较高理想的女孩完全压抑了自己的性欲，但潜意识中性欲却附着在年幼时和玩伴所做的邪恶之事上。

同一经验，却发展出了两种不同的命运，原因在于其中一人的自我经历了发展，另一人的自我则停滞不前。看门人的女儿后来将性交看成和小时候做的事情一样自然而无害。屋主的女儿接受过良好的教育，于是接纳了所受教育的标准。她的自我在受到这样的刺激之后，形成了一种女人应纯洁寡欲的理想，与性行为难以调和；智力的发展又使她轻视女性应尽的义务。这种较高的道德标准和本我的智力发展与性的需求产生了矛盾。

今天，关于自我的发展，我想要再多讲一点，不仅是因为由此可以扩大我们的眼界，而且也可以证明我们在性本能和自我本能之间划出的严格界限是合理的。在讨论自我和力比多的若干发展中，我们必须强调一个之前没有经常提到的方面。自我和力比多从根本上说都是一种遗传，是人类在漫长时期中自上古时代开始的进化缩影。力比多很好地展现了种系发展的起源。如果你们愿意的话，请回忆一下，有些动物的生殖器与嘴密切相关，有些动物的生殖器与排泄器官相关，有些动物的生殖器则为运动器官的一部分。你们在 W · 伯尔舍（W. Bölsche）极具价值的书中可以找到饶有兴趣的描述。可以说，动物因为性组织的恒久形式而有多种倒错现象。人类的性活动虽然本质上具有遗传性，但不断重新由个人习得。假定占据主导地位的环境不变且继续对每个个体的人格施加影响，那么我们可以得出人类性行为的种系发展并不显著。我认为，原先可以引起行动的冲动，现在只能作为回忆的引子了。毫无疑问，每个个体的既定发展途径也可因最近影响而受到干扰或改变。我们实际上了解迫使人类不断发展的力量，即维持今天独一无二的压力的那股力量。这股力量正是现实施加的自我剥夺之力——或者冠之以宏大而实际的名字：必要性，即生存竞争。它像一位导师，虽然严苛，但在它的要求下，我们的才能得到了增长。神经症像是因导师的严苛而受到不良影响的孩子——但这种风险存在于所有教育当中。这个以生存竞争为进化动力的学说不需要对“内部的进化趋势”存有偏见，因为它的存在可被证明。

值得一提的是，性本能和自我保存的本能在遇到实际的必要性时，表现并不一致。自我保存的本能和一切隶属于自我的本能都较易控制，且很早就学会了适应必要性，能够根据现实的必要性来安排自身发展。这点很容易理解，因为它们无法用其他方式获得对象；而没有这些对象，个人便消失了。性本能更难驯服，因为它并不一定需要外部对象。性本能几乎寄生在机体的其他功能之上，通过自己的方式自动满足性欲，它们一开始便从真实必要性的驯化影响下撤出。性本能以种种方式存在于大多数人的一生，它们表现出固执而不可接近的特点，这些特点可被统称为非理性。年轻人的性需求达到顶峰时，所受的学校教育恰好结束；但精神分析的结果也许将影响他们，将教育中心转移到童年早期，始于开始吸奶的阶段。小孩通常在四五岁时发展为一个完整的生物，只是后来才逐渐显现其具备的天赋而已。

我们若要充分了解这两组本能的差异，便不得不偏离主题，将那些视为经济方面的因素考虑在内。因此我们进入了最重要但又不幸是最模糊的精神分析领域。我们自问在心理器官的工作中能否识别出一个根本性的目的。我们可以立即作答，这个目的便是追求快感。似乎我们的全部心理活动都指向获得快感的刺激，回避痛苦的刺激，且自动在唯乐原则（principle of pleasure）下运行。现在我们首先想要知道引起快感和痛苦的条件是什么，而这方面的知识正是我们所欠缺的。我们只能说快感刺激在某些方面涉及缓解、降低或消除当前心理器官受到的刺激量。从另一方面说，痛苦增加了刺激量。我们审视了人类可以获得的最强烈的快感，即性行为伴随的快感，发现了若干小的疑点。由于此类快感的过程注定与精神兴奋或能力的数量有关，所以我们将其称为经济因素。比起强调追求快感，我们似乎可以用一种不同的方式更为概括地描述心理器官的任务和动作。我们可以说心理器官是用来控制或发泄附加于本身之上的刺激量和能量的。性本能显然从发展的开始到最后都秉承着追求快感的目的；它一直保持着这种功能，变化很小。但自我本能在必要性的影响下很快学会用其他原则代替唯乐原则。避免痛苦几乎变得和追求快感同样重要；自我知道有时不得不舍弃直接的满足，延缓满足的享受，忍耐某些痛苦，甚至不得不放弃某种唯乐原则。自我受了这种教育之后，便变成了“合理的”。自我不再受唯乐原则控制，而以唯实原则为指导，虽然归根到底还是追求快感，但快感因现实原因延迟和缓解了。

从唯乐原则过渡到唯实原则是自我发展的最大进步。我们已经知道性本能不情不愿地通过了这个阶段，还知道人的性生活的满足仅因为有了外界现实这种微弱的基础，将会产生怎样的结果。因为人类的自我像力比多一样自有其进化的历史，所以你们不必惊讶于自我的退化。稍后，你们将了解自我退化到之前的发展阶段在神经症中起到了何种作用。

第二十三讲 症候的发展

在一般人眼中，症候体现了疾病的本质，治愈疾病便是消除症候。然而，医生发现，将症候和疾病区分开来非常重要，消除症候并不一定意味着疾病得到了治愈。当然，消除症候之后留下的唯一可见现象便是形成新症候的能力。所以，现在我们暂且接受一般人的观点，视理解症候等同于理解疾病。

当然，我们现在应对的是心理（或心因性）症候以及心理疾病，它们总体上对生活有害，或至少无用。个体一般十分厌恶这些症候和疾病，进而深感痛苦。它们的主要伤害在于其消耗的心理能量，以及克服症候和疾病所耗费的精力。症候广泛发展会令患者付出巨大的代价，其可用的心理能量会遭到极大地削弱和损害，以至于无法应对生活中的重要任务。由于结果取决于所耗费能量的多少，你们将很快明白“生病”本质上是一种现实概念。但如果你们从理论角度看，不考虑那些数量关系，会发现我们其实都有病，或者说都有神经症，因为正常人身上也表现出了症候发展的有利条件。

至于神经症症候，我们已经知道它们是满足力比多的新形式引起冲突的结果。相互竞争的两股力量在症候中再一次相遇，症候在发展中妥协，两者调和。这便是症候为何能够产生抗力的原因，至于抗力何以维持，则是由于两股力量不断碰撞。我们还知道冲突的一方是因现实原因未得到满足的力比多，它一定会寻求其他的满足方式。如果现实不容改变，那么即便力比多准备好放弃被剥夺的对象而代之以另一新对象，结果也一定会导向退化，促使力比多在以前已经克服过的组织或已经抛弃的对象上寻求快感。力比多在退化的过程中被引诱到之前发展阶段遗留下来的固着点上。

倒错的发展与神经症再次分道扬镳。如果退化未唤醒自我的抗力，那么神经症便不会发生，力比多会得到一些实际的满足，即便满足形式是非正常的。然而，自我不仅控制了意识，还统治着运动的神经支配和心理冲动的实现。如果自我不赞成这种退化，冲突便会发生。力比多被锁住，不得不另寻发泄的出路，以顺从唯乐原则的要求。它必须避开自我。发展中形成的固着提供了逃避之所，自我曾以压抑作用来对抗这些执着点。力比多退回并占据了这些被压抑的位置，因此也摆脱了自我及自我法则的支配。与此同时，力比多也摆脱了之前在自我指导下受到的一切训练。假如力比多有机会得到满足，便易于控制。但现实是力比多在外部剥夺和内部剥夺的双重压力之下，变得难以驾驭，迷恋于从前更加快乐的时光。这便是力比多的特点，从根本上说是难以改变的。现在力比多所依附的观点属于前意识系统，因此也有此系统的特有历程，尤其是压缩作用和移置作用。这里的情状和梦的形成完全具有可比性。正如隐性梦境意义，幻想的满足首先形成于前意识中，接着一定会经历意识历程，然后经过审查和同意，进入显性梦境，造成一种和解的方式。所以前意识中代表力比多的观点一定会与前意识的自我力量展开抗争。自我既然如此抗拒力比多，后者便不得不采用一种特殊的表现方式，好使两方面的力量都得到相当的发泄。因此，症候便会形成，作为潜意识里力比多欲望的多重化满足，也可以视作人为地将两种完全矛盾的意义有选择性地混合起来。我们单从最后一点就意识到了梦和症候发展之间的一大差异，因为形成梦的唯一前意识目的是维持睡眠，并消除意识中任何可能打扰睡眠的因素；可是它对于潜意识的欲望冲动绝不采取严厉的禁止态度。相反，因为人在睡眠时危险较小，梦的目的更具包容性。单是睡眠状态便足以保证欲望不能变成现实。

你们可以看出，力比多在遇到冲突时能够逃脱，就是因为固着点的存在。力比多退回到固着点之上，便逃脱了压抑作用，在保持着妥协的情况下，获得了一种发泄或满足。力比多以这种迂回的方法，通过潜意识和过去的执着点，最终成功地获得了某种满足，尽管这种满足极为有限，几乎难以辨别。现在请允许我就最后的结果多说两点。首先，我希望你们一方面能注意到力比多和潜意识之间的密切关联，另一方面注意自我、意识和现实之间的关联。不过，目前十分明显的关联并不意味着它们原本实为一体。希望你们能够一直记得我所说的一切，接下来的内容将和歇斯底里症的症候发展有关。

力比多必须在哪里找到固着点才能冲破压力的作用呢？可以在婴儿的性活动和性经验里，在被放弃的部分冲动里，也可以在儿童期被抛弃的对象上。力比多再一次退回到这些地方。儿童期具有双重意义：首先，儿童的先天性本能倾向在这一时期第一次出现；其次，与此同时，环境影响和偶然的经历首次唤醒了儿童的其他本能。在我看来，这种双重意义很有道理。我们很难去批判内心倾向显露于外的论断，但实际上根据分析的结果，我们不得不假设儿童期的单纯偶然经历能够使力比多产生固着。这里不存在任何理论困难。毫无疑问，天赋倾向是前代祖先经验的遗产；它们也一定是习得的，如果没有学习能力，我们也无法获得所谓的遗传。习得的特性本可遗传给后代，我们可以想象它一到后代就消失了吗？然而，比起祖辈经验或成人时期的经验，婴儿期经验的重要性不应该如此频繁地被忽视。相反，我们应该对其格外重视。婴儿期的个体因为发育尚不完全，容易受到创伤，所以易产生重要后果。鲁（Roux）等人对发展机制的研究告诉我们，一针刺入一个正在分裂的胚胎细胞团，可引起极大的混乱；而幼虫或发育完全的动物受到相同的伤害时，则可能完全无恙。

我们之前已经指出，成人的力比多固着是神经症体质的构成因素，现在可再分为两种因素，即天赋和童年早期习得的倾向。我知道学生都喜欢表格式的记载，所以将它们的关系列表如下：

神经症的原因 = 力比多固着所产生的倾向 + 偶然的经验（创伤性元素）

性的组织（祖先的经验）　　婴儿期的经验

遗传的性组织由于对部分功能的侧重点不同，有时只有一种，有时则混合为多种，所以表现出了许多不同的倾向。在婴儿期经验因素的作用下，性的组织中形成了一个“互补系”，与之前所述的成人的倾向和偶然经验的形成非常相似。我们可以在其中发现同样的极端例子和类似关系。在此，问题变成了力比多最为显著的退化，即那些退回性组织最早阶段的力比多，是否一定受遗传组织因素的制约。不过，在我们更广泛地研究不同形式的神经症之前，最好先不要回答这个问题。

神经症的分析研究表明，神经症患者的力比多依附于他们幼年的性经验之上。我们现在需要花一点时间来研究这个问题。由此看来，这些经验对人类生活和健康都很重要。它们在治疗上的重要性也毫不逊色。但即使我们没有考虑到这一点，也不难知道这一层难免有被误解的危险，这种误解会使我们完全从神经症的情境中观察生活。力比多被迫离开后来的位置后，才退回到婴儿期的经验里，而婴儿期经验的重要性最终也减弱了。因此，我们可以得出相反的结论：力比多的经验在其发生时并不重要，而在习得退化之后，才变得重要起来。你们应该还记得我们在讲述俄狄浦斯情结时，也讨论过类似的问题。

要解决这个问题对我们来说一点儿也不困难。退化作用大大增强了婴儿期经验中的力比多，进而涉及致病因素。这一论断毫无疑问是正确的，但我们绝不能以此为决定因素，其他因素也应该被考虑在内。

首先，通过观察，我们发现婴儿期的经验对儿童期造成了特殊的影响。这一点毋庸置疑。此外，在儿童神经症中，移置因素必然大大减少乃至完全消失，因为儿童神经症是紧随创伤性经验之后形成的。正如儿童的梦提供了理解成人梦境的钥匙一样，对婴儿期神经症的研究可以令我们避免许多对成人神经症的危险误解。实际上，儿童患神经症的频率比我们想象的要高得多。但疾病的症候常被忽视，或被看作调皮捣蛋，保姆等权威人士常压抑儿童的病征。不过，回顾过去，我们却能轻易分辨出儿童神经症的症候。最常见的形态是焦虑型歇斯底里症，我们可以从另外一个例子中得出其含义。当神经症在后来的生活中发作时，通过分析我们通常可以发现它是婴儿期疾病的延续，只不过发展得模糊了而已。但是，正如此前病例所述，儿童期的神经症未被打断，变成了一生的痛苦。就少数例子而言，我们固然可在神经症的状况之下分析一个儿童，但更多时候我们不得不以成年得病的人来推想儿童可能患上的神经症，只是我们在推想时必须特别谨慎，才能避免出错。

其次，我们必须承认，如果童年期没有吸引力比多的东西，力比多普遍退回到童年期便无法解释了。只有当我们假定某一特殊发展阶段附着了一定分量的力比多时，这些阶段的固着点才有意义。最后，我想提醒大家，婴儿期及后来的经验强度与病原上的重要性之间存在一种互补关系，与前面研究的互补系类似。在一些例子中，全部病因都在于儿童期的性经验，这些印象无疑有一种创伤性的效果，只需一般的性组织及不成熟的发展作为基础，便足以致病。还有一些例子，致病原因完全在于后来的冲突，分析之所以侧重儿童期的印象完全是因为“退化”的结果，而两者之间又有不同程度的混合。

这些关系对教育有所启发。有人认为，如果较早地干预儿童的性发展，便能防止神经症。只要我们将注意力集中在婴儿的性经验上，必然会认为只要儿童的性发展被延缓，让儿童不要有性经验，便算是采取了一些尽可能的措施来预防疾病的发生。不过，我们已经知道引起神经症的条件更加复杂，总体来说单一因素无法单独产生影响。儿童期的严格防范毫无价值，因为它无力阻止先天的结构因素。此外，这种疾病防治起来比教育家设想得要困难得多。防治会产生两项新的危险因素，我们不可低估。也许控制得太严了，儿童到了青春期时反而无力抵抗强烈的性需求。因此，我们对儿童期内预防神经症的工作是否有利毫无把握。改变对事实的态度，然后研究问题，似乎才是预防神经症的一个更好的方法。

让我们回到对症候的讨论上。症候可以作为患者现实中缺乏的替代性满足，力比多退化到早期，也就是退回到对象选择和性组织的较早阶段。我们已经知道，神经症患者常执着于过去的某段时间，我们现在知道过去那段时期正是力比多得到满足并感到快乐的时期。他在生活中不断寻找同样的时期，直到发现，甚至会凭借记忆或后来的暗示重新构建，以求回到吸奶的时光。症候在一定程度上重复了婴儿期的满足方式，虽然这种方式由于矛盾而带来的审查作用，不得不有所伪装。结果症候转变成一种痛苦的感受，并融合了其他致病因素。随症候而来的满足，患者不但不觉得快乐，反而深以为苦，唯恐避之不及。这种转化起源于心理冲突，症候起源于这种冲突的压力之下。从前视为满足的，现在却只能引起个人的反感和厌恶。关于这种感受的转变，我们都知道一个简单而具有指导意义的例子：孩子本来很喜欢吮吸母亲的乳房，但几年之后，却常对乳汁表示厌恶，这种厌恶感常常难以克服。假如乳汁或其他替代性液体的表面形成了一层薄膜，这种厌恶竟可变为恐惧了。我们很难不认为这层薄膜可能让孩子想起了曾经酷爱的母亲的乳房；与此同时，断奶的创伤经验可能也产生了一定影响。

还有其他的一些因素让我们无法理解为何症候会作为满足力比多的方式。我们日常可视为满足的事情，没有一件见于症候。它们常不需要对象，因此放弃了与外界现实的接触。我们知道这是放弃唯实原则，返回唯乐原则的结果。但这也返回到了一种扩大化了的自淫，进而产生了最早期的满足性冲动的方法。我们不改变外部世界，而是寻求自身的改变，换句话说用内部反应取代外部反应，内心进行调整而不采取行动。从种系发展的角度看，这表达了一种非常重要的退化。通过对症候发展的分析研究，我们发现了一个新的元素。假如我们将退化和这个新因素合并讨论，这一点就更加清楚了。此外，我们记得症候形成过程中潜意识的历程和梦的形成同理，其中也涉及压缩作用和移置作用。与梦类似，症候代表了一种满足——一种幼稚的满足。因为极端的压缩，这种满足可以化为一个单独的感觉或神经兴奋；抑或通过极端置换作用，满足被限制在整个力比多情结的一个很小的元素上。因此，我们不容易在症候中看出力比多的满足，这就不足为怪了，虽然我们常常可以推想并证明其存在。

之前已经说过，我们必须熟悉一个新的因素，即便这个因素确实令人惊奇和困惑。通过对症候的分析，我们得出了一些关于婴儿期经验的知识，力比多执着于婴儿期的经验，症候也由此产生。可是，怪就怪在婴儿期的经验未必都是真实的。在大多数例子中，婴儿期的经验都不是真实的，有些恰恰与过去的事实相反。你们会认为，这一发现要么使得上述结果的整个分析都变得不可信了，要么说明患者的陈述有假，或者说明整个神经症分析都不可靠。此外，还有一点令人极为困惑。如果分析透露的婴儿期经验都是真实的，那么我们应该感到研究有了稳固的基础；假如它们都是患者伪造或幻想出来的，那么我们应该抛弃这种不真实的基础，另寻确定的道路。然而事实是两者都不是实际情况，因为我们在分析研究中发现，患者所回忆或重构的儿童期经验有的是假的，而有的却毫无疑问是真实的，就大多数的案例而言，分析所得的结果往往是真假参半的。所以症候所代表的经验有时千真万确，我们相信它对于力比多的执着有着很大的影响；有时其所代表的只是患者的幻想，这对病原学的研究来说当然无关紧要。这里要求得一个解决方法也不容易。类似的发现也许可以得出第一个线索，即个人普遍怀有散落的童年记忆。这些记忆同样也可以伪造，或者至少是真伪相混的。看出其中的错误之处并不困难，我们至少可以知道这个意外失望的责任多少应归结为分析之过，多少应归结为患者之过。

稍作反思，我们很容易理解为何此事如此令人困惑。问题在于，我们没有充分考虑现实，忽略了将事实与幻想区分开来。我们很容易觉得，听患者讲幻想出来的故事简直是在浪费时间。在我们的思维中，现实与幻想之间存在着巨大鸿沟，我们分别赋予了它们不同的价值。患者思维正常时，也采取相同的态度。当患者给出一些材料引导我们回到儿童期经验塑造的欲望情境时，我们一开始当然会怀疑这些材料是事实的还是幻想的。之后，某些特质决定了材料的真假。而且我们还要设法使患者也知道这一层，这项工作很不容易完成。如果我们一开始就告诉患者，他所述的是用来掩盖儿童期经验的幻想，正如每一民族都把神话夹杂在远古时期的历史中一样，那么他对进一步探究问题的兴趣便会锐减。他也会轻视“幻想”，希望发现现实。但如果直到分析完成后，我们才告诉患者他所说的可能不是童年实际发生的事情，又存在发生错误的危险，那么患者就会讥笑我们受骗了。在很长一段时间内，他都无法和自己的想法达成一致，无法相信幻想和现实都可受到同等对待，而且在开始的时候，我们可以忽略关于儿童期经验的回忆究竟是想象出来的还是真实发生的事情。不过，这是对心理产物唯一正确的态度，因为从某种意义上说，它们都是真实的。事实是患者可以自己创造出这些幻想，至于它们究竟是神经症的症候还是真实的经历，并不太重要。这些幻想代表与物质现实相反的心理现实。我们渐渐理解了在神经症领域里，心理现实才是唯一的重要因素。

神经症在儿童期常发生的经验事实从不缺乏几点特殊的意义，因此我认为值得特别注意。我想举下面几个例子：(1) 观察父母性交；(2) 为成人所引诱；(3) 对于被阉割的恐惧。你们如果以为这些事绝对不会出现在现实中，就大错特错了。成人亲属可以证实这点。例如，小男孩常玩弄自己的生殖器，不知道应该隐藏这种动作。父母或保姆看到之后，便会威胁要割掉他的生殖器或罪恶的手。父母在被询问时一般都会觉得恐吓做法是很正确的；许多人还清晰地记得这些威胁，如果此类事件发生在童年晚期的话，记忆便更加清楚了。假如提出恐吓的人是母亲或其他女人，她便往往将执行惩罚的人说成是父亲或医生。法兰克福有一位儿科医生霍夫曼(Hoffmann)，出版了著名的《蓬蓬头彼得》(*Struwwelpeter*)。这本书之所以著名是因为它对儿童时期的性和其他情结都有很好的理解。在书中，你们会发现阉割被另一种较为柔和的惩罚替代，大人会威胁孩子，如果不改掉吮吸手指的毛病，就把他的大拇指割掉。从对神经症的分析来看，阉割的恐吓很常见，然而事实上并非如此。我们可以理解，儿童因受成人的暗示，知道用自淫来满足欲望是为社会所不许的，他从阉割的印象中了解了女性生殖器的样子。此外，一个小孩子虽然不理解或者没有记忆，但他很可能目睹过父母或其他成人性交，我们有理由相信他后来能懂得当时所得的印象，而且会产生反应。但如果他从未观察过性交，而能详述性交的动作，或者将性交描述为背入式而非面对面，那么毫无疑问这种幻想来自于对动物(狗)的观察，而且其动机在于儿童在青春期内未曾被满足的性好奇。他还会幻想自己在娘胎中父母性交的情景，可谓极尽想象。我们对被引诱的幻想有着特殊的兴趣，因为它们常不是幻想，而是真实发生的事情。不过，幸运的是，它成为事实远没有分析结果想象的那么常见，且受年长的孩子或同龄儿童引诱的机会远多于受成人引诱。对于小女孩而言，引诱者常常是她的父亲，这种罪名的奇妙本质和动机便都不再存疑了。如果没有实际上的引诱，儿童便用幻想出来的引诱来掩饰自慰行为。儿童在童年早期想象出一个欲望对象，以此为自慰的羞愧感开脱。所以，你们不要以为儿童受近亲引诱的事情纯属虚构。大多数分析师在治疗中都发现确有此事，不必存疑，只不过这些事件实际上本属于童年较晚时期，现在被转移到了较早的儿童期罢了。

我们无法不产生这样的印象——要引发神经症，必须在儿童期有这样的经验，这似乎是一条铁律。假如它们存在于现实中，那不是很好吗？如果实际上不曾有这样的经验，那么它们必定起源于暗示，且经由想象补充。结果反正是一样的，在儿童期经验中占重要地位的无论是幻想还是现实，我们都无法在结果中找到任何不同之处。现在我们再一次遇到了之前讨论过的互补系的一种，而且是最奇怪的一种。这些幻想的必要性和材料究竟来自哪里呢？毫无疑问，它们来源于冲动，但我们必须解释为什么幻想总是由相同的内容创造出来。现在，我想给出一个答案。这个答案由你们看来似乎太牵强附会了。我希望用原始幻想（primal phantasies）来称呼这一幻想及其他的一些幻想。我认为原始幻想乃是种系所有的。在原始幻想中，个人超越了自己的生活，进入了古人的体验之中，个体的经验不能得到充分的发展。在我看来，分析中获得的一切幻想，如儿童期的引诱、窥见父母性交而引起的性兴奋、被阉割的恐惧，或者阉割本身，在人类史前时期都是事实，儿童只是通过想象填补了史前事实和个人事实之间的间隙。我一再怀疑神经症的心理学无论与哪一种学科相比，都更能提供人类发展的最初模型。

刚才讨论的事情使我们有必要进一步探究想象这种心理活动的起源和意义。众所周知，虽然我们从未清楚地了解想象在精神生活中的地位，但人们普遍知道它很重要。你们知道，人类自我在外界必要性影响的教育下逐渐学会尊重现实，追求唯实原则，于是便不得不暂时或永久性地放弃种种唯乐原则的对象和目标，不仅是关于性的。但对人类来说，摒弃快乐总是非常困难，他不得不寻求补偿。于是，他逐渐产生了一种心理活动，所有被放弃的快感来源和快感满足方式都允许在其中继续存在，它们脱离了现实的要求或所谓的“现实考验”的活动，每种冲动都很快转变为自身满足的形式。这种想象出来的满足当然可以部分达到目的，虽然明知道它不是真实的。在这种想象的活动中，人能够享受早就宣布摒弃的自由而不受外界束缚。于是，他忽为求乐动物，忽为理性的人类。他现在从现实中勉强获取的微少满足并不够。丰唐（Fontane）曾说：“有所作为就会有连带而来的产物。”创造幻想的精神领域与建立“物种保护计划”和“栖息地保育计划”完全类似。畜牧业、交通运输业和工业的威胁很快将地球弄得面目全非，自然保护区维持了自然的原始环境。如若不然，一切都会为必要性牺牲，这将令人十分遗憾。在保护区内，一切都可以按照原本的方式生长蔓延，即便是无用和有害的东西。幻想的心理现实便是唯实原则下的一片保护区。

我们已经知道，幻想最著名的产物是所谓的“白日梦”，它是野心、夸大和性爱欲望的满足。实际越需要谦虚，幻想便越发骄傲夸大。不可否认，其本质是想象出的快乐，也就是一种不受现实约束的满足。我们知道白日梦是夜间梦境的核心和模型。夜间梦境本质上是一场白日梦，被心理活动的夜间形式扭曲，夜晚赋予了本能冲动和自由，使得夜梦成为可能。白日梦不一定属于意识，也存在无意识的白日梦，对于这点我们早已熟知。这种潜意识的白日梦兼为夜梦和神经症的根源。

下面的解释将会让你们明白幻想对症候发展的意义：我们已经说过，在克己的情况下，力比多发生退行，占据了原本被抛弃的位置，并以某种方式固着在那里。我们既不应该撤回该陈述，也不应该纠正它。我们应该做的是插入一个丢失的链接。力比多是如何找到固着点的呢？好吧，其实力比多所丢弃的对象和倾向并不曾被完全抛弃。力比多或它们的副产物都仍旧停留在幻想中，并具有一定的强度。力比多只需要退回到想象中，便可以找到通往所有被压抑的固着点的道路。这些幻想原为自我所宽容，它们与自我之间没有冲突，无论对比多么鲜明，自我也因此得到发展，这本来依靠某种条件保持不变——这是一种量化的条件，因力比多返回幻想而受到干扰。通过这点补充，幻想的能量达到顶点，以致变得奋勇直前，力求变成现实。但幻想和自我不可避免地由此发生冲突。无论幻想之前属于意识还是潜意识，现在都被置于本我的压抑之下，成为潜意识吸引力的受害者。力比多由潜意识的幻想而深入到潜意识内幻想的根源后，又退回到了力比多原来的固着点上。

力比多返回幻想是症候发展道路上的过渡阶段，我们应该给它起一个特殊的名字。荣格（C. G. Jung）创造了一个非常恰当的名字——“内倾”（introversion），但他却不恰当地用其指称了一些其他的东西。因此，我们坚持认为，力比多偏离了实际的满足，转而过分聚集于此前被视为无害的幻想上，这种历程便被称为内向。内向的人还不能算作神经症，他只是处于一种不稳定的状况之下。如果他无法为蓄积的力比多找到其他的发泄口，并受到下一种移置作用的影响，便一定会发展出症候。神经症满足的虚幻性以及他对于想象和现实之间的疏忽，已经由力比多停留在内向阶段上决定了。

你们应该已经注意到了，我在上述讨论中将一个新的元素引入了病因的线索之中，即能量的数量。我们必须始终将这个因素考虑在内。对致病条件进行单纯的定量分析是不够的，换句话说，以动态概念定义这个心理历程并不充分。我们需要从经济的视角来看。我们要知道，两种相反的力纵然早已具备实质性的条件，也不一定会产生冲突，除非两者都达到了相当的强度。类似地，构成因素的致病原因取决于某部分本能较其他部分占据优势。我们甚至可以说，所有人的倾向从质上来说都是相同的，仅在量上有所不同。数量成分对抵抗神经症来说非常重要。一个人能否患病，取决于这个人能够自由保留多少用不掉的力比多，以及力比多有多大部分能从性的方面升华而转移到非性方面。从质上来说，心理活动的最终目标可以被描述为追求快感，避免痛苦；而从经济的角度来看，则表现为克服心理器官中所现存的刺激量，以避免那些引起痛苦的阻力。

这便是我希望告诉你们的有关神经症症候发展的知识。但请不要忽略我对如下这点的强调：我所说的每一点都与歇斯底里症症候的发展有关。即便在存在诸多不同的强迫性神经症中，其本质也是相同的。在歇斯底里症中，自我对本能满足的要求表示反抗，这种反抗在强迫性神经症中更为显著，并且通过所谓的“反向形成”控制了临床表现。我们可以在其他神经症中发现意义更为深远的同类变种，关于其症候发展的研究绝没有完成。

在今天的讲座结束之前，我希望你们能将注意力转移到大家对想象和现实都感兴趣的一个方面上。想象也有可能返回现实，那便是艺术。艺术家也显示出一种反求于内的倾向，他和神经症患者相去不远，也为太强的本能需要所迫。他想要获得荣誉、权力、富裕、名利和女人的爱，但他缺少实现这些满足的方式。因此，他像其他未获得满足的人一样，从现实中抽离，将他的所有兴趣、力比多转移到了其幻想生活的愿望建构之上，这所有的一切都能轻易地指向神经症。许多因素联合起来可以终止神经症的发展；其实，艺术家也常因神经症而令才能部分受阻。显然，艺术家的禀赋具有强大的升华能力，可以转变决定冲突的压抑。艺术家以这种方式找到了回到现实的道路，他不是唯一拥有想象生活的人。幻想的世界是人类共同允许的，无论哪一个有愿未遂的人都可以借助幻想求得安慰。但没有艺术修养的人从想象中获得的满足十分有限。压抑作用是残酷无情的，所以他们只能通过成为意识的白日梦求得满足。真正的艺术家则不然。首先，他知道如何加工白日梦，以使其失去个人色彩，能够帮助其他人获得满足。其次，他也知道应该如何伪装白日梦，以便不轻易透露其可耻的源头。艺术家还拥有将特定材料塑造成想象中真实人物形象的奇妙能力，这样他便能将强烈的快感附加在无意识幻想之上，至少可以暂时控制压抑作用。如果这一切能够完成，他就可以和他人共同享受潜意识的快乐，从而得到慰藉。通过想象，他自己也赢得了感激和钦佩，获得了从前只能从幻想中得到的东西，比如荣誉、权力和女人的爱。

第二十四讲　普通神经失衡

在上一讲中，我们完成了一项艰巨的任务。现在我想暂时离开主题，听听你们的意见。

我清楚地知道你们并不满意。你们以为精神分析引论会和我所讲的大不相同；你们期待听到的是生动的例子，而不是理论；你们会告诉我“楼上与楼下”的例子让你们对神经症的起因有所了解，当然这个例子如果来自于真实的观察而不是想象出来的故事就更好了。或者，开始的时候我描述了两种症候（希望不是想象出来的），其分析与患者的生活有着密切的关系，你们开始理解了症候的意义并且希望我用相同的方式继续讲解。相反，我却向你们阐述了复杂的理论知识，不仅难以理解，而且不太完整，还经常往里面添加新的内容。我讲述了你们之前从未听过的概念，放弃了对动态概念做描述性研究，转而寻找经济的解释。我使用了很多创造出来的术语来表达同一个意思，有时相互调换只是为了悦耳而已。最后，我又举了许多不着边际的概念：唯乐原则、唯实原则、种系遗传等；接着，我没有引入确定的事实，而是任凭它们变得越来越模糊，直到被抛到了九霄云外。

为什么我不以你们熟悉的关于神经失衡的事实作为神经症理论的引子呢？比如一些你们总是很感兴趣的问题，像神经失调患者独有的气质，对外界影响不可理喻的反应，人类的性交，应激性和无能感呢？为什么我不带领你们一步步由浅入深地，从日常生活中简单的神经失衡逐渐讲到那些神秘而极端的表现呢？

我们不能说你们错了。我对自己的陈述能力尚不至于如此夸许，竟会认为所指出的每一处瑕疵都是我别有用心的表现。为了对你们有利，我相信自己本来可以换一个方式。我最初的用意也确实如此，但一个人无法总实行自己理智的计划。材料本身常常突然介入若干事实，轻易地改变了我们的计划。熟悉的材料陈述起来也不能尽如作者之意。往往话已说过，事后我们又奇怪自己为什么要这样说，而不那样说。

也许你们这样觉得的其中一个原因是本书的书名《精神分析引论》已经不再适用于神经症的部分。过失研究和梦的研究才属于精神分析引论，而神经症理论则是精神分析的主体部分。我认为在如此短暂的时间里无法全面阐述神经症理论所包含的材料，只能做简要的叙述。我需要有关联性地向你们陈述症候的意义和解释，其外部和内部条件，以及症候形成的机制。这就是我所要做的工作，也就是现代精神分析所能提供的核心材料。我已经说了许多关于力比多及其发展和本我发展的内容，引论也已经让你们具备了技术的基础知识以及潜意识和压抑（抗拒）的大部分知识。在后续的讲座中，你们将了解到精神分析的工作究竟在哪一点上找到了它的有机衔接。现在我不愿向你们隐瞒这个事实——我们得出的所有结果仅基于单一一组神经症，即所谓的移情神经症。尽管你们未能得到彻底而详尽的知识，我仍然希望你们对精神分析法、精神分析问题和结果有较好的了解。

假如你们希望我先描述神经症的行为极其痛苦的本质，以及如何患病、如何适应等，这些主题当然很有趣，也值得研究。此外，这些问题也不难处理。不过，以它们开头并不明智。因为这其中隐藏着一系列风险，比如无法发现潜意识，忽视力比多的重要意义等，而且一切事件都将根据患者的自我观点来判断。显然，自我既不可靠，也不属于不带偏见的权威，是会否认和压抑潜意识的力量的。在潜意识的问题上，我们怎么能期待实现公正呢？受压抑最厉害的是被否定的性需求。从自我的角度看，我们自然永远无法了解其程度和意义。我们一旦知道了压抑作用的性质，就会变得足够警觉，不允许这个自我，即胜利者，充当争斗的裁判了。我们已经准备好提防自我的证词，以免误入歧途。如果我们相信自我的证据，那么它好像自始至终都是一股活跃的力量，所有症候的发生也好像是由它的愿望和意志所造成的。我们知道大部分事件发生时自我都处于被动的地位，这是它要设法掩饰的事实。当然，它并不总试图这样做。在强迫性神经症症候中，它不得不承认自己遇到了一些难以抵抗的势力。

一个人若不注意这些警告，认为自我的推诿搪塞便是事实，显然一切都可顺利进行了，而且他还可以避开精神分析所强调的潜意识、性欲和自我的被动性的种种抗力。阿尔弗雷德·阿德勒（Alfred Adler）认为“神经失衡”是神经症的原因而非结果，但却无法解释症候形成的各个细节，也无法解析单个的梦境。

你们会问：我们可不可以既重视自我在神经失衡和症候形成中所起的作用，同时又不忽视精神分析所揭示的因素呢？我的回答是，说不定某个时候，就有可能会发生这样的事情。但我们组织精神分析研究工作的方法并不适合以这项任务开始，我们可以预见这项任务一定有需要得到精神分析关注的时候。有一种神经症叫作自恋型神经症，其中自我和神经症的关系比起我们所做的任何其他研究都要密切得多。这些条件的分析调研将帮助我们不带偏见地判断自我在神经症中所起的作用。

自我和神经症的这一层关系十分明显，我们必须在一开始就有所考虑。这层关系存在于所有病例中，在创伤性神经症中最为清晰可见，而目前为止我们还未能明确其条件。你们一定要知道，在各类神经症的起因中，都有同样的因素，而我们只强调了症候形成过程中活跃因素的不断转换。一个剧团的每个演员都有自己的戏份要演——英雄、恶棍、密友等，但每一个人都会选择不同的戏份以符合自己的口味。所以形成症候的幻念绝不像在歇斯底里症中那么明显。强迫性神经症从本质上说受反向形成主导，即自我的“反攻”；在妄想症中，幻想以梦内润饰的机制为特点。

在创伤性神经症中，特别是由战争的恐怖引起的创伤性神经症中，自私的自我冲动给我们留下了尤为深刻的印象，它力图寻找保护和利益。其本身虽并不足以构成病因，但疾病形成之后，便依赖它们维持下去。它的动机在于保护自我远离引起疾病的危险，但也不愿意恢复健康，除非危险完全消除，抑或从正在发生的危险中获得了补偿。

自我对于其他一切神经症的起源和维持都有类似的兴趣。我已经说过，症候受自我的保护而存在，因为症候有一面是可以从压抑的自我趋势中求得满足。此外，症候发展可以结束冲突，进而将抗力降至最低，从而提供解决唯乐原则的最便捷的方法。尽管在症候形成的过程中，自我毫无疑问地免去了精神上的痛苦。对某些神经症而言，就连医生也不得不承认，用神经症来解决冲突，是一种最无害的方法，也是最容易被社会容忍的方法。有时医生自己也在与神经症的斗争中学到了这点，请你们不要大惊失色。医生不可能在所有生活状态下都扮演保卫健康的勇敢斗士。他明白世界不仅包含神经症的痛苦，还有许多不能克服的真实困难；他明白一个人出于需要，可以牺牲个人健康；他还知道一个人若有了这种病痛，往往可以避免许多其他的人遭受同样的病痛。所以，如果我们说神经症患者借助疾病逃避冲突，那么必须承认在一些情况下这种逃避是合情合理的。医生知道这种情形，也只好默许了。

不过，在未来的讨论中，我们将不会继续涉及这种特例。在一般情况下，自我既然求助于神经症，便在内心形成了“因病获益”的心理。在某种情形之下，也可能延伸出一种具体的外部利益，在实际中也稍有价值。请你们将注意力转移到最常发生的此类事件上。受丈夫残暴对待的妻子总以神经症逃避现实，只要她之前有此倾向便可。假如这个女人过于懦弱或守旧，不敢从另一个男人的怀抱中寻求温暖，或面对反对意见不敢与丈夫分离，再假如她没有独立生活的能力，或没有希望找到一个更好的丈夫，最后在性方面仍强烈地依恋着这个残暴的男人，那么通常会发生这种情况。她的病成了与丈夫斗争的武器，她可以用疾病来自保或实施报复。也许她不敢抱怨丈夫，却可以抱怨疾病的苦恼，医生成了她的助手。本来异常粗暴的丈夫，现在不得不宽恕她，遂了她的愿，允许她离开家，从婚姻生活的压迫中解脱出来。假如由病而得的这种外部的偶然利益非常显著，且在现实生活中无可替代，那么你们便可预见治疗对神经症的影响一定微乎其微了。

你们会说，我所说的这些从疾病中获利的情况完全建立在此前被我亲口否认的假说之上，即自我本身会创造出神经症。请稍等一下！也许这只意味着自我被动地遭受存在的神经症，用任何方式都无法阻止发病。假使神经症有什么可利用之处，那么自我便尽量加以利用。这只是问题有利的一面。自我只希望从神经症中获得益处，但神经症怎么可能只带来益处呢？大致而言，自我遭受神经症后一定会有所损失。症候为了缓解冲突付出了太大的代价，它在感官上造成的痛苦也许和冲突带来的挣扎一样令人难受，甚至常常让人更加不适。自我一边想要摆脱症候的痛苦，一边又不愿意放弃从疾病中得到的好处，这是不可能两全的。由此看来，自我不愿意像最初设想的那样一直活跃，我们需要谨记这点。

如果你们作为医生接触过神经症患者，便可立即发现，对病苦抱怨声最大的并不是那些最欢迎医生帮助、对治疗抵抗最小的患者。相反，你们可以理解，从疾病中获得的每项益处都会加强对压抑的抗拒，从而增加治疗的难度。疾病产生的症候所带来的益处还有一点。像疾病那样的心理组织，若持续的时间较久，便获得了一种独立的实体性质。它会表现出一种类似自我保存的倾向，在自身和精神生活的其他部分之间获得一种“暂时安排”（modus vivendi），甚至连根本相反的部分也不例外。在某个时机被证明既有利可图又有实用价值时，疾病可以获得一种第二机能（secondary function），以强化自身的存在。我们现在不从疾病而从日常生活中举例。一个靠做工为生的人在工作中意外受伤，成了残废，再也不能工作了。不过，不久之后，他获得了一笔为数不多的意外保险补偿，而且还学会了乞讨为生。他的新生活虽然低贱，但正因为旧生活破坏才得以维持。如果你们治好了他的残疾，他将无以乞讨，生活便无法维持下去。那么，问题来了：他能重新去做之前的工作吗？神经症如果也有这种附带利益，我们便可使之和第一种利益相并列，并命名为由病获得的第二种利益。

一般说来，我会警告你们不要低估因病得益的实际意义，也不要过于看重其理论意义。除了之前已经承认的特例之外，我常常想起《散页画报》(*Fliegende Blätter*)中奥伯兰德尔(Oberlander)所绘的插图“动物的智慧”。一个阿拉伯人沿着一条陡峭而狭长的山路骑骆驼。在一个转弯处，一只狮子突然向他猛扑过来。他无路可逃，一边是峭壁，一边是深渊，退避和逃走都不可能，只能俯首待毙了。但骆驼则不然，它载着主人跳入一旁的深渊，狮子只好干瞪眼了。神经症能给患者的帮助也不过如此，这可能是由于以症候发展来解决冲突毕竟只是一种自动化的过程，无法满足生活的需求，出于这点人们宣布放弃其最崇高的才能。此时如果还有选择的可能，那么较光荣的做法是上去和命运一搏。

我仍未向大家解释，为什么不以普通神经失衡作为神经症理论的出发点。你们可能会猜测，如果我这么做的话，会更难得到性是神经症病因的证据，所以才退缩了。你们这么想便错了。在移情神经症中，我们必须分析症候，才能得出结论。不过，在所谓的实际神经症(ture neuroses)中，性生活的病理学意义仍有待观察。20年前，我曾问自己，在检查神经症患者时，为什么不考虑一切关于性活动的问题。为了研究此事，我逐渐引起了患者的不满。不过在简单的调查之后，我发现没有任何一个神经症患者，至少是实际神经症患者，有正常的性生活。当然，这一结论很大程度上忽略了个体差异，“正常”一词还缺乏固定的意义，但直到今天这个理论还有其相当的价值。当时，我开始对神经症的不正常性行为进行比较，现在如果有类似的材料，我也能进行同样的观察。我经常注意到人们会通过不完整的性快感得到满足，比如手淫，这可能导致实际神经症。如果替换以其他较无害的性组织，这种神经症将很快转变为另一种形式。我从患者状况的变化可以猜测出其性生活模式的变化。此外，我学会了坚持自己的设想，直到患者不再推诿搪塞，不得不承认我的论断。当然，患者接下来可能会另寻高明，找一个不那么坚持询问其性生活的医生去咨询了。

我也不得不指出，疾病的起源并不总能追溯到性生活上；性异常可能会导致一个人得病，但一个人得病也可能是因为丧失财产或最近遭受了严重的机体失调。自我和力比多之间的关系可以帮助我们更加深刻地理解这些变化，我们的洞见越深邃，得到的结果便越令人满意。当一个人的自我丧失了和力比多的协调能力之后，他便可能患上神经症。自我力量越强，解决问题便越简单。无论出于何种原因，自我只要削弱，力比多的需求便会显著增强。自我和力比多之间还存着其他更为密切的关系，我们今天就不再深入讨论了。对我们来说，在每个例子中，无论引起疾病的原因是什么，神经症的症候所赖以维持的能量都由力比多所提供，于是力比多的用途也随之失调了。

不过，现在我希望你们将注意力转移到实际神经症和精神神经症（psychoneurose）症候的差异上来。移情神经症占前一种神经症很大份额。力比多是引起两种神经症的主要因素，它们是力比多的变态用法，用以代替快感的满足。但实际神经症的症候——脑中的压力、痛苦的感受、器官的应激性、某种功能的削弱或抑制——在心理学上都毫无意义。它们不仅表现在身体上（如歇斯底里症），而且它们本身都纯粹是物质的历程；它们的发生和我们所知道的复杂心理机制不发生交涉，体现了长久以来被认为属于精神神经症症候的特征。但它们究竟如何才能成为力比多的表现呢？力比多不也是内心活动的一种能力吗？答案非常简单。让我们回忆一下就精神分析提出的第一个异议，异议表明精神分析涉及神经表现的纯粹心理理论。由于心理学理论从未能解释疾病，所以精神分析的前景十分暗淡。持异见者选择忘记性功能既不完全是精神上的，也不完全是肉体上的。性功能既影响机体，也影响精神生活。我们在精神神经症的心理历程中发现了一种紊乱的表达，因此在发现实际上神经症是性功能紊乱在肉体上的直接结果时，应该不会感到惊讶。

临床医学为理解实际神经症给出了一条颇具价值的建议（许多研究人员共同发现了这点）。在其症候学的所有细节以及其影响所有组织系统和功能的力量中，实际神经症显示出了与异质毒素的慢性中毒或突然排除（即醉酒或戒酒后的症状）的类似性。我们所知的巴西多病（M. Basedowi）这种中间状态加强了两种病态之间的关系。我们将巴西多病的病因归结为毒素的影响，不过毒素并非来自体外，而是来自于体内的新陈代谢。我认为这一类比直接促使我们将神经症视为性的新陈代谢的紊乱。可能原因是性产生的毒素过多，患者无法处理，或是内部甚至心理状态不容许他对这些物质做适当的处理。这种关于性欲本质的假设早已为各民族语言所支持。人们将爱称为一种“沉醉”；毒药可以让人为爱疯狂，因此丧失了对外部世界的动力。至于其他词条，比如“性的新陈代谢”或“性的化学作用”底下还是一片空白。我们对它们一无所知，甚至无从断定性的物质是否分为雌雄两种，或仅有一种性的毒素，被视为力比多各种刺激的动因。我建立起来的精神分析的结构，实际上只是一种上层建筑，我们未来一定会为它构建有机的基础。然而关于这个基础，我们还一无所知。

精神分析之所以是一门科学，其特点在于所用的方法，而不在于所要研究的对象。

这些方法可用于研究文明史、宗教学、神话学及神经症学，且都不失其主要的特点。解释精神领域的潜意识是精神分析的唯一目的。实际神经症的症候或许直接起因于毒素的损害，所以它成为精神分析所要研究的问题。但精神分析无法做出任何解释，必须将这项任务留给生物医学研究。也许你们现在明白了我为何不以另一种方式组织材料。假如我要讲神经症学引论，那当然要先讲实际神经症的简单形式，然后进一步叙述那些由力比多干扰引起的复杂疾病。那样的话，在讨论实际神经症的过程中，我本来应该整合我们从不同领域获得的事实，同时呈现我们的看法；至于后者，便要将精神分析引入，使其作为了解这些病态的最重要的技术方法。不过，我想说明的是，比起传授神经症的知识，《精神分析引论》将对带领你们了解精神分析起到更重要的作用。由于实际神经症对精神分析研究毫无贡献，所以我便不将其放在前面讲了。我相信我已为你们做出了较为明智的选择，精神分析具备广泛的假说和深远的意义，所以值得每个受过教育的人注意。

不过，你们期望我对实际神经症有所注意也颇为合理。由于其与精神神经症关系密切，所以我们觉得有注意的必要。我要告诉你们，我们区分出了三种纯粹的实际神经症形式：神经衰弱（neurasthenia）、焦虑性神经症（anxiety-neurosis）、忧郁症（hypochondria）。即便这样的分类也并非不存在矛盾之处。这些术语虽然被广泛使用，但其内涵是模糊而不确定的。此外，医学家认为在神经症混乱的世界中不存在任何分类。他们因此反对临床上所有病症的分类，甚至否认实际神经症和精神神经症存在区别。我认为他们太过分了，居然不愿意走上通往进步的道路。我们所说的三种神经症形式有时纯粹，但更多的时候是相互混合的，且兼有精神神经症的色彩。所以我们不必因此放弃了它们彼此之间的区别。想一想矿物学中矿物和矿石的区别：矿物可以被独立描述，其常以晶体形式存在，与周围物质有着明显的区别；矿石则包含多种矿物，其混合也不单纯依赖机会，而需具备一定的条件。就神经症的理论而言，我们对于它们的发展历程所知有限，不能与矿石的知识相比。临床因素可类比为独立的矿物，我们在辨认某种临床因素时，当然可以沿着正确的方向进行。

实际神经症和精神神经症症候之间还存在着一种值得关注的关系，为我们后来对症候的研究做出了有价值的贡献。实际神经症的症候常为精神神经症症候的核心和发展的初期阶段。我们在神经衰弱和移情神经症之间最容易观察到这一关系，两者被命名为转化性歇斯底里症（conversion hysteria），焦虑性神经症与焦虑性歇斯底里症之间也易出现这种关系。但也可见于忧郁症与我以后要讨论的一种名为妄想痴呆（paraphrenia）的神经症——包括精神分裂症（dementia praecox）和妄想症（paranoia）——之间。让我们以歇斯底里症的头痛或背痛为例。分析表明，通过压缩作用和移置作用，病痛成为一系列力比多幻想或记忆的替代性满足。但这种痛苦曾一度是真实的，是一种直接的性毒素，即力比多兴奋的躯体表现。我们不希望通过任何方式假设歇斯底里症的所有症候都可以追溯到这一核心上，但实际情况常常如此，力比多兴奋对身体带来的所有印象（无论正常或病态）对歇斯底里症症候的发展都有特别的意义。它们好像一粒粒沙土，被牡蛎包裹成为珍珠的母质。所有伴随性行为的性兴奋的暂时表现都可以成为造成精神神经症症候最适宜而便利的材料。

类似的历程在诊断和治疗上也引起了我们的兴趣。有些人虽然有神经症倾向，但没有发展为神经症，他们身体的异常变化常成为神经症的动因——常是发炎或损伤。这种迅速发展使得实际症候成为潜意识幻想的代表，这种幻想潜伏着，等待表达的机会出现。医生面对这种情况往往会采取不同的治疗方法，他们要么会在不管其有无神经症倾向的情况下，设法消灭症候所依靠的机体基础，要么忽视其机体病因，转而处理因环境产生的神经症症候。这两种手段有时这种有效，有时那种有效，但没有任何一种方法对这种混合的病症普遍有效。

第二十五讲　恐惧与焦虑

在上一讲中，我们主要讲了普通神经失衡。你们也许认为这是最不完整和最不令人满意的一次讲座。我明白，你们感到最惊讶的可能是没有提及恐惧。大多数神经症患者都抱怨并将恐惧描述为痛苦的最重要来源。恐惧实际上还可以变本加厉，成为最无聊的担忧的原因。但我不希望在这点上让你们失望。相反，我希望至少不要敷衍了事，而是与你们细致地讨论这个问题。

恐惧本身毋庸多言，每个人在某段时间都体验过恐惧，更准确地说，都体验过恐惧的效果。在我看来，我们似乎从未认真询问过为何焦虑在恐惧之下会带来更多痛苦，也许应该承认它们本应如此。我们经常把"神经失衡"和"焦虑"混为一谈，认为两者的意义相同。这是不合理的，有些神经失衡的人并不感到焦虑，焦虑的人则可能遭受许多其他症候，而并无神经失衡的倾向。

无论如何，恐惧毫无疑问是许多重要问题的汇合点，这个谜题的答案将对心理生活带来极大启发。我不能宣称可以给你们完整的解决方法，但你们当然可以期待精神分析学家以不同于医学家的方式处理这个问题。医学家似乎只对从解剖学角度分析恐惧的原因感兴趣。他们认为脑髓的迷走神经受到刺激之后，患者会感到焦虑。脑髓的迷走神经确实是一个良好的研究对象。我清楚地记得自己几年之前花了大量的精力和时间去研究它。但今天我不得不说，你们想从心理学上理解恐惧，最无关紧要的知识便是刺激所经过的神经通路了。

在不触及神经失衡的情况下，我们可以讨论恐惧很久。我把这种恐惧称为"真实的恐惧"（real fear），以区别于"神经性恐惧"（neurotic fear）。真实的恐惧可能更容易被我们理解，也更为合理。我们认为它是对外部危险的一种反应，即对伤害的预见。这种恐惧与逃跑反射相结合，被视为自我保存本能的一种表达。因此，引起恐惧的对象和情景极大地依赖于我们的知识和对外部世界的感知能力。我们很容易理解为何原始人会对加农炮和日蚀产生恐惧，而掌握武器并可以预测天文现象的现代人则不会恐惧上述对象和情景。在另外的一些情况下，先进的知识使人们能够更早地预见危险，所以更易产生恐惧。例如原始人看到森林里的一个大脚印会感到恐惧，因为他知道这意味着大型捕食动物就在附近，而无相关知识的现代人则会不以为然；再如经验丰富的水手可以从一小片云彩中预测暴风雨到即将到来，进而感到恐惧，而乘客却毫不知情。

进一步考虑之后，我们必须对自己说，无论对真实恐惧的判断是否合理、是否有目的性，都需要进行彻底的修正。在迫近的危险面前，唯一有针对性的行为是衡量个人能力是否能够与危险一搏，应该采取逃避、防御还是进攻的策略。恐惧实属无益，没有恐惧反而可能产生更好的效果。你们知道，如果过于恐惧，人便可能毫无还手之力，行动陷于瘫痪，甚至会选择逃避。一般而言，面对危险的反应混合着恐惧和抵抗。受到惊吓的动物会感到害怕，进而逃走。其实在这里，有利于生存的因素是“逃避”而非“恐惧”。

我们因此倾向于断定恐惧的发展从来都不具有针对性。也许进一步检查后，我们将对恐惧的情状有较深刻的了解。第一件事是要注意对危险的“准备”，那时知觉较为敏感，肌肉也较为紧张。毫无疑问，这种预期有利于生存。若没有这种准备，则可能导致严重的后果。从一方面看，准备提供了行动的动力，首先是逃避，更高层次是防御；从另一方面看，就是我们所谓的焦虑或恐惧之感了。恐惧之感的时间如果越短，短到一刹那的话，就只能起到信号作用，那么焦虑的准备状态也越易过渡到行动状态，从而整个事件的进行也越有利于行动。恐惧的“准备”似乎是具备目的性的一个层面，而焦虑的发展则为有害的成分。

我不想探讨焦虑、恐惧或惊恐在各种语言中的含义是否一致。我认为焦虑与情境有关，与对象无关；恐惧则主要指向对象。从另一个层面来看，惊恐则表达了特殊的意义，说明危险突然降临，没有焦虑的准备。因此，我们或许可以说焦虑使人们免除惊恐。

你们也许注意到了“焦虑”一词在使用中的歧义和模糊性。一般而言，这个词常用来指知觉危险时所引起的主观状态，这种状态可以被称为一种情绪。从动态意义上说，这种情绪是什么呢？这当然十分复杂。首先，情绪包含某种运动的神经支配或发泄；其次，它还包含确定的感受，共计分为两种——已经完成的动作的知觉，以及直接引起的快感或痛苦，这种快感或痛苦奠定了感情的主要基调。然而，我绝不认为这种解释已经说明了情绪的真实本质。我们已经对一些情绪有了更深刻的了解，而且知道它的核心连同整个复杂的结构都是以往某种特殊经验的重演。这种经验可能起源很早，非常普遍，属于物种的古老历史而非个人史中的所有物。说得更清楚一些，一种情绪状态的构造和歇斯底里症很相似，它们都是记忆的沉淀物。我们可以把歇斯底里症的发作比作个体新形成的一种情绪，歇斯底里症的常态情绪可视为一种普遍的遗传。

不要以为我刚才告诉你们的关于情绪的话属于普通心理学范畴。相反，这些概念生长于精神分析的沃土中，只是精神分析的产物。心理学关于情绪的理论，例如詹姆士－朗格的情绪理论——在我们精神分析学家看来是完全无法理解的，在此便不做讨论了。当然，我们也不认为精神分析对情绪的解释一定正确，因为这不过是精神分析基于这一模糊领域的初步尝试。继续讲下去吧：我们相信自己知道这个焦虑性感情中重新发现的以往印象究竟是什么。我们认为它是关于出生的经验，结合着一系列复杂的痛苦体验，是一种冲动的释放、身体的感受。它成了生活中危险时的情感的原型，且可再现于恐怖或焦虑的状态之中。循环干扰（内部的呼吸）带来的强大刺激引发了恐惧体验，因此第一次的恐惧情境是具有毒性的。焦虑一词的原意是狭小之地或狭路，所强调的是呼吸的紧张，而这种用力的呼吸是一种具体的情境，后来几乎总是与一种情绪相伴相生。我们还应该认识到，第一次的恐惧情境源自于与母体的分离，这一点也具有重要意义。当然，我们相信再现第一次恐惧情境的倾向经过无数代演化，已经深深地嵌入了有机体，所以没有一个人能免于恐惧情绪。即便是神话人物麦克达夫（Macduff）“没有足月就从他母亲的腹中剖出”，因此并未体验到出生的动作，也不足以成为例外。我们并不了解其他哺乳动物的恐惧原型，所以也不清楚它们能否体验到和人类类似的情绪。

你们也许有兴趣知道我是如何想到出生是恐惧情绪的来源和原型的。猜测只占很小一部分原因，我的论断得自人类直觉的启发。多年以前，我们许多年轻医生围坐在餐桌前，一位产科医院的助理在说一些关于助产师毕业考试中的趣事。考官问，如果羊水中有新生儿的粪便意味着什么？学员立即答道：“说明孩子害怕了。”这位学员遭到了嘲笑，没能通过考试。但我却暗中同情她，并开始怀疑这个依赖直觉的可怜妇女是不是揭示了一些重要的关系。

现在我们回过头来看神经症的恐惧，其表现和状态是什么呢？这个问题有许多值得讨论的地方。首先，我们发现焦虑存在一种普遍的状态，即一种“自由浮动”的恐惧，易附着在任何适当的观点上，影响判断，引起期待，并抓住任何一个机会让自身被感知。我们将这种状态称为“恐惧期待”或“焦虑期待”。也许经历过这种恐惧的人总能预测到最可怕的可能，会将每一次偶然解读为邪恶的预兆，将所有不确定性都联系到恐怖的意义上。许多人在其他方面虽然不能说有病，但也往往有这种惧怕祸患将至的倾向，我们可以称之为过度焦虑或悲观。焦虑状态最引人注意的特点便是恐惧期待，我将其命名为“焦虑性神经症”并归为实际神经症一类。

恐惧的第二种类型与我们前面所述的截然相反，它在心理学上有较大的限制，与特定的对象或状态相关，具体表现为各种不同的恐惧症的焦虑。杰出的美国心理学家斯坦利·霍尔（Stanley Hall）最近不辞劳苦地用一些堂皇的希腊语命名了若干恐惧症，它们听起来像埃及的十大瘟疫一样，只不过到目前为止数量远多于十种。姑且听听这些可以作为恐惧症内容或对象的东西吧：黑暗、天空、空地、猫、蜘蛛、毛毛虫、蛇、老鼠、雷电、尖利的物品、血、密闭的空间、人群、独居、过桥、陆上或海上旅行等。这些乱七八糟的对象，可以分为三类。正常人也会害怕其中的一些对象或状态，因为它们与危险有关，但恐惧症患者的恐惧程度让我们无法理解。例如，我们大多数人在面对蛇时都会觉得害怕。可能有人会说对蛇的恐惧症是人类所共有的。查尔斯·达尔文就曾描述过，即便他把蛇放在一块厚厚的玻璃板之后，也抑制不住地感到恐惧。第二类对象和状态与威胁仍有一定联系，但我们在更多的时候采取轻视而非过度重视的态度。许多恐怖情景都属于这一类。我们知道坐火车出行相较于待在家中遭遇灾难的风险更大。例如，如果所乘的船只沉没，我们很可能溺水而亡。但我们往往不去想这些危险，在乘火车或乘船时就不会感到恐惧。我们无法否认，如果过桥时桥梁坍塌，我们便会坠入河中，但我们很少考虑这种危险。独居也有自身的风险，在某些情况下我们也会避免独居。虽然我们不愿意独居，但未必在任何情形下都不能忍受独居。人群、密闭空间、雷电等等都是同理。我们对于这些恐惧症所不能理解的，与其说是它们的内容，不如说是它们的强度。伴随恐惧症而来的恐惧是无法形容的。有时我们几乎觉得恐惧症患者感到恐惧的事情并不值得害怕，虽然我们也同样可以称他们为可怕的事物。

还有第三类恐惧症，我们对它完全一无所知。比如一个强壮的成年人竟然害怕穿越本城区的某条街道或某个广场，一个健康的女人竟然因为一只猫擦身而过或一只老鼠在屋内窜过而大惊失色，几乎要失去知觉——我们如何才能看出这些人所担忧的危险呢？这种动物恐惧症不只是一般人的恐惧程度增加了而已。与之形成对比的是，许多人看见猫咪走过便不禁要去抚摸一番，以引起它的注意。上面这个女人如此害怕的老鼠却是另外一些人的绝佳宠物。许多女子喜欢被爱人称作“小鼠”，但真正见到这种小动物却不免惊骇大叫。一个人害怕穿越街道或广场，行为就像小孩子。小孩子因成人的教育才知道这种情境的危险，但如果有人陪伴，患有空间恐惧症的人也能安然地走过街道和广场。

上面描述的两类恐怖，即“自由浮动”的恐怖和依赖于对象的恐怖，是相互独立的。这一种不是另一种进一步发展的结果，它们很少合二为一，即使混合起来，也非常偶然。最强烈的一般性焦虑也不一定表现为恐惧症；终身患有空间恐怖症的人也不一定就有悲观的期待的焦虑。一些恐惧症，比如害怕穿过广场或乘坐火车，是在后来的生活中习得的；而另一些恐惧症，比如害怕黑暗、暴风和动物，是与生俱来的。前者为严重的病态，后者则为个人怪癖。无论何人有后一种恐怖，都可怀疑他患有同类其他病症。我必须补充一句，所有这些病症都属于焦虑性歇斯底里症，因此被认为与著名的转化性歇斯底里症有密切的关系。

第三类神经性恐怖令我们困惑不解，成为一个难解之谜。我们完全看不出恐惧和危险之间有什么明显的关系。焦虑见于歇斯底里症中，伴随歇斯底里症的病症同时产生；或起源于不同的刺激条件之下，我们期待出现某种情绪表现，但绝未料到是焦虑性情感；又或是与任何条件无关，只是一种原因不明的焦虑症。不但我们不理解，患者自己也觉得莫名其妙。无论我们如何研究，都无法发现可能引起病症的威胁或原因。由这些自发的病症看来，我们所称之为焦虑的复杂情况可以分为许多成分。整个病症可以用一个特别发展的症候作为代表，比如战栗、衰弱、心跳、呼吸困难等，而我们所说的恐惧等一般情绪反而完全消失或模糊了。但我们称之为“焦虑的等同物”的状态和焦虑本身有着相同的临床及病原学关系。

那么便产生了两个问题：我们可以将危险不起作用或只起很小作用的神经性恐惧与面对危险的反应——实际性恐惧联系起来吗？神经性恐惧的基础是什么呢？现在，我们想做出这样的假设：凡有恐惧出现，则必定有害怕的东西。

临床观察为理解神经性恐惧提供了若干建议，我想和你们讨论一下它的重要性。

第一，我们不难看出，期望的恐惧或普通的焦虑与性生活的某个过程密切相关，即和某种类型的力比多密切相关。最简单也最具指导意义的例子体现在兴奋受阻的人身上，即性兴奋得不到充分释放，无法获得满足，例如男人订婚之后、结婚之前的状态；女人在因丈夫的性能力不足，或为了避孕而草草了事时，也会出现同样的情况。在这些情况下，力比多兴奋消失，焦虑产生，表现形式或为期待的恐怖，或为焦虑的相等物。为了避孕而中断性交等形成习惯性动作之后，会成为引起男性焦虑性神经症频发的病因。女性更是如此，所以医生诊察这种病症，明智的做法是先检查有无这种病因。无数事实证明，性的问题如果得到纠正，则焦虑性神经症便可消失。

据我目前所知，性的克制和焦虑状态之间的关系已被医生承认，而他们一直未接触过精神分析。但我可以想象，他们仍想曲解这种关系，认为这些人原本便有焦虑的倾向，因此在性事上也不免小心谨慎。在性事上被动的女性，也就是说顺从丈夫的女性，却显示出了相反的证据。一个女人越容易激动，即越喜欢性交并容易得到满足，则她对男性的无能，或不尽兴的交合（coitus interruptus）越有表现出焦虑的可能。在性方面不感兴趣或性欲不强的女人身上，这种性问题不会产生类似后果。

今天许多医生强烈推荐节制性欲，可是力比多若没有满足的出路，在一方面十分强烈，一方面又无法升华的情况下，节欲也可能成为导致焦虑发展的条件。结果是否致病则取决于定量因素。丢开疾病不谈，只说性格形成这点，我们也十分容易意识到节制性欲与焦虑和畏忌如影相随，而勇敢和无畏反而与自由满足性欲相关。不过，在不同文明下，这些关系会发生变化，对普通人而言，焦虑和节欲相伴相生。

力比多和恐惧在遗传学上的关系十分复杂，我无法尽述与之相关的所有观察。在人生的某个阶段，比如青春期和更年期，力比多急剧变化，对神经性恐惧的发展产生巨大影响。这也属于我们研究的范畴。在一些兴奋状态下，我们或许会观察到焦虑与力比多的混合，以及力比多兴奋终会为焦虑所替代。这些事实给我们留下了双重印象，首先是力比多偏离正常渠道发生聚集；其次，这是一个身体历程的问题。焦虑究竟如何源自力比多，我们尚不得而知。我们唯一清楚的是，性欲缺乏了，焦虑感便取而代之。

第二，我们从对精神神经症，尤其是对歇斯底里症的分析中，得出了第二条线索。我们已经听说过，除了症候，恐惧频繁地伴随着这种状态出现，而没有对象的焦虑也可长期存在或表现在发病之时。患者不能说出害怕的究竟是什么，于是便通过润饰作用，将其与手边最易获得的对象联系起来，比如死亡、疯狂或瘫痪。当我们分析引起焦虑或伴随的症候时，一般可以知晓省略或被恐惧替代了的正常心理历程是什么。让我换一种表达方式：我们重构了潜意识过程，好像它没有经历压抑，未经干扰地发展到意识层面一样。这个历程本身应当伴有一种特殊的情感，现在却奇怪得很，这个本应该伴随心理历程而进入意识的情感，无论哪一种都可为焦虑所替代。在歇斯底里症的恐惧中，其潜意识或与特征类似的冲动紧密相关，比如恐惧、羞愧和尴尬等，或与积极力比多相关，比如愤怒或狂暴等敌对和攻击情绪。恐惧好比是一种通用货币，只要与之相关的观点受到了压抑，所有的情绪冲动都可用它来交换。

第三，遭受强迫性神经症的患者明显具有免除焦虑的意图。他们为我们提供了第三点的资料。如果我们阻止他们执行强迫动作，比如洗手或仪式性动作，或者如果他们敢于放弃某种强迫动作，便会受到可怕的焦虑困扰，进而又屈服于强迫动作。我们由此懂得强迫动作隐藏在焦虑之下，而执行强迫动作只是为了避免焦虑。在强迫性神经症中，原来要产生的焦虑乃为症候发展所替代。歇斯底里症也会产生类似的结果。压抑作用的结果有时可产生一种单纯的焦虑，有时可产生一种混有他种症候的焦虑，有时也可产生一种没有症候的焦虑。所以抽象地说，症候的形成只是为了避免焦虑的发展，如若不然，则无法逃离焦虑。根据这个概念，焦虑似乎占据着神经症问题的舞台中心。

根据对焦虑性神经症的观察，我们得出结论：当力比多的用途偏离常态时，焦虑得到释放，这一切建立在机体历程之上。从对歇斯底里症和强迫性神经症的分析来看，我们还可以得出另外一个结论：心理方面的反抗也会造成类似的结果，从而引发精神紧张。这便是我们所了解的有关神经性恐惧起源的知识，但这听起来仍然不够清晰。可惜仅据我所知，我们已经无从更深入地进行研究了。我们所承担的第二项任务更难实现——寻找神经性恐惧和实际恐惧之间的关系，也就是建立起被误用的力比多和面对危险的反应之间的关系。你们或许认为两者相去甚远，但目前我们还没有标准可以将实际的恐惧和神经性恐惧区分开来。

从我们经常假定的自我和力比多之间的对比关系中，可以求得实际的恐惧和神经性恐惧之间的关联。我们知道焦虑的发展是自我对危险的反应，即逃避的信号。从这一点，我们得出自我在神经性恐惧中试图逃脱力比多的需求；它对待体内危险也像对待外部危险一样。我们的期待得到了印证——恐惧出现时，一定有让人感到害怕的东西。但这个比喻还不止于此，正如站定脚跟，采取恰当的步骤进行防御，才能逃脱外部危险一样，神经性焦虑的发展使症候得以形成，从而让焦虑有了稳定的基础。

现在，阻碍我们理解的困难在其他方面。恐惧代表自我对力比多的逃避，应该来自于力比多本身。这一点有些模糊，它警告我们不要忘了一个人的力比多从根本上来说在于其自身而非外部力量。我们不知道其中释放了哪种心理能量，也不知道其源于哪种心理系统。我无法保证可以解决这个问题，但我们仍然有两条路可走。我们遵循这两条路的线索，采用直接观察或分析调研的方式进行判断。我们将恐惧的源头聚焦在儿童期，然后再叙述附着于恐惧症的神经性焦虑的起源。

恐惧在儿童心理学中是一种很普遍的现象，我们很难区分儿童的恐惧属于神经性恐惧还是实际的恐惧。的确，儿童的表现使让人怀疑区分这两者究竟有什么意义。从一方面说，我们毫不惊讶儿童对所有陌生的人、环境和物体都感到恐惧。儿童的无知和弱小很容易解释这点。我们认为儿童的恐惧在很大程度上是实际的，如果这种恐惧事实上是一种遗传，那也是有目的性的。因此，儿童只是在重复史前原始人和现代原始人的行为，这些人因为无知、无助而恐惧任何新事物，但现在这些事物大多为人们所熟悉，所以便不会再引起恐惧。如果儿童恐惧症至少可以部分归因于人类发展的远古时期，那么我们的期待便得到了验证。

另一方面，我们同样不应忽视以下这一点：并非所有儿童都会对同一对象感到害怕。事实证明，那些对所有可能的对象和环境都尤为胆怯的儿童长大后往往容易患上神经症。相较于神经症，恐惧首先出现的症状是焦虑。我们由此得出结论，儿童（稍后是成人）之所以害怕力比多的力量是因为他们面对一切都感到焦虑。我们可以将焦虑起源于力比多的说法放在一边。通过对实际恐惧条件的研究，我们很自然地得出了这样一个结论——对自我弱点和无助的意识，即阿德勒所说的自卑感，是导致神经症产生的深层原因，如果它从儿童期一直延续到成年的话。

这一论断听起来很简单，也足以令人信服，我们需要予以注意。老实说，结果可能动摇我们研究神经失衡的基础。自卑感的延续、焦虑的先决条件及症候的后续发展并非偶然，它们的基础十分牢固，但在特殊情况下竟出现健康的结果，那便不得不需要解释了。仔细地观察儿童的恐惧之后，我们可以得出什么呢？小孩子最怕的是陌生人，只有当环境中出现陌生人的时候，他们才会觉得惊恐不已，物体在很长时间之后才有影响。但儿童并非是因为觉得陌生人怀有恶意才感到害怕，而是因为将自己的弱点和对方的强项比较之后，认为陌生人威胁到了自己的生存、安全和自由。儿童满腹疑虑，害怕这种充满世界的攻击冲动，这实在是一种很简陋的学说。其实，儿童害怕陌生人是因为他们期待见到一个亲爱而熟悉的面孔——母亲。见到陌生人之后，失望和渴望转变为了恐惧。其无处安放的力比多也无法中止，于是就以惊骇的形式发泄出来了。这个情况是儿童期发生的典型例子，不能被视作偶然的特例，其本质重现了出生时与母体第一次分离时感到的恐惧。

儿童所恐惧的第一个情景是黑暗和孤独，前者常常伴随一生，而保姆和母亲不在身边常能引起儿童的恐惧。我曾听说过有一个孩子因为怕黑来到隔壁房间呼唤保姆："阿姨，和我说说话吧，我好害怕。""这对你有什么好？你又看不见我。"孩子回答："你跟我说话，周围就亮了。"黑暗中的渴望转化为了恐惧。我们不认为神经性恐惧只是实际恐惧的次级特殊形式，从小孩子身上观察到的现象与实际恐惧类似，同时也与神经性恐惧有相似之处，共同特点在于它们都起源于未使用的力比多。儿童似乎对现实并没有太多真实的恐惧，在我们后来可能感到恐怖的情境中，比如登高、走过水面上狭窄的小桥、乘火车或轮船等，儿童都不会觉得害怕。而且，儿童越无知，往往越无畏。如果能更好地遗传此类自我保存的本能，当然是最理想的，监督孩子不把自己暴露在种种危险之中的压力便减轻了。在实际生活中，儿童起初总是过高地估计自己的能力，表现得无所畏惧，这是因为他们不知道有危险存在。他会跑到水边，爬上窗台，玩火或锋利的器具。简单地说，他们会做一切可能伤害到自己的事情，监护人为此十分紧张。教育唤醒了真正的恐惧，因为我们可能不会允许他自己从经验中学到什么是危险的。

如果有的孩子很容易因教育而感到害怕，而且对于未受警告的事也能预知危险，那么我便可以推测他们体内的力比多需求一定多于其他孩子，否则他们一定是在幼年时得到了过多的力比多满足。无怪乎成年后患有神经症的人大多就是这些孩子。我们知道，神经症很容易在无法长时间忍受大量被压抑的力比多的情况下产生。可见这里有一种体质因素在起作用，我们从未否认过。我们反对的只是忽略所有其他需求，仅从体质因素出发，而这些因素不属于观察和分析的结果，且无足轻重。

让我们总结一下对儿童期焦虑的观察结果：婴儿期恐惧与实际的恐惧极少有相关，但却与成人的神经性恐惧关系密切。神经性恐惧起源于未发泄的力比多；儿童一旦失去所爱的对象，便会用其他外在事物或情境替代。

现在，你们可能会很高兴听到我说，恐惧症的研究无法提供新的知识了。儿童的焦虑如此，恐惧症也如此。如果力比多得不到发泄，便会持续转化为实际的恐惧，于是把外界一种无足轻重的危险作为力比多需求的表达。这种巧合并不奇怪，因为婴儿期恐惧症不仅是一种原型，也是成年后恐惧症的直接先决条件和序幕。婴儿期恐惧症可以被归在焦虑型歇斯底里症的范畴中。儿童期的恐怖具有一种延续性，每种歇斯底里症的恐怖都可以追溯至儿童期的恐怖。有时因其内容不同，名字也不尽相同。两者之间的不同在于各自的机制，成年后力比多以渴望的形式暂时无处发泄，但并不足以引起恐怖向力比多的转化。成人早就学会了维持力比多的中断状态，或者将力比多另作他用。但儿童尚无法区分意识和潜意识，当力比多成为经历压抑的心理冲动的一部分时，类似的情形便恢复了。因为这个人已经退回到儿童期的恐怖，于是他的力比多便很容易变成焦虑。

你们应该还记得我对压抑做过的许多论述，但我们那时一直认为观点被压抑属于一种宿命，因为这点很容易被意识到，也容易呈现。我们总是忽略了一点，即随着被压抑观点而来的情绪。我们现在才认识到无论常态下表现出的情绪有什么样的性质，都注定会转化为恐惧。就目前来看，情绪的转化是压抑历程的重要一环。这一点不易讨论，因为我们无法像假定潜意识观念存在那样假定潜意识情绪也存在。一个观念无论属于潜意识还是意识，都只有这一点不同，而其他方面是相同的。我们可以思考一下，伴随潜意识观点的是什么。但情绪一旦释放，我们便判断它一定不同于观念。不对心理历程的解说进行更加深入的考察和反思，我们便无法说出与潜意识感情相当的究竟为何物，因而也不能在这里进行讨论。但我们仍可保留已经获得的印象，即焦虑的发展与潜意识有着密切的关系。

我认为被压抑的力比多的直接宿命是转化为焦虑，而非以焦虑的形式得到释放。再补充一句，这不是力比多的最终命运。在神经症中，还有一种历程，其目的也是阻止焦虑的发展，达到目的方法不止一种。例如，我们可以在恐惧症中清楚地分辨出神经历程的两个阶段。首先，力比多经历了压抑，进而转化为焦虑，而焦虑则针对外界危险的接触。在第二个阶段中，种种防备的堡垒被建造起来，以避免与外界的危险接触。压抑相当于自我逃离被视为危险的力比多。恐惧症好像是一座城堡，可怕的力比多好像外来的危险。恐惧症防御系统的弱点在于城堡虽可防御外来危险，但难免遭受来自于内部的攻击，把力比多带来的危险投射于外部环境是永远无法成功的。因此，其他神经症采用了不同的防御系统防止危险发展。这是神经症心理学研究中十分有趣的一部分。可惜的是讨论这个问题未免离题太远，而且要有全面、特殊的知识作为基础。我现在只能多说一点。我已经对你们说过，自我在压抑之上建造了一座反攻的堡垒，压抑要想持续存在，必须保全这座堡垒。为了阻止压抑之后的焦虑发展，反攻的任务采用种种防御的形式得以执行。

反过来说恐惧症，我想你们现在已经认识到了只解释恐惧症的内容，只了解或这或那的物体或情形可被用作恐惧症的对象是多么不足。恐惧症的内容和显性梦境的重要性相当，它们只是一个谜面。我们要承认，在一定的约束条件下，恐惧症的一些内容因为物种遗传的关系，特别适合被当作恐怖的对象，这是斯坦利·霍尔曾经说过的。与之相关的是，这些恐怖的对象除了与危险有象征性关系之外，与危险本身并没有关系。

因此，我们确信焦虑问题在神经症的心理学研究中占据着中心位置。焦虑的发展与力比多的命运及潜意识系统如此紧密地交织在一起，给我们留下了深刻的印象。我们的假说仅剩下一处不连贯的地方："真实的焦虑"必须被视为自我保存这种本能的表达。

第二十六讲　力比多理论和自恋

我们过去已多次讲到过（最近又刚讲到过一次）自我本能和性本能之间的差异。一开始，压抑告诉我们这两者完全是相互对立的，在斗争过程中性本能明显遭遇了失败，被迫通过其他退化的方法获得满足，以补偿其损失。之后，我们了解到，自我本能和性本能从一开始就与教育者，即必要性，有着不同的关系，所以它们的发展方式不同，分别与唯实原则建立了不同的关系。我们逐渐意识到，比起自我，性本能与恐惧这种情绪状态的关系更为密切。这一结果看似只在一个方面不太完整，但实际上是最重要的。进一步的证据显示，最基本的两大自我保存的本能——饿和渴，从来都不会转化为焦虑，而是未得到满足的力比多会转化为恐惧。正如我们所知，后者是最为著名和最常被观察到的现象。

我们将自我与性本能区分开来，这种方法没有什么可诟病之处，我想没有人会质疑它的合理性。个人十分特殊的活动——性欲的存在，也证明了这一点。唯一的问题在于，这种区别有何意义，我们是否应该严肃认真地对待这种区分？答案取决于我们观察的结果。比如，考虑到心理和身体的表征，性本能在多大程度上表现得和与之对立的其他本能有所不同？这些不同产生的结果具有什么样的重要意义？当然，关于这两种本能的特点，我们没有动机非要坚持说两者之间存在某种无形的差异。它们都只不过是用以指称个体某种能量来源的名词罢了。我们若要讨论它们基本上究竟同为一种还是分属两种，则绝不能仅以这些概念为基础，而必须以生物学的事实为根据。就目前来说，我们对此所知甚少，即便知道得更多，对分析工作也毫无助益。

不过显然，如果根据荣格提出的下面的这个例子，强调所有本能原本就具有统一性，并将它们表现出的所有能量都称为“力比多”，我们或许能够获得少量益处。因为我们无法采用任何方法将性本能从心理生活中消除，所以不得不将力比多分为性和非性两种。力比多这一名词仍然应该被保留，像过去一样指称性生活的本能。

所以，我认为性本能和自我保存的本能究竟是否应该加以区分的问题，对于精神分析来说一点儿也不重要，精神分析也没有能力去处理这个问题。当然，从生物学的角度看，我们有多种理由认为把两者区分开来非常重要。现存有机体的机能只有性这一种超越于个体之外和物种相联系。毫无疑问，这种机能的行使不像其他机能那样总有利于个体。因为极度快感往往伴随着陷于险境的代价，这种危险可能威胁个体生命，甚至引起死亡。也许有一种独特的新陈代谢过程与所有其他的过程不同，要求个体的生命仍需保留一部分遗传给后代，以达到这种目的。从生物学的角度看，有些人以为自己非常重要，并将性视为满足快感的一种方式，他们也许只是物种延续的一部分而已，与不朽的种质（germ-plasm）相比，只是弹指一挥间的存在；他们只不过暂时作为种质的寄身之所而已。

不过，从神经症的精神分析解释来看，我们不必做如此深远的讨论。我们将性本能和自我本能分开观察，得到了理解移情神经症的钥匙。我们追溯到根本性的情境中，其中性本能和自我保存的本能相互冲突，或者用生物学的术语来说（虽然不是很准确），自我以本身作为独立有机体的资格与其本身的另一种资格，即作为物种延续的一分子，是相互对抗的。只有人类才会发生这种冲突。因此，总的来说，人类之所以比其他动物高级，也许就在于他有患神经症的能力。人类的力比多过度发展，加之精神生活非常丰富、复杂，似乎为冲突创造了先决条件。显然，人类能比其他动物取得更大进步也应该归功于这些条件。患神经症的能力似乎只是人类文化发展的对应面，但这些只不过促使了我们离开了目前的课题而已。

到目前为止，我们可以根据表现将冲动分为自我冲动和性冲动两种。我们在移情神经症中可以毫不费力地做到这点。凡是自我对于自身的性欲对象能力的投资，我们称之为“力比多”；而来自自我保存本能的其他投资，我们称之为“兴趣”。我们可以通过观察力比多的聚集、转化和最终命运来首次了解心理能量的运作。移情神经症为研究提供了最佳材料。自我由多种组织构成，其构建和机能仍然是我们所不了解的，我们逐渐觉得只有对其他神经性紊乱进行分析，才能揭开自我的面纱。

我们将很快把这些精神分析概念拓展至其他条件之下。早在 1908 年，K. 亚伯拉罕（K. Abraham）便断言，精神分裂症（被认为是思觉失调的一种）以力比多未投入外物为主要特征[1]。但问题由此产生：在痴呆症中，未投入到对象上的力比多发生了什么变化？亚伯拉罕毫不迟疑地给出了答案：“力比多又回到了自我，且这种退行

①参见《歇斯底里症与精神分裂症的精神性欲区别》（*The Psycho-sexual Differences between Hysteria and Dementia Praecox*）。

是精神分裂症中夸大妄想的根源。”“情人眼中出西施”准确地说明了这种夸大的妄想。因此，通过与爱的正常历程比较，我们第一次理解了精神分裂症。

亚伯拉罕的第一个解释仍为神经分析所采纳，并且奠定了我们对精神分裂症态度的基础。力比多依附于某物，并极力从这些对象上获得快感。我们逐渐了解了力比多也可能放弃这些对象，转而以自我取而代之。这些观点逐渐发展得更加周密。我们借用 P. 内克（P. Neacke）定义的反常行为之一——自恋，来命名力比多的替代。它指的是成年个体对自己的身体倾注了大量爱意，而这些爱意通常应该投入到外在的性对象上。

我们稍加反思，便知道力比多确实可能固着于自己的身体而非外部对象上，那么这个现象必定不完全是例外或无意义的。自恋很可能是普遍而原始的现象，后来才发展出了对客体的爱，但自恋并不一定就此消失。从“客体力比多”（object-libido）进化的历史中，我们知道许多性本能开始选择自动的性快感。性生活之所以退化，而不能学会顺从唯实原则，便是以此自淫能力为基础的。因此，自淫便成了在自恋阶段代替力比多的性活动。

总之，我们可以用动物学上的一个类比来说明自我力比多和客体力比多之间的关系。我们知道，最简单的生物就是一团未分化的原生质，彼此之间只有十分微小的差异。它们伸出被称为“假足”的突出物，其中流动着原生质。但它们也可能收回假足，回到原始的形态。现在，我们把假足伸展的过程比作力比多向对象辐射，而大量中心力比多仍然聚集在自我之上。我们假设，在正常状态下，自我力比多可以被转化为客体力比多，但客体力比多也可以毫不费力地回到自我力比多。

利用这一说明，我们可以解释许多心理过程，或者用力比多理论更加清楚地描述它。我们认为恋爱心理、机体患病和睡眠状态都属于正常的生活。我们假定，睡眠是从外部世界撤出，集中于睡眠愿望的状态。我们发现梦所表达的夜间心理活动是为睡眠的欲望服务的，同时又完全受自我动机的控制。我们继续从力比多理论的视角来说，睡眠状态下，客体、力比多和自我的投资都被放弃，完全退回到自我之中。这难道还不能促使我们对睡眠带来的恢复和一般疲劳的性质有新的了解吗？我们每夜入睡，就像回到美好的子宫内的生活，也构成了完整的心理学图景。人在睡觉时，力比多分配的原型或原始自恋的现象都可以重现。那时，力比多和自我的利益仍然是一个整体，在自足的自我中变得不可分割。

这里必须指出我们观察到的两点问题：

第一，自恋和利己主义的概念有什么区别？我认为自恋是以力比多为利己主义的补充。而我们谈到利己主义，指的就是仅着眼于个人的利益。两者在实际生活中，可以表现为不相关的动机。一个人可以是绝对的利己主义者，但他仍可以将大量力比多投入到客体上，只要力比多的满足服务于自我的需求。那时，他的利己主义便使他的自我不因对客体的欲望而有所损伤。一个人可以是利己主义者，同时又强烈自恋，也就是说他对客体的需求很小。需求可能是直接的性满足，甚至也可能是更高层次的欲望，但都源自需要。比如，我们习惯于将爱与性对立地看待。在各个方面，利己主义是明显而恒定的，自恋则是经常变化的元素。利己主义的反面是利他主义，利他主义可不是指将力比多投资于客体之上。不同之处在于，利他主义不含有性满足的欲求。但假如爱情达到顶峰，利他主义和力比多的对象可能会发生重合。大概地说，性对象可以吸收一部分自我的自恋，这一般被叫作对客体的“性过分估计”。假如除此之外再加以利他主义，将爱人的利己主义引向客体，那么性的客体就成了全能的产物，然后完全吞没了自我。

如果在这些枯燥的科学幻想之后，引一段诗，从经济的角度来说明自恋和恋爱的区别，那一定会让诸位感到非常愉快。以下引自歌德的《西东诗集》(*Westöstlicher Divan*):

楚丽卡：征服者、奴隶和人民；
都异口同声地承认；
自我的存在乃是，
人类真正的幸福。
假如不失去自己的真我，
生命的魅力便会一直勃发；
假如你驻足不前，
一切将在被动的指间流逝。

哈坦：我脑中的其他思维，
从未有今日这般狂喜，
我在楚丽卡的身上，
看见了人类幸福的总和。

假使她有意于我，
我愿牺牲一切。
假使她离我而去，
我的自我也将立即消灭。
哈坦的一切也都成为过去——
假如她很快爱上某个幸福的爱人，
我只好在想象中，
和她合为一体。

第二，可作为梦的理论的补充。我们无法解释梦的起源，除非我假定被压抑的潜意识已对自我宣告独立。自我为了求得睡眠，虽然已经撤回了自身在客体上释放的能量，但这种观念仍不受睡眠欲望的支配，保存其活力。直到那时，我们才能理解潜意识如何利用夜间审查机制的中断和移除，利用白天记忆的碎片，营造出一个被禁止的欲望之梦。从另一方面来说，这种剩余的材料和被压抑的潜意识材料本来已有一种联系，由此可产生一种抗力，受睡眠的欲望控制，并反对这种撤回。我们还希望用梦的形成的概念来补充这个动力因素的特征。

机体患病、痛苦的愤怒、器官发炎创造了一种条件，其结果显然是使力比多从其对象上移开。撤出的力比多又重新依附于自我，并占据了身体患病的部分。我们甚至可以大胆假设，在这样的条件下，力比多从对象上撤回甚至比自我的兴趣从外部世界撤回更加令人惊异。这似乎为我们开拓了理解抑郁症的道路。在此病中，有些表面上看不出病痛的器官却要求自我的关注。

我应该克制住继续沿着这条线索讲下去的欲望，也不应该再基于客体力比多向自我转化这一假设一直讨论下去。这是因为我很想回答两点反对意见，我知道你们对这两点很感兴趣。第一，你们希望听我解释为何坚持主张在睡眠、疾病和相似情境中，力比多和兴趣、性本能和自我本能之间存在区别。其实，要解释这些现象，我们只需要假定每个人都有一种自由流动的力投射到客体之上，或凝聚于自我之中。这样既可以达到这方面的目的，也可以达到那方面的目的。第二，我怎会如此大胆地将脱离对象的力比多视作致病条件的来源。这是因为客体力比多向自我力比多转化，或者更普遍地讲，向自我能量的转化，属于每日每夜常有的常态心理历程。

我的回答是，你们的第一点反对意见听起来好像不错。关于睡眠、疾病、恋爱状态的讨论本身可能从未得出自我力比多、客体力比多，或力比多与兴趣之间的区别。对产生移情神经症冲突的研究，使我们不得不认识到力比多和兴趣，即性本能和自我保存的本能之间的区别。然而在这一点上你们却忘记了我们起初的研究。我们假设客体力比多可以转变为自我力比多，换句话说，我们一定认为自我力比多是解决自恋神经症，比如精神分裂症等谜题的唯一方法，或者可以说明歇斯底里症和强迫性神经症之间的相似与不同之处。然后，我们才在其他方面用不可否认的理论来解释疾病、睡眠及恋爱。这些理论在各个方面得到应用，看究竟在哪方面可以走得通。唯一没有直接驳斥我们经验的论断是力比多无论转向对象还是自我，都仍是力比多，而永远不会变为自我的兴趣；自我的兴趣也一定不会变为力比多。但这一假设仍只表示性本能和自我本能的区别，这个区别我们之前已经加以批判和研究过了。这一假设从方法论上看仍然有用，等到真正证实它没有价值之后，我们再将其抛弃。

你们的第二点反驳也具有一定的合理性，但提出的问题却指向了错误的方向。客体力比多退回到自我之中并不单纯是致病的，每次我们睡觉时，这种历程都会重现，醒来后才会解除。比如微小的原生质动物收回假足，稍后在合适的时候又会再次伸出。但是假如有一种确定的、很有力的历程，强迫着力比多由客体上撤回，那结果便很不相同了。力比多变得自恋，无法回到原先的对象上。力比多的流动性受到了阻碍，当然会形成病态。自恋的力比多积累到某种程度之后，似乎就变得不可忍受了。我们可以想象，自我发现有必要为了不得病而释放积累的力比多，可能这正是它投射到客体之上的原因。如果我们计划进一步研究，我会向你们展示力比多脱离对象，并且受到阻碍无法返回的历程。这一过程和压抑紧密相关，不得不被认为是其对应物。但最主要的是，你们可以发现熟悉的基础，就目前而言，这些历程实际上与压抑的过程一模一样。冲突相同，相互冲突的力量也是相等的。而其结果之所以不同于歇斯底里症，那也只是因为患者的气质不同。这些患者身上的力比多发展易受攻击之处在于另一个阶段，而引起症候的执着点也有不同的位置，也许位于力比多初期的自恋阶段，精神分裂症最后便返回这一阶段。值得注意的是，在自恋神经症中，我们假设力比多固着点退回的阶段要远远早于歇斯底里症或强迫性神经症。但你们已经听到，我们从移情神经症研究中获得的知识已经足够帮助我们研究自恋神经症，但后者存在着更大的实际困难。两者之间有诸多相似之处，从本质上说属于同一观察领域。但是，你们很容易由想象得出，如果一个人不具备从移情神经症中获得的知识，便没有希望能解释上述属于精神病学的现象。

此外，精神分裂症的症候则十分不同，其发作不只像自恋那样是由于力比多被迫离开客体而积聚于自我之中。它还有其他表象，可追溯至力比多要再次返回于客体而力求恢复的结果，并试图补偿和治愈。实际上，它的症候更为引人注目，也更具吸引力；它丝毫没有展现出与歇斯底里症的相似之处，与强迫性神经症可能也只有一些相似点，但在每一处又各有不同。在精神分裂症中，力比多力图返回对象之上，也就是说，恢复到对象的意向上，似乎也真正地获得了一些东西。但这些东西仅仅是对象的影子——我的意思是说，只是属于对象的文字表象而已。现在还不是讨论这个问题的时候，但我相信力比多冲动的这种退回使我们看清了究竟是什么决定了意识和潜意识表现之间的差异。

现在我将你们引入了另一个领域，我们有望在这一领域进一步推动分析工作的研究。我们现在可以利用自我力比多的概念，所以自恋神经症变得可触及了。我们面临的任务是找到这些条件的动态解释，同时理解自我，拓展我们对精神生活的知识。我们想探索自己的心理，不应该基于自我知觉材料上，而一定要像分析力比多心理学那样基于对自我紊乱和分解的分析上。当这些任务完成之后，也许我们应该抛弃之前从移情神经症中获得的关于力比多命运的知识。这个问题尚有许多值得一讲的地方。我们在移情神经症中采用的研究方法很难被用来研究自恋神经症。很快，你们将这是知道为什么。自恋神经症的研究才刚刚开始，便遇到了巨大的阻碍。你们知道，在移情神经症的研究中，我们也遇到了抗力的阻碍，但最后都成功地将其击碎了。自恋神经症的研究无法避免这种抗力，我们最多也只能透过墙壁的缝隙，好奇地瞧一眼对面发生了什么。我们必须换一种技术，但是否能找到一种合适的替代性技术还是一个问题。老实说，关于患者的材料并不缺乏，虽然不足以解决我们的疑问，但数量却相当可观。我们现在只能以移情神经症症候为例来解释患者说的话。两者之间的相似之处足以保证我们有一个良好的开端。这项技术会被使用多久，那就只能将来再看了。

还有其他的困难阻碍了我们的研究。只有学习过移情神经症分析研究知识的观察者才能解决自恋性神经症和思觉失调等问题。但精神病学家从未学习过精神分析知识，精神分析学家接触的精神病例又太少了。我们必须培养一批具有精神分析学基础知识的精神病学家。美国已经开始这样做了，许多业界杰出的精神病学家开始向学生传授精神分析知识，许多医院和精神病院的主任医师也不遗余力地用精神分析理论来指导对患者的观察。我们有时也探索到了自恋背后的一些秘密，因此，现在我要告诉你们一些对此病的见解。

根据现行精神病学的分类，妄想症这种慢性神经错乱有一种很不确定的地位。毫无疑问，它与精神分裂症有密切关系。我曾经大胆提出将妄想症和精神分裂症合并称为妄想痴呆（paraphrenia）。妄想症根据内容可分为：夸大妄想、迫害妄想、被爱妄想和嫉妒妄想。我们绝不指望精神病学能说明这些现象。试举一个有些过失但并非完全无效的例子来说吧，精神病学家也曾希望凭借理智，用这些症候相互解释。比如，患者最先认为自己受到了迫害，于是推断出自己一定特别重要，进而发展出了被爱妄想。而在我们的分析中，被爱妄想是自我夸大的结果。这种夸大的幻想乃是由于力比多从客体上撤回，从而导致了自我膨胀。这是第二期的自恋，是早期的幼稚形式的回复。我们在迫害妄想中注意到了某些事情，进而得出了一条确定的线索。第一，大部分情况下，迫害人和被迫害人的性别相同。我们可以对此做出无害的解释，但经过仔细的案例研究，在正常状况下最亲爱的同性显然会变为病态状况下的被害人。亲爱的人常根据亲疏顺序被其他人替代，比如把父亲换成老师或上级。由这些不断增长的经验来看，我们认为个体要抵御一种过分强大的同性恋冲动，才将被害妄想作为护身符。因爱生恨，进而威胁又爱又恨的人的生命，体现了力比多冲动变为焦虑的转化过程，这都是压抑作用常有的结果。试举一个我最近观察到的例子作为说明。

一位年轻的医生因为恐吓一位大学教授的儿子而必须离开老家。这个人本来是他的好友，现在他却认为这个朋友有超人的魔力和邪恶的意图。他认为自己近些年来的家庭不幸、工作和私人生活的困境都是这个人作祟。这还不够，他认为这位邪恶的朋友以及他的教授父亲是战争的罪魁祸首，他们将俄国人引入了欧洲大陆。他们曾用种种方法来威胁他的生命，所以这位被害妄想症患者认为若他们不死，则天下不会太平。但之前他与这位朋友的感情甚笃，在他有机会近距离亲手射杀对方时，竟手软得拿不起枪。在我对患者的简短咨询中，我发现他们两者的友谊可以追溯到学生时代早期。至少有一次他们已经超出了友谊的界限，两人在某天夜里曾有过一次完全的性交。就患者的年龄和个人魅力而言，当时应该有女人喜欢他，但他从未亲近过女性。他曾和一位美丽富有的女子订了婚，但她因为感受不到未婚夫的关爱而悔婚。多年之后，正当他初次能给一个女人性满足的时候，他就发病了。当这个女人充满爱意地拥抱他时，他突然感到一种奇怪的痛苦，就像利剑切开头颅似的。后来，他诉说那时的感觉——就像脑袋被切开了一样。由于他的朋友是一位病理解剖学家，所以他逐渐认为是这个朋友派女人来诱惑他。从此以后，他便开始认为自己成为这位从前的朋友其他阴谋诡计的受害者。

但如果迫害者是异性，抵抗同性恋力比多的解释显然就说不通了，那么我们该如何解释呢？我偶然调查了一个例子，表面上虽说与此矛盾，实际上却互为证明。一个年轻女子认为自己被一个男子跟踪，这个男子曾两次和她发生过性关系。实际上，她最初怀恨一个妇人，这个妇人或可被视为其母亲的替代者。直到第二次相会之后，她才将疯狂的想法从妇人转移到了这名男子身上。在这个例子中，迫害者最初也是同性。这名女子在对律师和医生的陈述中，并未提及妄想的第一个阶段，从而导致我们的妄想理论在表面上出现了矛盾之处。

对于自恋的人来说，同性恋选择远比异性恋更加自然。同性恋的热情一旦受拒，便特别容易折回而成自恋。直到目前，我都没有机会和你们好好讲一讲爱情生活的根本条件，现在也没有时间补充了。我只想指出一点，在力比多发展到自恋阶段时，对象的选择可以分为两种不同的类型。第一类为自恋型，以类似于自我的对象代替自我本身；第二类为依赖型，选择其他能够满足生活需要的人为对象。力比多强烈执着于对象选择的自恋型，也是有显著同性恋倾向者的一种特征。

请回忆一下，在本学期的第一次讲座中，我向诸位讲述了一名有嫉妒妄想的女患者。这学期的课程快要结束了，你们当然很高兴听一听精神分析对妄想的解释。但我要说的可能没有你们想象的那么多。妄想不受逻辑论证或实际经验的影响，和强迫观念一样，都可用它与潜意识材料的关系加以解释。这些材料一方面受妄想或强迫观念阻碍，另一方面又通过它们表现出来。两者之间的差异基于这两种状态各自的定位和动态关系。

此外，抑郁症和妄想症一样呈现出不同的临床表现。我们也可大致窥见这种疾病的内部结构。我们意识到抑郁症患者用以进行自我谴责的方式是最冷酷无情的，实际上真正施加于另一对象上，即他们失去的性对象，或者因犯了一些过失而丧失价值的性对象。从中，我们可以断定抑郁症将力比多从对象上撤出。对象通过我们所说的“自恋性认同”（narcissistic identification）的方式把客体移植到自我之中。在这里我只能给你们一种描述性概念，而无法用形势和动力的关系加以说明。自我现在受到了与被抛弃的客体同等的对待，同时遭受了本该客体承受的一切侵犯和报复。我们认识到患者的痛苦就好比把对客体的爱恨都投射到自我上一样，便可以更好地理解抑郁症的自杀倾向了。抑郁症及其他自恋状态都呈现出一种引人注目的情绪特点，布洛伊尔将其命名为我常说的矛盾情绪（ambivalence）。这个名词的意义是指对于同一个人有两种相反的情感（即爱和恨）。可惜的是，我们在演讲中不能对这种矛盾情绪深入讨论。

除了“自恋性认同”之外，在歇斯底里症中，还有一种“以他人自比”的情况，是我们早就已经熟悉的了。我希望能够明确地将两者区分开来，但实际上没有这种可能。抑郁症呈现周期性或循环性，下面我要说的事情你们肯定会感兴趣。在适宜的条件下，有可能在发病的间隙中通过分析疗法阻止病情的复发。我自己便有过两次成功的经历。我们知道在抑郁症和躁狂症中，都有一种特殊的解决冲突的方法，这种方法在先决条件上和其他神经症是一致的。你可以想象得出精神分析在这一领域尚有用武之地。

我还要告诉你们，自恋神经症的分析有助于我们了解自我及其由种种独立元素所构成的组织。我们在一个方面已经做过了初步探讨。从对被监视的疯狂妄想的分析中，我们得出了这样的结论：自我之中真的有一种力量在不断地注视、批判和比较自我和另一对立的部分。因此，我们认为患者告知我们的真相没有得到足够的重视；患者认为他的所有行动都被监视和注视，所有思想都被记录了下来，准备进行批判。他的错误仅仅在于他认为这个令人痛苦了力量并非自己所有，而是来自外部。他觉得自我中存在一种主宰因素，将其实际的自我和活动与一种他在发展过程中创造出的“理想自我”（ideal ego）比较。我们还认为理想自我的创造是为了自我满足与原始幼稚自恋相关的快感，但这种满足随着年龄的增长，已经屡受压抑而最终牺牲了。通过自省，我们认识到这就是所谓的自我审查或良心。同一因素在夜间对梦实行审查，创造压抑，不允许梦的冲动得到释放。这种力量若从被监视的妄想中被分离出来，我们就能知道它起源于父母师长及社会环境的影响，并在自比这些模范人物的过程中产生。

通过采用精神分析法来分析自恋，我们得出了一些结论。可惜结论数量太少，许多还未能使我们有明白的概念，因为只有当新材料经过多年研究之后才有望取得成绩。我们将取得的成绩归功于采用了自我力比多或自恋力比多的概念，借助这一概念我们将移情神经症中确认的观察拓展到了自恋神经症中。但现在你们会问，我们有没有可能将自恋条件的所有干扰因素，以及力比多理论的思觉失调放在次要地位，以便在每个例子中将心理生活的力比多因素视为引起疾病的原因，从而完全考虑自我保存本能的失常呢？女士们，先生们，在我看来，这个问题似乎还不是很紧急，同时做决定的时机还不成熟，我们可以耐心地等待科学进步后给出答案。我相信到时候一定可以证明，致病影响是力比多冲动所特有的，力比多理论也可以在实际神经症或最严重的精神病方面取得胜利。因为我们知道力比多的特征就是不服从现实和必要性的支配。但我认为最可能的情况是，自我本能也有连带关系，力比多有了致病的兴奋，于是被迫出现了功能紊乱。此外，纵然我们承认自我本能在严重的精神病中是主要受害者，我也不认为研究方向会因此失效。这都等将来再说吧。

为了弄清最后的一个模糊之处，让我们再回过头来讨论恐惧。我们曾说过恐惧和力比多的关系基本已经很明确了，但不宜和下面这个假定相互调和，即面对危险，真正的恐惧应该体现出自我保存的本能。不过，这点几乎不存在疑问。但假使恐惧的情感不起源于自我本能，而起源于自我力比多，我们将如何应对呢？恐惧的状态在所有情况下都是无目的的，恐惧的程度越深，无目的性就越明显。恐惧这种感情常干扰行动，不管是逃避或自卫的行动，都服务于自我保存目的。如果我们把实际恐惧的情绪元素归结到自我力比多上，将伴随的行动归结到自我保存本能上，那么一切在理论上都可以迎刃而解了。此外，你们将不再主张逃避是因为感觉到了恐惧。相反，我们首先觉得害怕，意识到了危险，然后因为相同的动机而采取了逃避的行动。经历过危险而幸存的人后来说他们根本没有觉得害怕，只是采取了行动而已。例如他们用武器对付野兽，这确实是那时最有利的办法。

第二十七讲 移情

我们的讨论已经接近尾声了，你们也许还怀着某些期望，我也不应该让你们的期望落空。我想你们也许觉得我讨论了精神分析所有复杂的难题之后，绝不至于在结束时竟没有一句话讲到治疗，毕竟治疗才是精神分析的归宿。我不可能省略这个部分，因为它与治疗中观察到的现象相联系。我还要告诉你们一个新的事实，假如没有关于这个新事实的知识，我们便一定不能从之前研究过的问题中得出更深刻的理解。

我知道你们并不期待我告诉你们治疗的实用分析技术。你们只想了解精神分析疗法及其成就的大致情况。诚然，你们有这项权利。不过，实际上我不应该直接告诉你们，而应该坚持让你们自己去发现。

请你们想一想吧！你们已经掌握了一切必备的知识，从引起疾病的条件到患者内心起作用的条件，哪里还有时间再去关心治疗的影响呢？首先，我们要考虑遗传倾向。我们不常提到遗传，因为其他学科已经对这点做了足够的强调，我们也没有更多的话可说。但别误以为我们低估了遗传的作用。正因为我们是治疗师，才十分了解它的意义。我们无论如何也不能改变遗传倾向，这是一个既定事实，它可成为我们努力的一个障碍。其次是童年早期经验的影响，我们在分析中一贯强调这点。童年经历属于过去，我们对它无可奈何。再次是人生所经历的一切不幸，即现实幸福的被剥夺，由此引起的生活中一切爱的成分的缺失，比如穷困、家庭不睦、婚姻选择的不幸、不良的社会关系、过度的道德谴责等。这些方面当然为有效治疗提供了立足点，但我们必须效仿维也纳传奇中约瑟王（Emperor Joseph）的做法。当权者只有进行仁慈干预，才能使所有人臣服，从而克服一切困难。但我们是何等普通的人，也能在治疗中采用这种仁慈的方法吗？我们如此可怜，在社会中无权无势，只能被迫行医为生，当然不能像其他医生那样为贫苦无告的人治病，甚至无法免除付不起钱的患者的医疗费，因为我们的治疗要花费许多时间和劳力。但也许有人仍坚持认为之前提到的诸多因素之一仍有见效的可能。假如社会施加的道德约束起到了剥夺患者快乐的作用，那么治疗可能会给患者带来勇气，甚至可能成为药方本身，鼓励患者越过障碍，以牺牲理想为代价去换取满足和健康。这种理想虽为众人所推崇，但也经常被某些人弃之不顾。让性获得自由，可以使人恢复健康。不过，此种分析疗法将会使人沾染上道德污点，不符合我们公认的道德规范。个体的收益对社会来说是一种损失。

女士们、先生们，究竟是谁让你们留下了这种错误的印象？如果仅从描述的条件来看，我们无法想象赋予性以自由能够在分析疗法中起到一定作用。患者内心的力比多冲动和性压抑之间，以及感官倾向和禁欲倾向之间存在激烈的冲突。即便其中一种倾向胜过另一种倾向也不能消除冲突。我们可以看到，在神经症中，禁欲倾向占据了上风。结果导致被压抑的性欲发展出了症候，借此获得一席喘息之地。另一方面，如果性欲获得了胜利，症候将会替代被置于一旁的性压抑。两种决策都无法结束内心冲突，因为一方总得不到满足。至于矛盾不是很激烈，医生的干预可以起到决定性作用的例子很少，这些例子实际上也不需要分析治疗。如果医生的治疗能对患者产生巨大的影响，那么该患者不需要医生也能直接找到解决方案。你们知道，当一位一贯克制的年轻人决定进行不合法的性交时，或者当一位得不到性满足的女性从其他男人身上获得补偿时，他们都不会等到获得医生的允许才开始行动，更不用说分析师的了。

在上述情形的分析中，我们普遍会忽略一项至关重要的因素，即我们千万不要混淆神经症的致病冲突与心理冲动的常态斗争，因为常态斗争的两种冲动存在于同一心理领域之中。神经症的矛盾是一系列力量的冲突，其中一方进入了前意识和意识范畴，另一方则停留在潜意识当中。这就是为什么矛盾可能产生不了任何结果。冲突双方见面之难有如一方在南极，一方在北极。只有双方处于同一基础之上，矛盾才能得到解决。我认为这便是精神分析的主要任务。

除此之外，如果你们认为分析法的影响也在于提供人生道路的指导和建议，那便错了。相反，我们尽可能地拒绝担任人生导师。最重要的是，我们希望患者独立做出决定。带着这种意图，我们要求患者等到治疗结束之后再对职业选择、结婚或离婚等重要选择做出决定。这也许是你们想象不到的吧。我们只对非常年轻或完全无助的人才不坚持这种限制。对他们来说，我们必须同时肩负起医生和教育家的两种职责。我们深知自己责任重大，于是不得不慎重行事。

我如此执着地告诉你们，精神分析疗法绝不是劝说神经症患者在性上完全自由。

但你们也不要因为这一点而认为我们提倡维护传统道德，这两者都不是我们的目的。我们不是改革者，只是观察者，但我们无法不以批判的眼光去观察。我们不可能拥护传统的性道德，或赞许社会实际上对性生活问题的处置方法。我们可以通过数学方法向社会证明，道德规范所要求的牺牲常常超过它本身的价值。所谓的道德行为既不免于虚伪，又难免于呆板。我们对患者也不避讳这些批判，并帮助他们变得习惯于不带偏见地考虑性问题。在完成治疗之后，患者变得独立，能在性放纵和无条件的禁欲之间选取适中的解决方案。那么无论结果如何，我们都不必受到良心的谴责了。我们告诉自己：无论何人，只要他能够面对真实的自我，便可以永久地免于不道德的危险，即便他的道德规范与社会道德规范有所不同。此外，请不要高估禁欲问题对神经症的影响。只有少数因剥夺作用及力比多积蓄而致的疾病才可通过不难达成的性交来获得治疗的效果。

因此，你们也不能说精神分析法的治疗效果完全是因为它推荐患者过一种放纵的性生活。你们必须做其他的解释。我认为在我驳斥你们假设的同时，另一种评价将带你们走上正轨。我们之所以有收效，或许是由于用某种意识的东西代替了某种潜意识的东西，将潜意识的思想改造成了意识的思想。你们说得非常正确，事情正是如此。我们将潜意识投射到意识中，以此摆脱压抑；我们去除了症候形成的条件，将致病因素转化为了正常的冲突，后者迟早要得到解决。这便是我们能对患者心理产生的唯一改变，改变的程度决定了我们可以带来何种利益。假如存在压抑或类似于压抑的心理历程等待解除，那么我们的治疗便算完成了。

我们可以用多种不同的公式来表达努力的目的——将潜意识转化为意识，消除压抑，填补遗忘的空缺等——它们指的都是同一件事情。这句话也许无法令你们满意。在你们的想象中，一个神经症患者在接受了艰苦的精神分析治疗之后，可以因为一些不同寻常的事情发生而被治愈，似乎完全变了一个人。现在，我可以告诉你们，整个结果完全是因为患者的潜意识内容稍微减少，意识内容稍微增多。好吧，你们也许低估了内心改变的意义。被治愈的神经症患者真的变成了另一个人。当然，从本质上说，他还是以前那个人。也就是说，他只不过成了最好状态下的自己。这就不是一件无足轻重的事了。当你们了解了我们的一切成就，就能知道我们用最大的努力以引起这种心理中貌似微小的改变，那便更可以相信心理领域这种差异的重要性了。

现在，我想稍稍离开主题，大家想知道所谓的“原因治疗”的意义吗？一种治疗方法若不以疾病的表现作为出发点，而寻求根除疾病的原因，便成了“原因治疗”。我们的精神分析疗法属于原因治疗吗？答案并不简单，然而我们由此却可深信这类问题不切实际。到目前为止，由于分析疗法的直接目的不是消除症候，所以它与“原因治疗”大致类似。不过在其他方面，两者则大不相同。因为我们早就通过压抑作用而把原因追溯到了本能的倾向，及其结构中的相当强度和它们发展过程中的失常。现在假设我们可以用某种化学方法来改造心理机制，增强或减少当前力比多恰有的数量，抑制一种冲动，以增强另一种冲动，这本质上便是一种原因治疗，我们的分析也就成为侦查原因时不可或缺的第一步准备工作了。你们知道现在还没有这种影响可以作用于力比多的历程，我们的心理疗法则对另一方面进行了干预——不仅仅针对那些我们已经发现的现象，而且超越了症候，我们只有在十分特殊的条件下才可以接触到这一方面。

要怎样做才能用意识替代患者的潜意识呢？我们曾一度以为这十分简单，只需要重构潜意识，然后告诉患者即可。但现在我们已经知道这会犯下目光短浅的错误，实际上他的潜意识与他自己知道自己的潜意识并不是一回事。我们将所知道的内容告诉患者，并不能替代患者内心的潜意识，只是与潜意识共同存在，实际上改变极少。因此，我们不如将潜意识视为本地化的，应在记忆中最初产生压抑的那一点上寻找它。我们必须先消除这种压抑，然后以意识思想代替潜意识思想的工作才可立即完成。但这种压抑如何才能被消除呢？我们的任务进入了第二个阶段。首先是寻找压抑，接着消除压抑得以维持的抗力。

我们如何消除抗力呢？以同样的方式——重构之后再告诉患者。抗力起源于压抑，或起于更早的压抑，它们都是为了抵抗不适意的冲动。所以我们现在所做的正是开头的工作：加以解读、进行重构、与患者交流——但此时做这些工作是正确的。抵抗或抗力不属于潜意识，而属于自我，自我必须和我们合作。如果抗力不属于意识，这点便是正确的。我们知道困难源自“潜意识”一词的模糊性，“潜意识”既可指一种现象，也可指一种系统。虽然这听起来好像模糊难解，但这终究只是重复前面的话，难道不是吗？我们已经准备了很久，期望通过解释让自我认识到潜意识，从而消灭抗力，摧毁反攻的堡垒。但我们有哪些冲动能使这些工作成功呢？首先，患者希望康复，进而会调解自我，配合我们的治疗。其次是患者智力的帮助，我们通过提供解释来支持他的智力。毫无疑问，在我们说清楚对患者的期待之后，他凭借自身的智力可以识别出抗力，在潜意识中获得与这个抗力相当的观念。假如我告诉你们：“仰头看天，你会看见一个气球。”你们会觉得这比我只让你们仰头看有没有什么东西更具指导性。就像学生第一次使用显微镜时，老师必须告诉他要注意观察什么，否则显微镜下虽然有物可见，他也什么都看不出来。

现在我们来讲讲事实吧！在大量的各种类型的神经症中，比如歇斯底里症、焦虑症和强迫性神经症，我们的假说都是正确的。我们通过发现压抑，揭示抗力，解释被压抑的观念，真正地解决了问题，即成功地克服了抗拒，消除了压抑，并且将潜意识转变为了意识。我们在这样做的过程中，明白了每一次战胜抗力的时候，患者的心里都有一场激烈的斗争正在进行——一种常态的心理斗争，发生于希望维持“反攻堡垒”和打消抗力的两种动机之间。前者是原来建立起压抑的老动机，后者则为最近引起的新动机。它有望被用来帮助我们解决矛盾。我们已经成功地引发了之前被抑制的旧冲突，让当时已经决定了的事情重新处于悬而未决的状态。首先，我们向患者说明，解决冲突的前一种方法会引起疾病而新的方法会帮助康复；其次，告诉患者自冲突第一次被排斥之后，环境已经发生的巨大改变。那时的自我脆弱幼稚，深惧力比多的危险。现在的自我已经变得强大而经验丰富，同时还有医生的帮助。因此，我们有理由希望将再度引发的矛盾导向一个比压抑更完满的结果。我们之前讨论过的，在歇斯底里症、恐惧和强迫性神经症上的成功都可以证明这一点。

不过，治疗过程对另外一些其他类型的疾病永远不能奏效，即便这些疾病的病因是相似的。就这些疾病而言，其自我和力比多之间产生了一种矛盾，从而造成了压抑。我们在这样的例子中也会遇到患者生活中出现的压抑情况。我们采用相同的治疗过程，准备好兑现同样的诺言并提供同一种帮助。我们再一次向患者展现了我们期待发现的联系，而且现在和压抑形成之间的间隔也有利于促成矛盾实现较好的结局。然而在这样的情形之下，我们仍旧无法克服抗力，或者消除压抑。这些不幸患上妄想症、抑郁症和精神分裂症的患者仍然不受精神分析治疗的影响，原因何在呢？肯定不是因为他们智力低下。当然，我们要求患者的智力达到一定水平。但譬如能演绎一系列复杂事实的妄想症患者，难道智力不及他人吗？我们也不能说患者缺乏其他推动力。与妄想症形成鲜明对比的是抑郁症患者，他们清楚地意识到自己生病了，也承受了巨大的痛苦，但并不因此而较易受影响。我们遇到了一个难解的事实，所以不免怀疑自己是否真的懂得治疗其他神经症的方法了。

进一步讨论了歇斯底里症和强迫性神经症之后，我们很快遇到了第二个出人意料的事实。治疗进行了一段时间之后，我们会注意到患者对我们的态度变得非常古怪。我们原以为已经将一切可能起作用的推动力都考虑了进去，患者和分析师之间的关系也已经变得十分合理而清晰，就像数学运算一样可靠，但仍有一些力量让我们意识到某些因素好像还是被忽略了。这点意料之外的因素具有很强的可变性。我应该首先描述一些频繁发生且容易理解的表现。

患者本来只应当注意解决自己的冲突，现在却突然对医生本人特别感兴趣。所有与医生有关的事情变得异常重要，甚至超过他自己的事情和疾病的治疗。他和医生的关系也变得非常和善，开始特别顺从医生的意思，找一切机会表示感激，性格上还表现出了出人意料的改善和美德。医生也因此对患者怀有好感，庆幸能给这样和善的人治病。如果医生有机会和患者家属交谈，也会因为听到患者对他的尊重而感到高兴。患者在家也一刻不停地夸奖医生，不断赞扬医生的美德。“他钦佩你，不加思考地信任你，你说的一切竟好似真理。”患者家属会这样说。这时也许有明眼人会评价道：“除了你之外，他不说任何其他的事情，你是谈话的唯一中心。”

我们当然希望医生足够谦虚，认为患者之所以这样赞赏他的性格，是因为他给患者提供了闻所未闻的知识，拓展了患者的眼界，帮助他恢复健康。在这种情况下，分析进展得往往非常顺利。患者能够理解医生的每个建议，专注于治疗要求他解决的问题，努力回想曾在脑海中浮现的想法。医生对解释的准确性和深度倍感惊讶，满意地注意到患者多么愿意接受本来深为健康人所排斥的心理学知识。一般我们承认，这种状况是一种客观上的进步，患者和医生的关系也会同时变得更加和谐。

但天有不测风云，暴风雨总有来临的一天，治疗中一定会出现困难。患者说自己再也想不出更多东西了。我们的印象是，他不再对治疗感兴趣，这时你如果命令他不要对想到的事做任何批判，他也置之不理了。他表现得好像不是在治病，将之前与医生达成的一致全部抛诸脑后。他显然深陷于某种感情，但自己却不愿透露。这种情况不利于治疗的效果，使我们之间有了一种强大的抗力。事情的经过是怎样的呢？

假如我们有机会再一次澄清事实，便会承认这种干扰的原因在于患者转移到医生身上的强烈感情。当然，医生的行为以及治疗关系都不能成为这种感情产生的理由。这种感情的表现及目标随两人之前的情形而有所不同。当一方是年轻女子，另一方是年轻男子时，这种感情给人的印象是正常的。一名女子经常单独与男子见面，讨论私密之事，而这个男子又占据领导者的位置，那么她对他的爱慕，当然是自然而然的事情。在这种情况下，我们可能会忽视一点——一个患有神经症的女子，她的爱难免有变态之处。医生与患者的私人关系越与假设的情况不同，我们便越难理解他们之间的感情。我们可以理解一个婚姻不幸的年轻女性爱上单身男医生，她已经准备好和丈夫离婚，然后嫁给医生；如果传统观念的阻力太大，她甚至愿意当医生的秘密情人。在精神分析领域之外，类似的情况也会发生。不过，在这种情形之下，少女和妇人常做出这种惊人的自供，可见她们对治疗的问题持有一种特殊的态度。她们知道，除了爱情之外，没有什么能够治好她们的疾病。她们从一开始就期望医患关系可以帮助她们获得实际生活中缺乏的安慰。只是因为有这种希望，她们才克服了困难，说出了自己的思想。我们可以补充一句："所以才让我们了解了这么多难以置信的事情。"但这种自供确实让我们感到惊奇不已，它让我们的计划全部落空。我们是不是忽略了假设中最重要的因素之一呢？

事实确实如此，我们的经验越多，便越无法否认这一新元素，这个元素改变了整个知识体系，也让科学蒙羞。开始几次，我们还能认为分析疗法只不过遇到了意外的干扰。但这种感情关系在新病例中反复出现，而且往往出现在最不适宜或最可笑的情境之下，如年老的女人和白胡子医生之间，而实际上根本没有所谓的引诱可言。我们必须抛弃意外干扰的想法，正视这一现象，因为它和疾病有着密切的关系。

这个我们不得不承认的新事实名叫移情作用（transference）。它指的是患者把感情转移到了医生身上，因为我们不认为治疗情况能够解释这种感情的起源。我们更怀疑这种感情起源于另一方面，即先形成于患者的内心，然后借助分析治疗的机会转移到了医生身上。移情可表示为一种强烈的求爱，也可采取一种较为缓和的方式。年轻女子本来渴望成为长者的情人，但作为替代，她可能转而希望成为他的养女。力比多的欲望稍加改变而变成另一种理想的柏拉图式的感情。有些妇女知道如何升华自己的感情，使其有存在的理由；另一些则展现出原本粗陋且几乎不可能的形式。但从根本上说，这些感情都是一样的，不能否定它们拥有同一个起源。

在问我们如何解释这个新事实之前，我必须先完整地叙述相关情况。事情发生在男性患者身上时，又有怎样的经过呢？男患者和男医生之间至少没有异性相吸的麻烦，但他们身上的经历和女患者没什么不同。男患者也同样倾慕男医生，夸大他的个人品质，顺从他的旨意，嫉妒一切与他亲近的人。移情的升华形式更容易出现在男性患者身上，直接的性爱则为少数，就好像患者的同性恋倾向都可以表现为其他形式。医生在男性患者身上更常观察到移情的另一种表现形式，第一眼看上去好似与我们之前的描述相悖。这被称为一种反抗或消极的移情作用。

首先，我们必须认识到移情在治疗一开始便发生在患者身上，一时是推动治疗进展最强大的动力。只要其有利于治疗，我们便感觉不到，也无法注意。反之，一旦移情成为阻力，我们便不得不注意它了。接着，我们会发现两种相互矛盾的情况改变了治疗关系。首先是爱慕倾向的发展，以显露出性欲的意味，所以不得不引起内心对自身的反抗；其次是柔情转化成了敌意。敌意往往比柔情来得晚，或接踵而来。假如两者同时发生，那便可作为情感矛盾的绝佳例子，这种情感矛盾支配着人与人之间所有最亲密的关系。所以，敌意也和爱意一样，都表达了一种依恋，正如反抗和服从虽然相反，但其实都依赖于他人的存在。患者对于分析师的敌意，当然也可以称为移情，因为治疗创造的情境不足以引起这种感情。我们有必要解释清楚这种消极的移情作用，以免我们将其与积极的移情作用混淆。

我们必须要借助精神分析技术来探究移情的起源、引起的困难、克服方式及我们最终可从中得到的便利，且仅在这里讨论上述问题。毫无疑问，患者因受移情作用的影响而有求于我们，无礼拒绝甚至加以怒斥当然不妥。我们向患者证明，他的感情并非来自于当下的情境，也与医生本人无关，只不过是重复了以往的某种经历而已，以此帮助他克服移情。我们通过这种方式迫使患者将重演转化为回忆。那时，无论是积极的移情，还是消极的移情，都由治疗的最大威胁变为了最有效的工具，帮助我们打开患者上锁的心理生活。

但我还想告诉你们一些事情，免得你们对这种意料不到的现象过于惊讶。你们要记得我们所分析的患者的病情还不算是终结或者说凝固，而是像生物体那样继续发展。治疗的开始并不会使发展停止。不过，患者一旦接受治疗之后，整个疾病的进程似乎立即集中于一个方面：患者和医生的关系。因此，移情可以被比作一棵树的木质和树皮之间的新生层，新组织由此生成，树干同时增粗壮大。移情作用一旦发展到这个程度，患者的回忆便会退居其次。那时，我们可以说不再关注患者之前的病情，一种新产生的移情神经症代替了前者。对于旧症的新版，我们可以追溯到它的开始、发展和变化。我们非常了解新的病症，因为医生本人便是它的中心、它的对象。患者的所有症候丧失了开始的意义，转而有了新的意义，而这是由它与移情的关系决定的。不然，也只有那些可以适应的症候才能继续存在。假如我们能够治愈这种新得的神经症，便等于消除了我们开始处理的疾病，也就是说找到了治疗问题的解决方法。患者借助于医生的关系摆脱了被压抑的本能倾向的影响。随后，在医生的影响被去除之后，他也能保持健康。

在歇斯底里症、焦虑症和强迫性神经症中，移情具有重要意义，居于治疗的中心位置。因此，这些神经症都可以归类为“移情神经症”。无论何人，如果在分析治疗中遇到过移情现象，便不会再怀疑那些在症候中求得发泄的被压抑的冲动的性质了，其带有力比多的特点也是不证自明的。我们可以这样说，在研究了移情现象之后，我们才更确信症候的意义乃是力比多替代的满足。

现在，我们有充分的理由修正之前对治疗过程下的动态概念，使其与我们的新发现一致。如果患者通过我们分析发现的抗力来与常态冲突斗争，他需要一种强大的推动力，对他产生我们期望的影响，从而恢复健康。如若不然，他可能会决定重复之前的问题，被允许进入意识的因素会再次滑落到压抑状态。冲突中的决定性因素并不在于患者的智力，因为他的智力既不高，也不自由，而在于他与医生的关系。因此，患者的移情带有一种积极的信号。患者承认医生的权威，深信他的研究和观点。没有这种移情，或者如果移情作用是消极的，那么他便不会听从医生的指导。信仰也重复这种历史，信仰起源于爱，最开始并不需要证据。假如信仰是被爱的人提出的，那么证据稍后才会被承认，并加以批判性反思。没有爱的支持，证据毫无意义，对大多数人的生活毫无作用。只有当一个人的力比多投射在客体上时，他的理智才能产生作用。所以我们有理由相信，对于有自恋倾向的人来说，即便有最优良的分析技术，患者受到的影响也极为有限。

正常人也有能力将投身于客体的力比多转移到人的身上。我们之前已经提到了关于神经症的移情倾向，现在其共同特点不过变本加厉了而已。如果我们从未利用一个人如此重要而普遍的特质，那不是太奇怪了吗？但其实早已有人注意到了这种特质。伯恩海姆以其敏锐的思维，基于所有人都或多或少会受暗示影响这一点开创了催眠法。易受暗示性在他看来不过是一种移情倾向，但他过于缩小了其所指的范围，将消极的移情作用排除在外。但伯恩海姆从未对暗示及其起源下过定义，在他看来，易受暗示性从根本上说是一个事实，至于它的起源，他并未做任何透露。他并没有认识到易受暗示性依赖于性和力比多的活动。从另一方面看，我们不得不承认将催眠法排除在神经症治疗技术之外，只是想在移情作用中发现暗示的性质。

但现在我要暂停一下，让你们有思考的空间。我知道你们此时已想提出抗议，如果我不允许你们发言，你们势必不愿意再听我继续讲下去。“所以到了最后，你终于也承认自己像催眠师那样利用暗示的帮助了。我们一直就是这样认为的。但你为什么选择迂回曲折地去探讨过去的经验，揭示潜意识，解读和重释伪装，花了这么多时间和金钱，结果却还不是说暗示才能奏效吗？为什么不像那些诚实的催眠师直接用暗示来治疗症候呢？此外，如果你说利用自己的方法可以得出许多心理学发现，而直接采用暗示则不能，又如何来证明这些发现是可信的呢？它们不也是暗示或无意暗示的产物吗？你难道不能使患者接受你的愿望和建议吗？”

你们的抗议非常有意思，我不得不予以答复。但现在由于时间的原因，等到下次我们再做讨论。你们要知道，我会对你们的问题负责。今天，我们必须结束最初的话题。我曾承诺会借助移情作用来解释为什么治疗方法对自恋型神经症不起作用。

我可以用几句话来解释，你们会看到这个谜题是多么容易被解开。观察表明，患自恋型神经症的人没有移情能力，或者不足以维持移情作用。他们不以敌意拒绝医生，而是报之以无所谓的态度。这就是医生难以对自恋型神经症患者产生影响的原因了。他们只是冷淡地对待医生的话，没有任何印象。因此，对其他患者起作用的治疗机制在这类患者身上不起作用，比如致病冲突的恢复和对压抑抗力的克服等。他们总是故步自封，经常企图自己治疗疾病，但却引起了病态的结果。我们对此爱莫能助。

基于对患者的临床治疗，我们认为力比多在客体上的投资必须被抛弃，客体的力比多必须转化为自我的力比多。我们根据这个特点将其与第一类神经症（歇斯底里症、焦虑症和强迫性神经症）分开，他们受治疗的行为也证明了这一假设。他们并未表现出神经症的症候，因此，我们的努力无效，无法治愈他们。

第二十八讲　分析疗法

你们一定知道今天讲座的主题是什么。你们会问，既然我们承认了分析疗法的影响主要取决于移情，那为什么不利用精神分析疗法中的直接暗示呢？这又引起了下面这个疑点：我们既然承认暗示占据如此重要的地位，那还能保证精神分析的发现具有客观性吗？我答应你们，一定给出一个全面的答案。

直接暗示指的是直接针对症候表现的暗示，它是你们的权威性和疾病动机之间的一种斗争。在此过程中，你们不关心动机，只要求患者压抑症候的表达。所以，你们是否对患者实施催眠是无关紧要的。伯恩海姆以一贯的敏锐眼光，指出暗示是催眠术的本质现象，催眠术本身就是暗示的结果，是暗示造成的状态。伯恩海姆尤其喜欢对清醒状态下的人提出暗示，得到的结果和在催眠状态下的暗示相同。

我现在应该先讲经验的证据，还是先进行理论的探讨呢？

还是从经验讲起吧。1889 年，我前往南锡（Nancy）拜访伯恩海姆，成为他的一名学生，将他的著作翻译成了德文。我多年一直用暗示进行治疗，一开始只借助于“禁止的暗示”，后来与布洛伊尔的调查患者生活的方法结合使用。所以，我可以根据经验评价催眠或暗示疗法。根据古人对于医学的了解，理想的治疗方法必须迅速、可靠且不给患者造成不快。我们发现催眠疗法至少符合其中两项。催眠疗法实施起来可以非常迅速，远超分析疗法，速度快得简直难以描述；同时也不会给患者带来烦恼或不适。从长远角度看，医生会觉得催眠疗法相当枯燥单调，因为每个病例基本都是一样的；它总能遏制各种不同的症候出现，但不能了解症候的意义和重要性。这种二流工作不是科学活动，甚至有江湖术士之嫌。但为了患者利益，也可以忽略不计。不过，催眠术难以满足第三项要求，它在有些病例中可以生效，另一些则不能；有时成效显著，有些则收效甚微，理由难以解释。比技术的多变性更糟糕的是，催眠术的治疗效果还难以维持。治疗结束不久之后，我们可能听说患者旧病复发，或者患上了新的病症。我们可以再次使用催眠术进行治疗。与此同时，我们也经常听到有经验的人士警告，重复使用催眠术可能使患者失去自立能力，习惯于依赖催眠疗法，就像麻药上瘾一样。反过来说，催眠疗法施行之后，有时也能达成医生的期望，用最少的劳力达成长久而完整的效果。但取得理想结果的条件尚不清楚。有一次，我用短时间的催眠疗法治好了一名患者，可患者又突然无故对我愤怒不已，以至于旧病复发。后来，我与她和解，治好了她的病，可她又对我恨之入骨。还有一次，我曾多次使用催眠疗法治愈的一名神经症患者，在治疗时突然伸出手臂环抱我的脖颈。无论你们是否愿意，既然出了这种事情，我们就必须探究暗示权威本质的来源。

经验就讲到此。它说明我们可以放弃直接暗示，然后代之以其他方法。

现在请让我们考虑一些其他内容。催眠疗法对患者和医生的工作量要求很小，这种疗法与大多数医生一致承认的神经症观点十分贴合。医生会对神经症患者说："你没什么问题，只是神经失衡而已，我用几分钟、几句话就能完全消除你的一切病痛。"但这与我们的动态概念相违背。我们怎么可能毫不费力，不经过任何适当的准备就直接治好一种重症呢？只要病情具有可比性，经验便会告诉我们，这种操作不能成功治愈神经症。我知道这个论点并非无懈可击，但其中也有可取之处。

根据从精神分析中获得的知识，我们可以将催眠法和精神分析的暗示之间做如下区分：催眠疗法力图掩盖并消除精神生活中的某些东西；分析疗法则试图暴露隐事，再将其消除。前者好似化妆，后者则像手术。前者利用暗示，以求阻止症候显露，这样做强化了压抑，且并未对导致症候发展的所有其他过程有任何改变；后者在引起症候的矛盾中寻求病源所在，利用暗示改变冲突。催眠疗法让患者处于无活动和无改变的状态中，因此无力抵御任何新生疾病；分析疗法将一个困难的责任置于医生及患者肩上，患者内心的抗拒必须被消除。克服这些抗力之后，患者的精神生活便永久性地得到了改变，有了较高级的发展，而且有了抵御旧病复发的能力。克服抗力就是分析疗法的主要成就，然而，患者必须自己取得这些成就，医生则用暗示来协助患者达成目标。暗示的本质是一种教育。因此，我们可以说分析疗法是一种再教育（after-education）。

希望我已经说清楚精神分析疗法中的暗示与催眠疗法中的暗示有何不同了。根据你们已经掌握的暗示和移情的关系，我想你们能够理解引起我们注意的催眠疗法是多么反复无常；从另一方面来说，你们将发现为何分析疗法的暗示值得信赖。在催眠法中，我们依赖于患者的移情能力，但我们无法对这一能力施加任何影响。移情的对象可能是消极的，最普通的是两极性的；患者也许会进行特殊的调整，保护自己不受暗示的伤害，但我们无法从中得到任何有用的信息。在精神分析疗法中，我们直接着眼于移情作用，使它能自由发挥而成为治疗的援助。因此，我们可以充分利用暗示的力量。我们还可以控制它，患者本身不能随心所欲地支配暗示的感受，我们可以控制对患者的影响，从而引导暗示。

现在，你们可能会说，无论我们把分析中的主要动力称为移情还是暗示，医生对患者的影响还是难免让人怀疑其客观性 。这点对治疗有益，却有害调查。这是反对精神分析的人提及最多的话，这些话尽管没有道理，但我们也不能置之不理。假如它具备一定的合理性，那精神分析不过是暗示疗法的一种颇为有效的变式，而其关于患者生活的影响、心理波动和潜意识便都不重要了。这是反对者持有的观点，他们认为我们是先由自己设想出性经验，然后将这些经验的意义（如果不是经验本身的话）“注入”患者的心灵之内。我们利用经验的证据来反驳这种攻击，要比诉诸理论容易得多。任何从事过精神分析的人都深知用此法来暗示患者是不可能的。当然，让患者成为某种理论的信徒，然后让他也相信医生的错误并不困难。在这一点上，患者像其他任何人一样变得好似一名学生，但我们只能影响他的理智，不能影响他的病症。只有当我们告诉他，他内心的期望可以与现实相符的时候，患者才能克服抗力。在分析疗法的过程中，医生推想的错误会逐渐被消灭，更正确的观点会取而代之。借助一种慎重的技术，可以防止暗示结果的暂时性；但如果出现了这种暂时性的结果，也毫无危害，因为我们从不满足于早期的成功。直到所有模糊之处被一一弄清，之前引起压抑的所有被遗忘的情节都被发现，我们才认为分析完成。假如时机没有成熟之前先有了结果，我们就要将这些结果视作分析的障碍而非进步，同时揭露产生这些结果的移情作用，不断否认已经取得的疗效。从根本上说，这是分析疗法与单纯的暗示技术最显著的区别之一，它使分析所得的疗效异于暗示的疗效。在其他的每种暗示疗法中，移情作用本身都被细心地保存，其影响也不容置疑；而在分析疗法中，移情成了治疗的对象，无论以何种形式出现，都会受到批判。在分析疗法最后，移情本身必须被废除。因此，无论疗效是积极的，还是消极的，都是建立在克服内心抗力之上，而非暗示之上。患者在暗示的帮助下，实现了内心的改变。

假设在治疗过程中，我们持续攻击可能变为消极移情（敌意）的抗力，独立暗示的作用可能会被抵消。还有一个事实，我们也需要多加注意。分析有许多结果，虽然被疑为起于暗示，但可以通过其他可靠材料加以证明。我们作为病例的权威见证者，知道痴呆症和妄想症患者绝没有受暗示影响的可能。无论患者告诉我们他们意识中怎样的符号翻译和幻想，都与我们对移情神经症潜意识的调研结果完美相符。这也为我们经常遭到质疑的解释增加了客观正确性。我想你们如果在这些因素上信赖分析疗法，一定不至于有多大错误。

现在，我们将治疗机制囊括在力比多理论的公式中，以此完成我们的论述。神经症患者既没有享乐的能力，也没有工作的能力．首先，这是由于他的力比多未指向任何真实的客体；其次，他不得不消耗大量之前存储的能量来压抑力比多，便没有余力来表现自己。如果他的自我和力比多之间不再有冲突，那么他便会康复。因此，治疗任务包括将力比多从当前的束缚中解放出来，使其摆脱先前的迷恋物，这些迷恋物是自我所接触不到的，而再次服务于自我。神经症患者的力比多究竟在哪里呢？我们很容易找到，他的力比多依附于症候之上，而症候则给它以唯一可获得的替代性满足。我们必须成为症候的主人，并且消灭症候。当然，这正是患者要求我们做的。为了消灭症候，我们必须追溯它的起源，查明以前发生的矛盾，然后借助过去没用过的推动力导向新的解决方案。我们只有追忆导致压抑的经验，才能成功修正压抑的历程。治疗部分取决于患者与医生的关系，即我们所说的移情作用。借助移情，早年的矛盾重新发作，患者尽力做出与以前相同的行为，于是我们才能使他召集所有可用的心理能量，做出不同的决定。移情则成了所有竞争力量会合的决斗场。

力比多的全部力量，以及与之相反抗的力量，无不集中在患者与医生的关系上。因此，症候的力比多必须被剥夺，于是患者表现出了人为构建的移情错乱，用来替代之前的紊乱；现在，患者的力比多只固着在唯一的对象——医生身上，取代了之前多种多样不真实的客体。然而，医生这个对象也是幻想出来的。由这个对象而引起的新冲突，便借助医生暗示的帮助上升到了最高级的心理层面，成了一种常态的精神矛盾。自我通过避免新的压抑，而结束了与力比多之间的疏离，患者内心便又恢复了统一。力比多再一次摆脱了医生这个暂时的对象，但无法恢复到之前的对象之上，现在便为自我所用了。我们在治疗任务中克服的力量，从一方面说，是自我对力比多倾向的厌恶，这一方面表现为压抑倾向；另一方面是力比多的坚持性，它不愿意离开之前所依赖的对象。

治疗过程可以分为两个阶段：第一，所有力比多从症候转移到移情之上，并聚集在那里；第二，进攻移情而恢复力比多的自由。为了使新的冲突朝更好的方向发展，决定性的改变在于消除压抑，因此这次力比多就不能通过进入潜意识之中来逃避自我了。在医生暗示的影响下，自我完成了这一改变。在将潜意识转化为意识的阐释过程中，自我以牺牲潜意识为代价取得了发展；它学会在某种程度上谅解力比多，允许力比多获得一定的满足。自我既然能使少量的力比多发生升华作用，则对力比多要求的畏惧也逐渐减弱了。治疗的经过越接近这一理论描述，精神分析疗法成功的可能性便越大。力比多灵活性的缺乏成为一大限制，这会阻止其离开客体；患者固执的自恋不允许客体移情取得某种程度的发展。治愈过程的动力学或许可以更清楚地略述如下：我们既以移情作用吸引了一部分力比多到自己身上，便是收集了脱离自我控制的力比多的全部力量了。

至于因治疗引起的力比多的分配，并不能使我们直接推想患病时的力比多倾向。假如我们使病人把对待父亲的感情转移到医生身上，然后再消除这种“父亲移情”(father-transference)，最终成功治愈了患者，我们也不能以此认为他之所以患病是由于他对父亲有一种潜意识中的力比多依恋。父亲移情只是我们能够克服力比多的战斗场，患者的力比多从其他位置向这里集中。战斗场不一定与敌人最重要的堡垒一致。敌人保卫首都，也不必作战于城门之前。我们只有再一次消灭移情，才能开始推想出患病时力比多的分配情况。

从力比多的角度，我们最后可以再说说梦。神经症患者的梦，以及他们的过失及自由联想，都可以使我们求得症候的意义，进而发现力比多倾向。从欲望满足的形式中，梦向我们展示了何种欲望冲动受到了压抑，而力比多在离开了自我以后，又依附于哪种客体。所以梦的解析在精神分析治疗中占据重要地位，也是我们在许多病例中长期坚持的重要工作手段。我们已经了解，睡眠状态本身便可使压抑作用略微松懈。因为压抑的减弱，被压抑的冲动在梦中要比症候在白天有更清晰的表达。所以，梦的研究是探究被压抑的潜意识中的力比多最简单的方法，而被压抑的潜意识则是从自我中脱离出来的。

神经症患者的梦和正常人的梦没有本质上的区别，你们甚至可以说两者并无二致。我们没有理由不把对神经症患者的梦的解释应用在正常人身上。因此，我们不得不说，神经症患者和正常人的差别仅在白天，并不延续至梦的生活中。我们认为有必要将神经症症候与梦的关联应用到正常人身上。我们必须承认健康的人在精神生活中也具有那些形成梦或症候的因素。因此，我们不得不断定正常人也使用压抑，而且也要花费一定的精力来控制冲动；他们的潜意识隐藏了仍富有能量的被压抑的冲动，而且其中的力比多也有一部分不受自我的支配。所以健康的人实际上也是神经症患者，而梦是症候唯一的表现。不过，如果我们对正常人白天的生活进行更为深入的研究，也可发现与这一表现相抵触的事实，因为这个看似健康的生命也有许多琐碎而不重要的症候。

神经健康和神经症之间存在实质性的区别，两者的差异是由个人享乐能力和成就感决定的。两者因自由支配的能力和困于压抑的能力之间的比例而不同，是定量的而非定性的。我不得不提醒诸位，这一概念是神经症可被治愈的理论基础，尽管神经症建立在体质的倾向之上。

因此，我们可由健康人的梦和神经症患者的梦的一致性推知健康的属性。至于梦本身，我们必须进一步指出，不能撇开它与神经症症候的关系单独讨论。我们不认为梦的重要性可以被定义为将思想翻译为古老的表现形式，也就是说，我们必须假定它解释了力比多的倾向，以及实际活动的欲望对象。

我们的讲座即将结束。也许你们会有点失望，在这一章中，我只探讨了精神分析疗法的理论部分，而没有提到任何实际治愈的事实，也没有说明它取得的成就。但我必须这样做。我省略了第一点是因为我的目的本不在于讲述精神分析实践的实际训练；省略第二点也有许多理由。在讲座开始的时候，我便再三申明，我们在有利的条件下取得的成果不亚于其他方面的医学疗法中最辉煌的成就。我要补充的是，采取其他方式无法取得这些成果。在此之外，如果我还要多说些什么，就不免有王婆卖瓜的嫌疑了，你们也许会以为我要打压反对意见。我们精神分析学家不断受到医学同事的威胁，甚至在公开的会议上也是如此。他们宣称，受害的公众一定要睁大双眼，从分析失败和伤害的统计学数据中断定这种治疗方法的无效性。但是，抛开其中的偏见和恶意不谈，材料的收集就不足以给分析疗法的价值做出正确的评判。正如你们所知，分析疗法是一门年轻的学科，开创这项技术花费了很长时间，只有在工作的过程中和逐渐累积的经验的影响下，这些技术才能得到改进。由于传授这种方法存在诸多困难，所以比起其他专家，精神分析学家只能依靠自己的能力学习，早年取得的成就绝不能用来衡量其在分析疗法上的造诣。

早年的许多精神分析治疗都经历了失败，因为那时的分析家对不适宜采用分析疗法的病例也要加以治疗，现在我们根据症候的分类将某些疾病排除在外了。但这些分类只能从经验中获得。开始我们并不知道妄想症和精神分裂症到了发展充分的阶段便无法通过分析疗法治愈；我们当然有理由尝试使用分析疗法治疗各种病症。此外，早年许多治疗案例的失败并不是由于医生的过错造成的，也不是因为选择了不适宜的对象，而是由于外部情形的不利所致。到目前为止，我们只谈了患者的内心抗力，这种抗力不可避免，但却是可以被克服的。患者的状态和环境也会产生针对精神分析的外部抗力，它们虽然没有理论意义，却具有重要的实际意义。精神分析疗法可以被比喻为外科手术，只有在有利的条件下实施才能取得成功。你们知道外科医生在手术前会做种种准备：合适的房间、良好的照明、助手、患者亲友的回避等。你们觉得如果外科手术在所有家属面前进行，他们对手术指手画脚，见到医生切了一刀便大吼大叫，那手术的成功概率还有多大呢？在精神分析中，亲友的干预会造成很大的危险，我们不知道如何应对。对于患者内心的抗力，我们认为必须予以应对，但又该如何保护自己不受外部抗力的干扰呢？任何理由都无法说服患者的亲友，我们无力劝他们别插手干涉，也不能与患者的亲友为伍，因为这会失去患者的信任，患者有权利要求我们在任何时候都站在他的那边。此外，凡是知道家庭分歧内幕的人，就不会像分析家那样，在发现患者的某些至亲并不希望患者痊愈，反而希望他保持原状时那么惊讶了。事实往往是这样，神经症与家庭成员之间的冲突密切相关，健康的家庭成员面对个人利益和患者康复的选择时不难做出抉择。丈夫怀疑治疗可能会揭露他的罪恶，难怪他对这种治疗毫无好感；丈夫的抗力加在患病的妻子的抗力之上，难怪我们的努力毫无成效，总被过早打断，这当然不能怪罪于我们自己。在现存的条件下，我们只是承担了这项不可能完成的任务。

我不想过多地罗列例子，现在只给你们举其中一个。出于职业的谨慎，我之前不得不隐忍不发。许多年以前，我为一名少女做过分析治疗。她在很长一段时间里都不敢上街，也不敢独居在家。这名少女犹犹豫豫地承认，这因为偶然撞见母亲和一个富人朋友举止暧昧。但她很笨拙，也可以说很巧妙地[①]用分析时讨论的内容给她的母亲做了暗示。她改变了对母亲的态度，坚持说除了母亲之外，没有人能解除她独居在家时的恐惧；母亲要离家外出时，她便坚决阻止。这位母亲之前也患过神经症，到水疗院休养之后，已痊愈多年。或者具体一点说，她在疗养院里遇到了这个男人并与他建立了一段亲密的关系，而这个男人能在各个方面满足自己的需求。这位母亲因女儿强烈的要求而起了疑心，突然意识到女儿的恐惧意味着什么。女儿必须让自己得病，才能囚禁母亲，剥夺她的自由，使她没有时间和情人幽会。之后，这名母亲立即终止了这一不利于自己的治疗，以女儿患有神经症为由把她被送往了水疗院，多年以来人们一直把她当作“精神分析的可怜受害者”。因为此病例的不良结果，

① “巧妙”应译为一个与“笨拙”不矛盾的词，因为前后并非转折关系。

我也为人所诋毁。我之所以闭口不言，是因为受职业道德的约束。多年之后，我的一位同事访问了那所疗养院，他告诉我那名患有公共场所恐惧症的少女还被关在那里，她的母亲和富人朋友的关系已经成了全镇公开的秘密，连她的父亲也默许了。然而对女儿的治疗却已经成为这个的“秘密”的牺牲品。

在大战爆发的几年前，来自世界各地的人都前来向我求诊，使我觉得别人对我家乡的毁誉也变得无关紧要起来。我制定了一个规则：不给未达到法定年龄、不能独立处理自己事务的人治病。精神分析学家未必都要遵守这一规定。从我对患者亲友的警告中，你们可能会觉得，为了使精神分析顺利进行，应该将患者与其家庭隔离开来，也许只有单独住在疗养院里的患者才适合接受治疗。对于这一点，恕我不能苟同。如果患者不处在疲惫不堪的状态下，那么在相同的环境中，应对平常生活所施加于他的要求更有利于治疗。患者的亲友也不应该因自己的行为而损害这种有利条件，最重要的是，他们不应该对医生的努力妄加诋毁。但怎样才能反抗这种非我们力量可及的影响呢？你们十分了解，社会环境和家庭文化条件对治疗的预期有很大影响。

上面的论述为精神分析疗法效果的前景蒙上了阴影，尽管我们可以将大多数失败的原因归结为外部因素的干扰。拥护分析的人建议我们从统计学角度汇编治疗成功的案例，以抵消我们的失败案例。但我绝不会这样做，因为如果收集的例子不相称，统计的数据便毫无价值可言。实际上，我们治疗的各种神经症案例完全无法在同一基础上进行比较，因为它们之间存在着根本性的差异。此外，可供统计的时间太短，不足以证明疗效是否持久；对于一些病例，我们甚至没有做记录的可能。这些病例中的患者不愿意自己的疾病和治疗被记录，即便康复之后也不愿意告诉别人。不过，精神分析最大的阻碍在于人们对治疗问题的非理性态度，他们难以接受合理论证的影响。治疗方法的创新要么受到狂热的追捧，就像科克（Koch）首次利用结核菌素治疗结核病一样；要么便不受信任，比如詹纳（Jenner）用牛痘苗防治天花病毒，甚至到了今天仍有不少反对者。人们对精神分析学家的偏见非常明显。当我们治愈了一起疑难病症之后，常会听到人们说：“没有证据表明是你治好的，患者自己经过这么久的时间也会好起来。”但是，一名患者已经经历了四轮狂躁症和抑郁症的交替发作，在抑郁症的短暂停息期间到我这里寻求治疗。三周之后，这名患者发现自己又遭遇了新一轮病痛的折磨。患者的全部家属以及所请来咨询的所有医学权威人士都认为新一轮的狂躁症必定是分析治疗的结果。我们无力反驳这种偏见。在大战中，相互交战的势力集团之间也会有种种偏见。我们应该做得最明智的事情便是暂时忍耐，等到偏见随时间消逝的那天到来。也许有一天，这些人会用十分不同的态度看待同一事物。至于他们之前为什么会有那种想法，也就变成了一个秘密。

也许对精神分析的偏见现在已经有所缓和了。精神分析学说继续传播，许多国家中采用分析疗法的医生也日益增多，这些都可以引以为证。在我还是一名年轻医生的时候，使用催眠法行医、借助暗示治疗还会引起众怒，其强烈程度和现在所谓的“头脑清醒”的人对精神分析的态度不相上下。然而，催眠法作为一种治疗媒介，未能尽如我们所愿。我们精神分析学家或许可以自称为它的合法继承人，也不会忘记它对我们的鼓励和理论上的启发。对精神分析的责难基本上限于分析不当或分析突然停止时患者矛盾的暂时加剧。你们已经听完了我们关于治疗的论述，可以自己判断精神分析法是否会造成永久性的伤害。精神分析法的误用有多种可能的形式。在无良医生的手中，移情作用成了一种危险的工具。但专业的治疗方法也总有被误用的时候。刀不锋利，医生还能用它来治病吗？

女士们、先生们，我的讲座到此结束。我要说自己演讲的漏洞太多了，这并不是礼节上的客套。首先，我很抱歉常常未能回到之前涉及并承诺稍后再讲的问题，后来我发现上下文不适合我继续前面的话题了。其次，我有责任提醒诸位，研究目前尚未终结，而是正在发展，所以我的简要叙述也不全面。我常常提出证据但又不给出结论。但我的目的不是要努力使你们成为专家，我只想让你们有所了解和启发而已。